Stefan Holtel

Droht das Ende der Experten?

DROHT DAS ENDE DER **EXPERTEN?**

ChatGPT und die Zukunft der Wissensarbeit

von Stefan Holtel

Verlag Franz Vahlen München

Stefan Holtel entwickelt seit 2018 als Kurator für digitalen Wandel bei Pricewaterhouse-Coopers Lehr- und Lernformate zur digitalen Weiterbildung. Er blickt auf mehr als drei Jahrzehnte in der ITK-Branche zurück und war u. a. in der Forschung und Entwicklung bei der Vodafone Group tätig. Stefan Holtel ist Mitglied mehrerer Arbeitskreise im Fachverband BITKOM sowie Lehrbeauftragter an der HAUFE-Akademie, der FOM und am St. Gallen Management-Institut.

vahlen.de

ISBN Print 978 3 8006 7239 4
ISBN E-Book (ePDF) 978 3 8006 7240 0
ISBN E-Book (ePub) 978 8006 3 7241 7

Wilhelmstraße 9, 80801 München
Druck und Bindung: Beltz Grafische Betriebe GmbH
Am Fliegerhorst 8, 99947 Bad Langensalza

Satz: Fotosatz Buck
Zweikirchener Straße 7, 84036 Kumhausen
Produktion: Sieveking Agentur, München
Umschlag: Ralph Zimmermann – Bureau Parapluie
Bildnachweis: © LustreArt – depositphotos.com (modifiziert)

Die Illustrationen im Buch wurden erstellt mit Dall E.

vahlen.de/nachhaltig

Gedruckt auf säurefreiem, alterungsbeständigem Papier
(hergestellt aus chlorfrei gebleichtem Zellstoff)

Inhaltsverzeichnis

Vorwort

Als ich im Mai 2018 auf dieser Bühne in Bochum stehe, ahnt niemand im Publikum, dass meine Ausführungen zur zukünftigen Rolle von Chatbots fünf Jahre später das weltweite Verständnis über Künstliche Intelligenz (KI) auf den Kopf stellen wird.

Auf einer lokalen TED-Konferenz halte ich den Vortrag *„No Regrets! Chatbots will Guide You“* (dt.: Keine Reue! Chatbots werden Dich führen).[1] Damals gelten intelligente Chatbots als technische Randerscheinung. Eine vage Idee, mehr Star Trek als Alltag. Meine Kernaussage lautet, dass Chatbots in Zukunft zu digitalen Gesprächspartnern avancieren würden. Sie würden uns helfen, bessere Entscheidungen zu treffen für kritische Situationen im Leben, wenn es keine einfachen Antworten gebe.

Damals war das eine ambitionierte Vorhersage. Betrachtet man den Stand der Technik zu dieser Zeit, zeigt sich eine durchwachsene Bilanz: *Alexa*, *Cortana*, *Siri* und *Google Assistant* sind zwar präsent, aber ihre Fähigkeiten bleiben begrenzt, der Nutzen unklar. Laut einer damaligen Studie beantwortet Google Assistant nur 75 Prozent aller Fragen, Siri schafft nicht mal ein Drittel.[2] Der Kognitionswissenschaftler Kevin Murane stellt ernüchtert fest: *„Diese Dinger sind meilenweit davon entfernt, intelligent zu sein.“*[3]

Fünf Jahre später spricht davon niemand mehr: Im April 2023 stehen auf der Global TED Conference intelligente Chatbots im Mittelpunkt. Ihre Fähigkeiten ziehen sich durch die Vorträge und das Publikum in den Bann.[4] Über Nacht sind meine Spekulationen eingetroffen. Tatsächlich arbeitet Google im August 2023 an Ideen, exakt die von mir skizzierten Anwendungsfälle umzusetzen.[5] Aber die Entwicklung geht weit über das hinaus, was ich damals für machbar hielt. Chatbots und KI verändern unsere Kommunikation seit dem November 2022 grundsätzlicher und weitreichender als die Mehrheit der Experten vorhergesagt hatte.

Ich reihe mich mit diesem Buch nicht ein in das mittlerweile umfangreiche Arsenal an Einführungen zu ChatGPT. Wenn Sie so etwas suchen, werden Sie woanders fündig. Stattdessen greife ich meine Ideen aus dem Jahr 2018 wieder auf und nehme verschiedene Perspektiven ein in Hinblick auf ChatGPT. Ich denke sie weiter und verknüpfe alles mit der Zukunft der Wissensarbeit überhaupt. Welche Rolle werden Chatbots darin spielen?

Wenn Sie Wissensarbeiter sind oder sich um die Zukunft der Wissensarbeit kümmern, dann lesen Sie weiter. Dieses Buch ist für Sie. Gerade dann, wenn Sie sich nicht als Experte für ChatGPT und KI verstehen. Denn ich reduziere das Komplexe auf das Notwendige, scheue mich aber nicht vor Tiefgang, wenn es für das Verständnis nötig ist. Sollten Sie sich darauf einlassen, werden Sie belohnt.

Ich habe einen Schreibstil gewählt, der Fachjargon vermeidet, wo immer es geht. Denn einfache Wortwahl verhindert nicht, komplizierte Dinge einfach auszudrücken und den Dingen auf den Grund zu gehen. Und sollten Sie in ein Thema noch tiefer einsteigen wollen, verweise ich auf viele Quellen.

Nach meinem Verständnis sind die meisten einfachen Antworten auf die Herausforderung ChatGPT meist falsch – oder zumindest unzureichend. Der Grund liegt darin, wie wir unsere gesellschaftlichen Debatten führen. Öffentliche Diskurse konzentrieren sich auf Aspekte eines Themas, die leicht zu verdauen sind und große mediale Aufmerksamkeit versprechen. Leider wird das der Komplexität von ChatGPT nicht gerecht.

Deshalb leite ich jede Überlegung genau her, lege sie mit Beispielen dar und erörtere ihre Plausibilität. Es ist mir ein Anliegen, meine Argumente und Schlussfolgerungen präzise zu belegen. Denn es hängt viel davon ab, gute Antworten auf das Phänomen ChatGPT zu finden. Für Sie und für mich. Für uns alle.

Die Einführungen, Metaphern und Analogien mögen einige Leser kurzweilig finden, andere könnten sie irritieren. Doch ich versichere, es sind erprobte Stilmittel, um komplexe Gedanken zu erfassen und sich ihrer zu erinnern. **Oft hilft z. B. erst ein Blick in die Technikgeschichte der KI oder ein Verständnis über die Mächtigkeit menschlicher Sprache, um den Zeitenwechsel zu erfassen, den ChatGPT in die Geschichte der Digitalisierung eingeschrieben hat.**

Im ersten Teil der Science-Fiction-Trilogie *Matrix* erhält der Protagonist Neo eine geheimnisvolle Aufforderung: *„Folge dem weißen Kaninchen"*.[6] Diese Einladung bringt eine entscheidende Wende in seinem Leben. Sie eröffnet die Möglichkeit, eine trügerische Realität zu hinterfragen, und nach tieferen Wahrheiten zu suchen. Genauso wie Neo stehen Sie vor der Wahl, ob Sie meine Einladung annehmen werden. Eine Einladung, bei der Sie einige – aber nicht nur – einfache Antworten erwarten dürfen. Tatsächlich bleiben sogar viele Fragen offen. Um die Komplexität des Phänomens ChatGPT zu erfassen, hilft die Bereitschaft, zumindest für die Lektüre dieses Buches vermeintlich offensichtliche Fakten und Annahmen öfter auf den Prüfstand zu stellen. Dann eröffnen sich neue Einsichten.

Folgen Sie dem weißen Kaninchen? Noch haben Sie die Wahl.

Steinhöring, im Dezember 2023

Prolog

Netscape: Triumpf und Tragödie eines Internetpioniers

Große Ideen brauchen Menschen, die ihnen zum Durchbruch verhelfen. Für die Vision des Internets spielen zwei eine zentrale Rolle: Im Jahr 1994 trifft Jim Clark auf Marc Andreessen. Der eine ist bereits erfolgreicher Unternehmer und Gründer des Computerunternehmens Silicon Graphics. Der andere arbeitet an der University of Illinois und entwickelt einen Webbrowser. Zusammen gründen sie die Firma Netscape, um den Netscape Navigator zu entwickeln und zu vermarkten. Dieser wird zum führenden Webbrowser der 1990er-Jahre und trägt maßgeblich zum Aufstieg des Internets bei. Netscape stellt den Webbrowser kostenlos zur Verfügung, um viele Menschen für das Internet zu begeistern. Rasch gewinnt der Netscape Navigator – später umbenannt in Mosaic – an Popularität und das Unternehmen erweitert das Produktportfolio. Im Jahr 1995 liegt der Anteil des Netscape-Browsers bei 90 Prozent.[7] In der glorreichen Geschichte des Internet gilt Netscape heute als der Erfinder der Browsertechnologie, die der Verbreitung des Internet gegen Ende des letzten Jahrhunderts einen gewaltigen Schub verleiht. Das Internet wird zu einem Phänomen, mit dem sich erstmals Millionen von Menschen beschäftigen.

Aber was ist mit Netscape geschehen? Der Name ist heute nur noch Enthusiasten und Historikern ein Begriff. Beim rasanten Aufstieg des Internets bleibt Netscape auf der Strecke. Denn plötzlich sieht sich das Unternehmen ernsthafter Konkurrenz ausgesetzt: Microsoft schwemmt mit dem Internet Explorer den Markt, weil es ihn geschickt mit dem damals populären Betriebssystem Windows bündelt. Netscape findet keine Antwort auf diesen Vermarktungskniff. Der Marktanteil schrumpft kontinuierlich. AOL übernimmt den Internetpionier, [8] im Jahr 2004 dümpelt der Marktanteil bei fünf Prozent.[9]

Der Aufstieg und Fall von Netscape wirkt wie das Drehbuch für ein Wirtschaftsdrama, das sich heute wiederholen könnte. Ein anderes Unternehmen – OpenAI – wird im Dezember 2015 als gemeinnützige Organisation gegründet und gilt derzeit als Pionier für eine neue Art digitaler Assistenten.[10] Der nennt sich *ChatGPT* und wird am 30. November 2022 kostenlos zur Verfügung gestellt. Nach fünf Tagen benutzen ihn eine Million Menschen, drei Monate später bereits 154 Millionen. Allein im Februar 2023 verzeichnet ChatGPT eine Milliarde Zugriffe.[11] Eine Umfrage von WordFinder zeigt, dass ChatGPT in den USA immer beliebter wird.[12] Insbesondere die jüngere Generation nutzt es – 60 Prozent regelmäßig. Fast ein Viertel der Beschäftigten nutzt ChatGPT bereits in der Arbeit.

Aber wird OpenAI von diesem Boom profitieren? Oder droht dem Unternehmen ein ähnliches Schicksal wie Netscape in den 1990er-Jahren? Das Magazin Fortune spekuliert bereits: „*OpenAI könnte eines Tages feststellen, dass sein Durchbruch, ähnlich wie die kurzlebige Herrschaft des Browsers von Netscape, eine Tür zu einer Zukunft geöffnet hat, zu der es dann nicht mehr gehört.*“[13]

Das erste Jahr des Hypes um ChatGPT zeigt deutliche Parallelen zu Mosaic: OpenAI ist der unbestrittene Vorreiter für ein neues digitales Werkzeug. Es ist kostenlos, bringt einen großen Nutzen, und zog innerhalb weniger Tage und Wochen viele Interessenten an und die mediale Aufmerksamkeit auf sich. Aber auch jetzt erkennt die Konkurrenz die Bedrohung und liefert Antworten. Denn unabhängig vom Erfolg von OpenAI: ChatGPT steht nur pars pro toto für eine neuartige Qualität der Interaktion zwischen Mensch und Maschine, die natürlichsprachliche Interaktion. ChatGPT markiert den Beginn von etwas völlig Neuem. Auch hierfür liefert die Computergeschichte ein Beispiel.

Die unsichtbare Hand des Rechnens

ChatGPT könnte für das Schreiben von Texten ein ähnliches Erdbeben auslösen wie das Erscheinen der Tabellenkalkulation *VisiCalc* im Jahr 1979 für den Umgang mit Geschäftszahlen.[14, 15] Denn VisiCalc verändert die Art und Weise, wie Individuen und Unternehmen damit arbeiten. Vorher kritzeln die Menschen Zahlen auf Papier. Jede Rechenformel wird neu geschrieben. Änderungen an einer Stelle ziehen zwangsläufig an anderer Stelle unzählige Korrekturen und Überprüfungen nach sich. Eine komplexe Analyse geschieht Formel für Formel, Zahl für Zahl. Das ist quälend langweilig. Man benötigt sehr viel Zeit, regelmäßig schleichen sich Fehler ein. Komplexe Kalkulationen dauern so lange, dass sie in vielen Fällen gar nicht den Aufwand rechtfertigen,

VisiCalc ändert alles. Es führt das unbekannte Konzept „Tabellenkalkulation“ ein (Abbildung 1). Auf einen Schlag können Zahlen schnell, genau und flexibel erstellt, bearbeitet und manipuliert werden: Benutzer ändern eine einzelne Zelle – und sehen prompt an vielen anderen Stellen die Auswirkung. Für den Ökonomen Adam Smith steuerte die „unsichtbare Hand“ den Wettbewerb des Marktes – Angebot und Nachfrage synchronisieren sich augenblicklich.[16] Mit VisiCalc zieht in die Geschäftswelt die „unsichtbare Hand des Rechnens“ ein.

Viele Menschen verwenden heute Tabellenkalkulation nur als überdimensionierten Taschenrechner. Er addiert lange Zahlenreihen. Aber für alle, die sich das Wesen der Tabellenkalkulation erschlossen haben, hat sich ihre Arbeit dramatisch geändert. In nur einer Tabelle verzahnt sich ein komplexer Prozess über eine Reihe mathematischer Operationen: An einer Stelle tippen wir Zahlen in die Gitterstruktur, an einer anderen stehen in derselben Sekunde bereits Resultate. Einmal erstellt, lassen sich mit jedem Modell problemlos Alternativen testen: Was passiert, wenn ich eine dritte Schicht in der Produktion hinzufüge? Was, wenn ich die Rabatte für Vorprodukte drücke? Werden mögliche Gewinne die Kosten decken, wenn ich die Gehälter erhöhe? Vor VisiCalc brauchte man Intuition und Fingerspitzengefühl, um zu erahnen, wo Risiken lauern oder Chancen liegen. Die Tabellenkalkulation liefert unmittelbare Antworten. Man probiert einfach alles aus.

Diese unfassbare Flexibilität und Geschwindigkeit bedeuteten den Durchbruch für Effektivität und Effizienz. Einige schätzen, dass die Produktivität um wenige Prozent gesteigert wurde,[17] andere spekulieren sogar auf einen Faktor 80 (sic!).[18] Aber VisiCalc hat noch weitreichendere Konsequenzen.

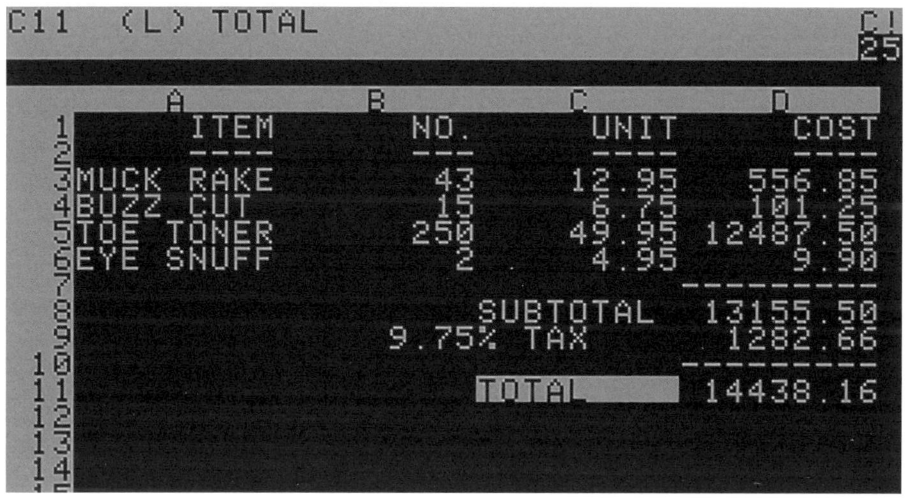

Abbildung 1: Bildschirmausschnitt von VisiCalc auf einem Apple II Computer

Als um etwa dieselbe Zeit wie VisiCalc der Personalcomputer erscheint, betrachten ihn Experten als Spielzeug für Enthusiasten und Hobbyisten. Ausgestattet mit einer Tabellenkalkulation wird er aber zu einem leistungsstarken Werkzeug für jede Art von Zahlenarbeit. VisiCalc gilt als trojanisches Pferd, das dem Personalcomputer das Tor in die Geschäftswelt öffnete.[19] Es entsteht der neue Markt von Software für Geschäftszwecke. Das Zeitalter der Personalcomputer beginnt. Die Tabellenkalkulation begründet eine Softwareindustrie, die über Produkte und Dienste für Großrechner hinausreicht. VisiCalc offenbarte eine Nachfrage für Angebote, die echte Probleme lösen konnten. Der Einfluss von VisiCalc auf die Softwareindustrie und die Geschäftswelt ist unermesslich. Die Tabellenkalkulation ist der Urahn auf dem Weg in die digitale Welt.

Ist das Erscheinen von ChatGPT am 30. November 2022 gleichzusetzen mit der Veröffentlichung von VisiCalc am 19. Oktober 1979? Es finden sich einige Parallelen zwischen dem Aufstieg der Tabellenkalkulation und dem Chatbot ChatGPT. Allerdings beginnt die Geschichte von OpenAI gerade erst. Wir wissen heute nicht, wann und wie sie einmal ausgeschrieben sein wird. Deshalb belassen wir es bei dieser Spekulation, behalten aber – während wir die weitere Entwicklung aufmerksam verfolgen – eine Daumenregel des Politikwissenschaftlers Michael Blume im Hinterkopf: „*Geschichte wiederholt sich nicht, aber sie reimt sich.*"[20]

Der Geburtstag Künstlicher Intelligenz

Als die Software VisiCalc erscheint, ist der Begriff Künstliche Intelligenz (KI) bereits 25 Jahre alt. Erfunden wird er im Sommer 1956 auf einer Konferenz von Mathematikern und Computerwissenschaftlern.[21] Theoretische Konzepte dazu sind seit den 1940er-Jahren bekannt wie beispielsweise die erste Simulation eines Gehirnneurons.[22] Nun will man Maschinen bauen, die menschliche Intelligenz nachahmen und übertreffen. Aber die Technik der 1950er ist nicht so weit. Nichts von dem, was sich die Forscher theoretisch ausdenken, lässt sich in die Praxis umsetzen und prüfen. Und für das, was bereits möglich ist, gibt es keinen praktischen Nutzen. Daran ändert sich nichts über Jahrzehnte. Trotz stetiger Fortschritte in der Computertechnologie bleibt KI eine kleine Sparte von Enthusiasten. Die Beschränkungen der Hardware, einschließlich begrenzter Speicher und langsamer Prozessoren, stellen unüberwindbare Hindernisse dar.

In den 1980er-Jahren beginnt ein Paradigmenwechsel. Mit dem Aufkommen von Expertensystemen, die menschliches Fachwissen in spezifischen Bereichen nachahmen, sieht die Welt die ersten praktischen Anwendungen von KI.[23] Die Systeme bleiben aber in ihrer Intelligenz begrenzt und sind weit davon entfernt, die Art von KI zu repräsentieren, die Forscher vorhergesagt hatten. Aber sie zeigen prototypisch, dass KI einen praktischen Nutzen haben könnte. Trotzdem erweisen sich Expertensysteme als Sackgasse. Ein Durchbruch bleibt aus, die KI verharrt in ihrer Nische.

Nach der Jahrtausendwende nimmt die KI-Forschung wieder Schwung auf. Die heutigen Anwendungen in der Chatbot-Technologie basieren auf wissenschaftlichen Vorarbeiten, die sich erst vor wenigen Jahren manifestieren. Ein Konferenzbeitrag aus dem Jahr 2017 markiert den Beginn einer dynamischen Weiterentwicklung.[24] Der Durchbruch besteht darin, dass es möglich wird, komplexe Muster in großen Datenmengen zu erkennen und zu analysieren. Damit erschließen sich neue Anwendungsgebiete wie autonome Fahrzeuge,[25] oder neue Formen der Organisation von Wissen wie das *Tagging* (dt.: Verschlagwortung).[26]

KI sehen ist nicht dasselbe wie KI verstehen

Der Astronaut Jean-Francois Clervoy[27] wurde einmal gefragt: „*Was war das Überraschendste, was sie bei Ihrem ersten Raumflug erlebten, auf das sie trotz jahrelangen Trainings nicht vorbereitet waren?*" Seine Antwort: Die einer Bombe ähnliche Detonation der Triebwerke beim Start des Space Shuttle. Den Raketenstart zu erleben, scheint für Astronauten zu einem der eindrücklichsten Erlebnisse des gesamten Raumflugs zu gehören. Mit der Zündung der Triebwerke bricht 50 Meter unter ihnen die Hölle los.[28] Die Rakete beschleunigt auf mehrfache Schallgeschwindigkeit, dreifaches Körpergewicht drückt die Astronauten in die Pilotensitze, um dann unvermittelt ins Gegenteil umzuschlagen: Sie entfliehen der Anziehungskraft der Erde und entschweben in dauerhafte Schwerelosigkeit.

Das führt zu dramatischen, körperlichen Veränderungen. Astronauten müssen beispielsweise lernen, sich in einer Umgebung ohne Schwerkraft zu bewegen. Treten auf der Stelle wie im Wasser funktioniert nicht. Sie brauchen Wände, Decken und Böden, um sich durch Abstoß und Aufprall gezielt zu bewegen. Die Anpassung an diese Art der Fortbewegung nimmt Zeit in Anspruch. Fehlende Schwerkraft macht es schwierig, sich zu orientieren und zwischen oben und unten zu unterscheiden. Das Verarbeiten räumlicher Information und die Koordination von Bewegungen sind beeinträchtigt, bis sich Astronauten daran gewöhnt haben. Denn ihr Gleichgewichtssinn muss sich anpassen. Im Innenohr des Menschen befindet sich das Vestibularsystem. Es ist für Gleichgewicht und die Orientierung im Raum zuständig. In der Schwerelosigkeit erhält diese Information, die nicht mehr wie üblich verfügbar oder sogar widersprüchlich ist. Das kann zu Schwindel, Übelkeit und Orientierungslosigkeit führen. Aber es geht noch weiter: Flüssigkeiten verteilen sich in der Schwerelosigkeit anders im Körper, denn die Schwerkraft zieht nicht mehr nach unten. Das führt zu großen Mengen in Kopf und Oberkörper. Gesichter schwellen an, Nasen sind eher verstopft und der Augeninnendruck steigt. Längerfristig erleben Astronauten weitere Effekte: Ohne Schwerkraft, die auf den Körper wirkt, verlieren die Muskeln und Knochen an Masse. Denn sie werden weniger beansprucht. Darum trainieren Astronauten regelmäßig, um diesen Veränderungen entgegenzuwirken und die körperliche Gesundheit während des Raumflugs zu erhalten.

Warum erzähle ich das alles?

Mit ChatGPT erleben nun Millionen von Menschen etwas Ähnliches. Die meisten von ihnen haben in den letzten Jahren von Künstlicher Intelligenz gehört oder gelesen. Tatsächlich sind wir alle schon von KI betroffen. Denn viele Internetdienste nutzen KI unentwegt: *Google Maps*[29], *WhatsApp*[30] oder *Amazon*[31]. Aber den wenigsten Menschen ist bewusst, wie unmittelbar KI ihren Tagesablauf und ihre Dialoge prägt. Die Unternehmensberatung Gartner Group präsentierte bereits im Jahr 2016 die These, im Jahr 2020 würden 85 Prozent aller Kundengespräche mit Chatbots geführt. Durchschnittlich würden dann die meisten Ehepaare mehr Gespräche mit Chatbots führen als mit ihren Ehepartnern.[32] Trotzdem blieb das Phänomen KI bisher für die meisten seltsam entrückt und abstrakt. Es ist mental schwer fassbar, existiert lediglich als vage Idee. Eine Sache von und für Experten.

Denn um eine neue Technik tatsächlich zu verstehen, muss man sie erleben. Wie fühlt sich ein Smartphone an, das zum ersten Mal in der Hand liegt? Was denkt der, der zum ersten Mal eine Virtual-Reality-Brille aufsetzt und damit in eine fremde Welt eintaucht?[33] Was geht jemandem durch den Kopf, der sich zum ersten Mal in ein Roboterauto setzt, in dem der Lenker fehlt?[34] Vor jedem dieser Erstmomente gibt es eine *Vorstellung* davon, was eine bahnbrechende Technologie bedeuten könnte. Aber erst das persönliche Erlebnis machen daraus eine tiefgreifende Erfahrung und langanhaltende Erinnerung.

Jede neue Technologie braucht Zeit, um eine große Zahl von Menschen zu erreichen und akzeptiert zu werden. Sie muss ihren Platz im Alltag der Gesellschaft erst finden. **Denn niemand hat auf etwas gewartet, was bis dahin nicht vorstellbar erschien.** Dieser Prozess der Aneignung entsteht, wenn Menschen eine Technologie nicht nur zur Kenntnis nehmen, sondern sie selbst aktiv erfahren. Mit ihren eigenen Sinnen registrieren und verstehen sie, wie eine Technologie funktioniert, was sie tatsächlich im Alltag bedeuten würde. Erst dann ist eine Technologie „angekommen“ und ist auf dem Weg zur neuen Normalität.

Für die Technik der KI befindet sich die Menschheit gerade mittendrin in diesem Prozess: ChatGPT ist ein Instrument, das Millionen Menschen diesen einmaligen, ersten Moment beschert. Zum ersten Mal erleben sie, was die bewusste, persönliche Konfrontation mit einer radikal neuen Technik mit ihnen macht. Zum ersten Mal denken sie darüber nach, was ChatGPT *eigentlich bedeutet.*

Mein erster dokumentierter Moment mit ChatGPT datiert zurück auf den 27. Dezember 2022, knapp dreieinhalb Wochen nach dessen Erscheinen. Seitdem ist nichts mehr wie vorher. Denn ich nutze ChatGPT mittlerweile täglich. Es hat die meisten meiner alltäglichen Tätigkeiten rund um Wissensarbeit auf den Kopf gestellt. Ich bin fasziniert, wie sich in kürzester Zeit mein Vorgehen verändert hat, einen neuen Gedanken zu spinnen, die Gliederung dieses Buch zu konzipieren, sich Einleitungen oder Übergänge auszudenken, oder den Text zu paraphrasieren und zu redigieren. Noch lote ich – wie die meisten von uns – die Grenzen und Möglichkeiten von ChatGPT aus.[35] Aber ich bin überzeugt, dass ChatGPT und ähnliche Werkzeuge die Art und Weise, wie wir denken und unsere Gedanken zu Papier bringen, grundlegend verändern werden. Denn diese Werkzeuge bieten nicht nur eine Fülle von Daten, Information und Wissen, sondern auch immer präzisere Möglichkeiten, dem Ideengeber eines Textes dabei zu helfen, seine Themen in Worte zu fassen.

Die Verwendung von ChatGPT wirft natürlich Fragen auf zur Urheberschaft. Wer ist der Autor eines Textes, der mithilfe von ChatGPT erstellt wurde? Ist es der Mensch, der die Themen und Ideen vorgibt, oder die Maschine, die die Worte und Sätze paraphrasiert? Diese Fragen sind nicht einfach zu beantworten, und sie werden zukünftig viele Diskussionen bestimmen. Dennoch gibt es keinen Anlass, dass wir uns vor dem Verwenden von KI wie ChatGPT fürchten sollten. Es sind nach meiner bisherigen Erfahrung Werkzeuge, die unsere Arbeit effizienter gestalten werden und die eigenen kreativen Fähigkeiten besser auszuschöpfen. ChatGPT wird viele Berufsprofile verändern.

Kapitel kompakt

- Netscape ermöglicht mit einem kostenlosen Webbrowser in den 1990ern zum ersten Mal einen einfachen Zugriff auf die Internetwelt. Trotz großer Popularität und anfänglichem Erfolg verliert das Unternehmen durch den Aufstieg des Internet Explorers von Microsoft den Anschluss und verschwindet nach der Übernahme durch AOL vollständig vom Markt.
- Die Tabellenkalkulation VisiCalc revolutioniert das Arbeiten mit Zahlen und Daten. Es macht komplexe Berechnungen einfach und flexibel, steigert die Produktivität enorm und verhilft dem Personalcomputer zum Durchbruch.
- Die Geburtsstunde der Künstlichen Intelligenz (KI) liegt im Sommer 1956. Trotz theoretischer Konzepte scheitert die Umsetzung an den Grenzen der damaligen Technik. Nach der Jahrtausendwende gewinnt die KI-Forschung an Fahrt. Das Erkennen komplexer Muster in großen Datenmengen erschließt neue Anwendungsbereiche wie Roboterautos.
- Das Verständnis von KI bleibt trotz aller Lektüre und Kenntnisse abstrakt. Erst die persönliche Erfahrung ändert das. Mit ChatGPT erleben zum ersten Mal Millionen von Menschen bewusst diesen ersten Moment mit KI.

TEIL I

Wie ChatGPT die Wissensarbeit durchrüttelt

KAPITEL 1

Das Medium ist die Botschaft: ChatGPT für Autoren und Journalisten

*„Du bist nur ein Soldat, wenn du im Kampf gewesen bist;
du bist nur ein Händler, wenn du Geld verloren hast;
du bist nur ein Unternehmer, wenn du gescheitert bist;
und du bist nur ein Autor, wenn du plagiiert wurdest.“*
– Nassim Taleb

Eine Nachricht mit dem Vorschlaghammer

Der Medientheoretiker Marshal McLuhan gilt als Wegbereiter für das Verständnis der Funktion von Kommunikation durch Medien. Seine Medientheorie gipfelt in der der These „*The Medium is the Message*“ (dt.: Das Medium ist die Botschaft).[36] Sie besagt, dass das Medium, durch das eine Botschaft übermittelt wird, wichtiger ist als der Inhalt der Botschaft selbst. Mit anderen Worten: Wie eine Information kommuniziert wird, kann die Wahrnehmung und Interpretation der Information stärker prägen als ihr Inhalt.

Im November 2019 stellt Tesla den Cybertruck vor, die futuristische Variante eines neuen Elektrofahrzeugs.[37] Die Präsentation eines elektrischen Pickup-Trucks ist bedeutend für das Unternehmen. Wie sie abläuft, hat großen Einfluss auf die öffentliche Wahrnehmung. Firmenchef Elon Musk demonstriert die Robustheit des Cybertruck. Mit einem Vorschlaghammer trümmert sein Kollege gegen die Fahrertür. Die zeigt sich unbeeindruckt und bleibt unbeschädigt.[38] Dann wirft er eine schwere Metallkugel auf die vermeintlich bruchsichere Autoscheibe. Zu Musks Überraschung hält die zwar stand, aber der Aufprall hinterlässt ein tiefes Rissmuster.[39] Dieses Missgeschick zieht mediale Aufmerksamkeit auf sich. Die Aufzeichnung geht viral und führt zu einer Flut von Memen und Diskussionen in Medien.

Dieses Beispiel verdeutlicht die Bedeutung des Mediums für eine Botschaft: Eine spektakuläre Live-Präsentation, die schief geht, erregt mindestens so viel Aufmerksamkeit wie der Inhalt selbst. Die Art und Weise, wie man ein neues Autos ankündigt, beeinflusst die Wahrnehmung und Interpretation der Produktdemonstration hier mehr als die Botschaft. McLuhan argumentiert, dass jedes Medium eine spezifische Art und

Weise habe, wie es Information darstellt und kommuniziert. So hat etwa das Fernsehen eine andere Art, Information zu präsentieren, als ein Buch oder das Radio. Das Medium selbst ist nicht lediglich das Transportmittel für eine Botschaft, sondern beeinflusst deren Wahrnehmung und Interpretation auf tiefgreifende Weise. Diese These legt nahe, dass wir nicht nur den Inhalt, sondern auch das Medium selbst, durch das Information übermittelt wird, kritisch betrachten müssen. ChatGPT ist ein sehr gutes Beispiel, um McLuhans Einsichten in die Kommunikation am Beispiel von Textmedien zu erklären: Es erzeugt Botschaften – und übermittelt sie gleichzeitig auch noch selbst.

Zunächst einmal verändert ChatGPT die Wahrnehmung von Information. Denn sie wird nicht einfach auf einen Schlag übermittelt, sondern entfaltet sich in einem natürlichsprachlichen Dialog zwischen Mensch und Maschine. Anstatt Information aus Büchern oder Artikeln aufzunehmen, stellen Benutzer Rückfragen und erhalten Antworten, die ihre spezifischen Bedürfnisse ansprechen. Das Medium des Chatbots beeinflusst, wie Information überhaupt weitergegeben wird, und in welche Richtung sich der Dialog entwickelt, während er sich über die Zeit entfaltet.

Aber der Chatbot verändert nicht nur, wie ein Benutzer Information aufnimmt. Es stellt sich die Frage nach der Urheberschaft des Textes. Denn je nach Einschätzung hegen Benutzer mehr oder weniger Vertrauen in eine Antwort. Diese Unsicherheit kann zu einer veränderten Einschätzung von Autorität und Zuverlässigkeit führen, die durch ChatGPT vermittelt wird.

Abhängig von den Vorkenntnissen eines Benutzers variiert das Vertrauen in die bereitgestellten Antworten: Vertraut er dem Chatbot? Dann sieht er die Information als glaubwürdig und nützlich an. Oder bringt er den Antworten generell Skepsis entgegen oder kann als Experte gar die Richtigkeit und Relevanz der Antworten bewerten? Für den Theoretiker McLuhan macht ChatGPT etwas, das selbst der Visionär Mitte der 1960er-Jahre nicht vorhergesehen hat: Die Botschaft wird ohne menschliches Zutun zusammengestellt. **Das Medium ist sowohl Erzeuger wie auch Überbringer seiner Botschaft.** Es schreibt die Botschaften selbst. Gut dokumentierte Beispiele zeigen, wie diese Tatsache die Wahrnehmung eines Textes verändert.

Hast Du Angst?

Im September 2020 macht die englische Zeitung *The Guardian* mit einer irritierenden Schlagzeile auf: „*A robot wrote this entire article. Are you scared yet, human?*" (dt.: Ein Roboter hat den ganzen Artikel geschrieben. Mensch, hast Du jetzt Angst?).[40] Vermeintlich demonstriere dieser Artikel die Leistungsfähigkeit von KI für das maschinelle Erstellen von Texten. Der verantwortliche Redakteur stellt fest, der Text sei von einem Roboter geschrieben worden (er heißt GPT-3 und ist eine Vorgängerversion von ChatGPT).

Die Veröffentlichung erregt mediale Aufmerksamkeit, weil sie als Menetekel auf eine unangenehme Zukunft des Journalismus hindeutet: KI erfüllt Aufgaben, die menschlichen Journalisten und Redakteuren vorbehalten sind. Es entsteht der Eindruck, hier sei eine Maschine in der Lage, komplexe und für den Leser ansprechende Texte ohne menschliche Beteiligung zu erzeugen. Viele Reaktionen auf den Artikel teilen die Besorgnis, dass nun die Arbeitsplätze der schreibenden Berufe gefährdet seien. Andere argumentieren, dass dies Chancen für mehr Effizienz und Kreativität eröffne.

Dieser Diskurs entwickelt sich, weil die meisten Diskutanten ein wichtiges Detail übersehen: Der Blick ins Kleingedruckte des Artikels zeigt, dass der künstlich erstellte Text tatsächlich gar nicht vollständig von KI erzeugt wurde. Der Verantwortliche für den Artikel räumt ein, dass es insgesamt acht Anläufe bedurfte, um das Resultat zu produzieren. Außerdem stellt er klar, dass der Text nicht etwa in einem Schwung erstellt, sondern von ihm selbst aus prägnanten Versatzstücken zusammengestellt worden sei. Seine Argumentation dafür ist problematisch: *„GPT-3 hat acht verschiedene Ausgaben oder Essays produziert. Jede war einzigartig, interessant und hat ein unterschiedliches Argument vorgebracht. The Guardian hätte einfach einen der Essays in voller Länge veröffentlichen können. Stattdessen haben wir uns jedoch dafür entschieden, die besten Teile aus jedem zu wählen, um die verschiedenen Stile der künstlichen Intelligenz einzufangen.“*[41] Wir werden in Teil III darauf eingehen, warum dieses Vorgehen kein Lapsus ist, sondern einen großen Unterschied macht für die angebliche oder tatsächliche Fähigkeit einer schreibenden KI.

Zumindest Marshal McLuhan hätte seine Freude gehabt, denn seine zentrale These wird bestätigt: **GPT-3 ist die Botschaft**. Anstatt über die Möglichkeiten und Grenzen von KI zu sprechen, lamentierten Journalisten und Leser nach dieser Veröffentlichung über das Ende der schreibenden Zunft. Der Text bediente ihre Ängste und wurde zur Projektionsfläche eigener Befindlichkeiten. Leider verdrängt dieser eingeengte Blick viele wichtige Fragen nach den Chancen, Möglichkeiten und Risiken einer solchen KI.

Kreatives Schreiben

Denn natürlich ist diese Entlarvung von GPT-3 kein Freibrief für schreibende Berufe. ChatGPT wird das Arbeitsfeld der schreiben Berufe drastisch verändern. Das wird offensichtlich, wenn man sich die typischen Phasen eines Schreibprozesses genau anschaut. Ob fiktionaler oder nicht-fiktionaler Text, jeder Autor durchläuft mehrere Phasen, um seinen Text anzufertigen. Die Anzahl variiert je nach Genre (Zeitungs- oder Blog-Artikel, Drehbuch, Sachbuch oder Belletristik) und Arbeitsweise.[42, 43] Das generelle Vorgehen aber bleibt identisch.

1. In der ersten Phase legt der Autor das Fundament für einen Text. Es ist wichtig, ein Thema zu durchdenken und eine Idee zuzuspitzen. Dafür sind Recherchen nötig und Material muss gesammelt und sortiert werden. Der Autor entwickelt eine Vorstellung davon, wie der Text aufgebaut sein wird. Er muss sich Gedanken machen, welche Zielgruppe er anspricht, oder welche Stimmung sein Stück vermitteln soll. Sorgfältige Vorbereitung und Planung sind zwingend, um einen Text zu schreiben, der lesenswert ist und trotzdem verständlich bleibt.

2. In der nächsten Phase geht es darum, den Text als Gedankengebäude auf das Papier zu werfen. Der eigentliche Schreibprozess beginnt, der Autor bemüht und quält sich durchaus, seine Ideen präzise auszudrücken. Der Text muss ständig überarbeitet und korrigiert werden, während er seiner Fertigstellung entgegenwächst. Der Autor muss darauf achten, dass der Text stimmig bleibt, und die richtige Tonalität trifft, um Leser zu fesseln. Oft wird diese Phase auch von Schreibblockaden begleitet, die es zu überwinden gilt.[44]

3. In der dritten Phase liest der Autor den Text erneut und überarbeitet ihn. Er korrigiert Rechtschreib-, Grammatik- und Stilfehler. Er passt Inhalt und Struktur an, um Verständlichkeit sicherzustellen. Es braucht eine schlüssige Argumentation und begründete Aussagen im Text – ob frei erfunden oder durch Fakten unterfüttert. Diese Phase erfordert Geduld und Ausdauer.

4. In der letzten Phase geht es darum, den Text zu polieren. Der Schreiber stellt sicher, dass sein Resultat den Qualitätsansprüchen genügt, um abgegeben und veröffentlicht zu werden. Dafür zieht er auch andere Personen zu Rate. Sie lesen und prüfen, üben Kritik, geben Vorschläge und Hinweise. Der Fokus liegt nun auf dem Verbessern des Textes und dem Anpassen an die Bedürfnisse der Leser. Der Autor achtet auf stilistische Feinheiten und stellt sicher, dass der Text sich flüssig liest und verständlich bleibt.

Diese vier Phasen laufen nicht zwingend hintereinander ab. Meist springt der Autor hin und her. Aber generell skizzieren sie den Zyklus für das Entstehen eines Textes vom Anfang bis zum Ende. **Der geübte Einsatz von ChatGPT kann in jeder dieser Phasen auf zwei Arten helfen: Entweder beschleunigt es den Prozess, ohne dass die Qualität leidet, oder es erhöht die Qualität der Ergebnisse** – zum Teil dramatisch:

1. Zuerst sammelt der Autor Ideen und plant und entwickelt eine Struktur für seinen Text. Der Dialog mit ChatGPT hilft, aus einer Vielzahl von Vorschlägen konkrete Themen, Handlungsstränge oder Kapitelstrukturen herauszufiltern. Der Autor wählt aus, was seiner Intuition am nächsten kommt, seine Erfahrung einbezieht, ihn und seine Expertise und seine bisherigen Ideen besonders anspricht. Hier agiert der Autor oft als Kurator von vielen Ideen, aus denen er selbst die besten auswählen muss. ChatGPT spielt eine Rolle als Ideen- und Kreativitätscoach.[45]

2. Durch das Schreiben setzt der Autor seine ungeschliffenen Ideen in lesbaren Text um. ChatGPT schlägt alternative Worte oder Phrasen vor, verbessert den Schreibstil oder weist auf Rechtschreib- und Grammatikfehler hin. Durch die Zusammenarbeit mit ChatGPT beschleunigt sich der Schreibprozess. ChatGPT hilft, Gedankengänge zu strukturieren, logische Zusammenhänge herauszuarbeiten oder inspirierende Beispiele und Details zu ergänzen. Es weist auf Wiederholungen hin oder zeigt, wie kohärente Phrasen aussehen könnten, die eine gewünschte Wirkung entfalten.

3. Nach dem Schreiben beginnt das Überarbeiten. Der Autor tritt einen Schritt zurück, betrachtet seinen Text kritisch und merzt Schwächen aus. ChatGPT hilft dabei, liefert Feedback und Vorschläge für Verbesserungen. Der Autor analysiert mithilfe von ChatGPT den Text genau und findet Verbesserungen für Handlung, Charakterentwicklung oder andere Aspekte. In dieser Phase agiert ChatGPT überwiegend als Korrektor. Es unterbreitet Vorschläge, aber Entscheidungen in Bezug auf Wortwahl, Stil und Inhalt liegen in der Hand des Schreibenden.

4. Schließlich überprüft der Autor den Text auf grammatikalische Fehler und verbessert den Lesefluss. Er führt mit ChatGPT eine Stilanalyse durch und erkennt Schwächen in der Struktur oder im Lesefluss seines Textes. ChatGPT agiert typischerweise in der Rolle eines Lektors.[46, 47]

ChatGPT unterstützt in jeder Phase des Schreibprozesses. Der kluge Einsatz beschleunigt den Schreibprozess nicht nur marginal, sondern führt zu dramatisch besseren Texten.

Der neue Praktikant ist da

Auch die Süddeutsche Zeitung will wissen, ob das stimmt. Im April 2023 titelt sie *„Der neue Praktikant ist da"* und wirft ChatGPT in ein Praktikum im Wirtschaftsressort.[48] Während des zweimonatigen Volontariats hilft der Chatbot bei der Recherche, verfasst kurze Artikel und überarbeitet die Redaktionstexte. Aber die Resultate sind ernüchternd: Zwar greift ChatGPT auf eine große Datenbank an Wissen und Information aus dem Wirtschaftsbereich zurück und verfügt über Schreibfähigkeiten. Dennoch hat er Schwierigkeiten, aktuelle Ereignisse zu erfassen und Nachrichtenartikel zu verfassen, die den Qualitätsansprüchen genügen. Auch die vielfache Neigung von ChatGPT, einfach Fakten zu erfinden, wenn keine gefunden werden, stellt die Journalisten vor ein großes Problem. **Ihr Fazit ist, dass ein solches KI-System zwar nützlich ist, um Information zusammenzufassen und an Texten zu feilen, aber es fehle ihm Wesentliches, um ansprechende Geschichten zu erzählen.**

Nach drei Jahren Diskussion zeichnen sich erste Linien ab, inwieweit ChatGPT den Berufsstand der schreibenden Berufe verändern wird:[49] Experten tendieren mehrheitlich zu der Ansicht, dass KI die Kompetenz menschlicher Journalisten nicht ersetzen wird. Stattdessen wird es ein Werkzeug bleiben, um redaktionelle Arbeit zu beschleunigen und zu verbessern. ChatGPT kann zwar Texte erstellen, aber es fehlen Originalität, Stil oder Analyse, die im Journalismus unerlässlich sind. Wenn man alle diese Argumente akzeptiert, warum ist ChatGPT trotzdem eine so radikale Veränderung des Schreibprozesses?

ChatGPT ist eine Maschine, die Texte „aus dem Nichts" entstehen lässt. **Faktisch ist sie nicht dafür konstruiert, auch nur einen klaren Gedanken zu fassen. Das schmälert aber überraschend meist nicht die Qualität der ihr produzierten Resultate.** Es ist die Fähigkeit, große Mengen an Information schnell zu verarbeiten und in Textform zu gießen, die ChatGPT so unausweichlich für die schreibenden Kreativberufe macht.

Zwar werden Maschinen wohl noch lange keine Pulitzer- oder Nobelpreise entgegennehmen, aber sie arbeiten rund um die Uhr, sind nicht anfällig für menschliche Fehler und liefern konsistente Qualität. ChatGPT wird Journalisten nicht wegrationalisieren, wenn die ihr Handwerk verstehen. Deren Fähigkeiten bleiben unerreicht durch Maschinen. Schlechte Journalisten allerdings werden bangen müssen um ihren Job.

Kapitel kompakt

- Elon Musk demonstriert die Robustheit des Tesla Cybertrucks mit Vorschlaghammer und schweren Metallkugeln. Das scheitert. Trotzdem erregt die spektakuläre Präsentation enorme Aufmerksamkeit. Es ist ein Beispiel für die Theorie von Marshal McLuhan: *Das Medium ist die Botschaft.*
- Im Jahr 2020 veröffentlicht *The Guardian* einen von KI geschriebenen Artikel. Er löst großes Medienecho aus und schürt Ängste. Übersehen wird dabei aber, dass der Text durch manipulierte Produktionsumstände entsteht. Die Debatte um diesen KI-Artikel sagt mehr aus über die Projektion von Ängsten als über die Chancen und Risiken von KI.
- Der kreative Schreibprozess besteht aus Vorbereiten, Schreiben, Überarbeiten und Redigieren. ChatGPT hilft in jeder Phase, indem es Ideen generiert, Formulierungen verbessert und Fehler korrigiert. Das beschleunigt den Schreibprozess und verbessert die Textqualität.
- Die Süddeutsche Zeitung testet ChatGPT in ihrem Wirtschaftsressort. Die Redaktion stellt fest, dass der Chatbot trotz umfangreicher Zugriffe auf Datenbanken und Schreibfähigkeiten Schwierigkeiten hat: Er kennt keine aktuellen Ereignisse und seine Artikel bleiben durchschnittlich. KI wird also Journalisten nicht ersetzen, aber als Werkzeug die redaktionelle Arbeit begleiten.

KAPITEL 2

Eine Fibel für die junge Dame: ChatGPT für Schüler, Lehrer und Studenten

„Gar mancher lacht der Kinderfibel und schrieb doch ohne sie kein Wort. So lacht gar mancher wohl der Bibel und zehrt von ihr doch fort und fort.“
– Gotthold Ephraim Lessing

Von „Peter ruft Flocki" in die Grenzwelt

Mein erstes Lesebuch heißt „Unsere neue Fibel“.[50] Die ersten zwei Seiten haben sich in meine Erinnerung gebrannt: *„Peter ruft Flocki. Peter ruft. Flocki kommt nicht.“* Das ist im Jahr 1970. Mein eigentlicher Weg in das Lesenlernen beginnt mit Comic-Büchern, dem Struwwelpeter und den Märchen der Gebrüder Grimm. Heute lese ich mit meiner Tochter Märchen, die uns ChatGPT in Echtzeit Märchen schreibt, und für die wir nach Gutdünken die Charaktere oder den Kontext ändern.[51] Zwischen diesen beiden Ereignissen liegen circa 50 Jahre Geschichte des Lesenlernens.

Der Science-Fiction-Autor Neil Stephenson katapultiert seine Leser in die Schulwelt des späten 21. Jahrhunderts. In seinem Roman *Diamond Age* kreist er um KI, Nanotechnologie und virtuelle Realität.[52] Eine große Rolle für die Handlung spielt eine interaktive Lesefibel namens *A Young Lady's Illustrated Primer* (dt.: Eine Bilderfibel für die junge Dame). Die genaue Ausführung bleibt schemenhaft, aber sie hat die Form eines Buches und gehört dem Mädchen Nell. Spezielle Funktionen und Eigenschaften unterscheiden sie von einem normalen Buch: Sie verfügt über flexible und leichtgewichtige Seiten, die sich an Nells Lesevorlieben anpassen und sich automatisch in verschiedene Formen verändern können. Darüber hinaus ist sie mit winzigen Sensoren bestückt, die die Umgebung und die Interaktionen der Leserin erkennen. So werden Gesichtsausdrücke und Emotionen erkannt und natürliche Sprache verstanden, um Nells Lernerlebnis anzupassen und auf sie zuzuschneiden. Die Fibel ist proaktiv und agiert als aktiver Erzieher von Nell und begleitet sie auf ihren Abenteuern in einer fiktiven Zukunftswelt. Die besondere Stärke des Buchs liegt darin, jede Art von Lerninhalt in das didaktische Format von Geschichten und Märchen zu übersetzen. Im Verlauf des Romans hat es eine transformative Wirkung für das Leben von Nell und anderen Charakteren der Geschichte.

Interaktive Lesefibeln

Die Idee einer interaktiven Lesefibel mag bei Erscheinen des Buches im Jahr 1995 futuristisch geklungen haben. Aber gerade 30 Jahre später sehen wir Entwicklungen in der KI und Bildungstechnologie, die in diese Richtung zielen: Personalisierte Lernprogramme und adaptive Lernsysteme tragen den individuellen Bedürfnissen und Fähigkeiten von Schülern Rechnung. Diese Systeme nutzen Datenanalyse und KI-Algorithmen, um das Lernverhalten zu protokollieren und Lerninhalte anzupassen. ChatGPT zeigt uns, wie schnell Stephensons Romanidee Wirklichkeit geworden ist.

Die Abiturprüfung 2023 in Hamburg zeigt bereits, welche Probleme sich das Bildungssystem durch derartige Lerntutoren einfangen könnte:[53] Mehrere Schüler sind verdächtigt, mit ChatGPT geschummelt zu haben. Den Lehrern fiel auf, dass einige Teile der Prüfungen mit Fehlern durchsetzt, andere dagegen nahezu fehlerfrei waren. Es scheint plausibel, dass einige Schüler ChatGPT verwendet haben könnten, um sich durch die Prüfungen zu schummeln. Tatsächlich wurde mindestens ein Schüler auf frischer Tat ertappt, als bei ihm ein Smartphone mit dem geöffneten Programm ChatGPT gefunden wird. Dieser Vorfall zeigt, wie wichtig es sein wird, dass Bildungseinrichtungen und Lehrer die Möglichkeiten und Herausforderungen der KI verstehen und lernen, damit angemessen umzugehen.

Denn die Fähigkeiten von ChatGPT stellen gültige Paradigmen unserer Schulbildung infrage. Wir müssen beantworten, was Lehren und Lernen im Zeitalter von Technik bedeutet, die viele Aufgaben von Lehrern übernehmen kann. Um das zu verstehen, werfen wir beispielsweise einen Blick darauf, warum Menschen überhaupt ein Interesse am Lernen entwickeln. Oft genannt werden dafür die *Vier Stufen der Kompetenz*.[54] Dieses Modell zeigt Phasen, die jeder beim Erlernen einer neuen Wissensdomäne durchschreitet:

1. Unbewusste Inkompetenz: In dieser Phase weiß der Lerner nicht, dass er eine bestimmte Fähigkeit nicht besitzt. Er ist sich dieser Unwissenheit auch nicht bewusst: *„Was ich nicht weiß, macht mich nicht heiß!“*. Natürlich macht er deshalb Fehler, aber er weiß nicht warum.

2. Bewusste Inkompetenz: Irgendwann wird sich eine Person ihrer Unfähigkeit bewusst. Sie erkennt, dass ihr eine Kompetenz fehlt. Hier entscheidet sich, ob sie das als Aufforderung versteht, sich neues Wissen anzueignen. Es ist der Punkt, an dem aus einer Person ein Lerner wird. Ignoriert sie den Bedarf, geht sie möglicherweise einer wichtigen kognitiven Verzerrung auf den Leim: *„Der größte Feind des Wissens ist nicht Unwissenheit, sondern die Illusion, wissend zu sein.“*[55]

3. Bewusste Kompetenz: Aus der Person wird ein Lerner, und wenn der sich ein Thema erschlossen hat, wird er sich dessen bewusst. Es ist der Übertritt in die Phase der bewussten Kompetenz. Jetzt braucht es noch aktives Nachdenken, der Lerner muss sich konzentrieren, um die erworbene Fähigkeit anzuwenden. Mit

Zeit, Übung und Erfahrung wird die Anwendung immer natürlicher: „*Wir sind das, was wir wiederholt tun. Exzellenz ist also keine Handlung, sondern eine Gewohnheit.*“[56]

4. Unbewusste Kompetenz: In der letzten Phase wandelt sich ein Lerner zum Experten. Er hat sein Wissen so tief verinnerlicht, dass er es ohne Nachdenken anwendet. Das gilt meist auch oder sogar unter Stress oder Ablenkung: „*Es ist das, was wir mit Leichtigkeit tun und verstehen, was wir wirklich wissen.*“

Dieses Modell spiegelt einen Prozess, der sich ständig wiederholt: Sobald eine Person eine bestimmte Fähigkeit der unbewussten Kompetenz erreicht hat, stößt sie auf den nächsten Anlass, sich Wissen zu erschließen – und der Zyklus beginnt von vorn.

Unser heutiges Schulsystem arbeitet sich hauptsächlich am Übergang der zweiten zur dritten Stufe ab: Lernern wird Inkompetenz zugeschrieben, die sie in bewusste Kompetenz umwandeln können. Wir erkennen das daran, wie Unterricht strukturiert ist und Prüfungen durchgeführt werden. Nehmen wir etwa den Mathematikunterricht: Schüler lernen das Konzept der Ableitung kennen, üben es durch Beispiele und Hausaufgaben und zeigen in einer Prüfung, dass sie es anwenden können. Was allerdings fehlt, ist der motivierte Übergang von der unbewussten zur bewussten Inkompetenz, ebenso der motivierte Übergang von der bewussten in die unbewusste Kompetenz.

Mit ChatGPT eröffnet sich nun ein Horizont auf Selbstbestimmtheit, um Lernen als ganzheitliches Erlebnis über alle vier Stufen der Kompetenz zu erfahren. ChatGPT begleitet Lernende durch alle Stufen des Kompetenzerwerbs, beginnend bei der unbewussten Inkompetenz. Und das passiert so:

1. Unbewusste Inkompetenz: ChatGPT identifiziert Wissenslücken, die einer Person nicht bewusst sind. Durch offene Dialoge und Rückfragen hilft der Chatbot, Bereiche zu entdecken, in denen einer Person nützliche Kompetenzen fehlen könnten.

2. Bewusste Inkompetenz: Sobald die Wissenslücken erkannt und benannt sind, hilft ChatGPT dem Lernenden, ein Bewusstsein für diese Lücken zu entwickeln. Das erfolgt in Form von Rückmeldung, Erklärung oder Diskussion.

3. Bewusste Kompetenz: Hier dient ChatGPT als Lernressource, weil es Information bereitstellt, Fragen unermüdlich beantwortet und das Einüben einer neuen Fähigkeiten trainiert. Die Dialoge von ChatGPT gleichen personalisierten Lernpfaden, denn sie basieren auf individuellen Bedürfnissen und Vorkenntnissen des Lernenden.

4. Unbewusste Kompetenz: Schließlich hilft ChatGPT beim Erreichen und Erhalten der unbewussten Kompetenz. Es bleibt eine fortlaufende Unterstützung für die Praxis, die sich permanent an das zunehmende Expertenniveau des Lerners anpasst. Zu diesem Zeitpunkt dient es als Werkzeug der Selbstreflexion. Der Experte

erhält ein schnelleres Verständnis seiner Kompetenzen und kann sie kontinuierlich überprüfen und verbessern.

In diesem Szenario steckt sehr viel von dem, was Neil Stephenson als fernes Zukunftsszenario skizziert hat: **ChatGPT avanciert zum ganzheitlichen Lernbegleiter, der Lernende durch alle Stufen der Kompetenzentwicklung hindurchführt.**

Khanmigo und Duolingo

Welche Bedeutung sogar OpenAI dem Einsatz von ChatGPT für die Bildung beimisst, kann man ablesen an zwei Kooperationen, die bereits vor der Veröffentlichung von ChatGPT begannen.[57]

Im Juni 2022 (fünf Monate vor der allgemeinen Verfügbarkeit von ChatGPT) startete die virtuelle Lernplattform *Khan Academy* eine Zusammenarbeit mit OpenAI.[58] *Khanmigo* ist eine KI-gesteuerte Anwendung, die als Tutor für Lernende und als Assistent für Lehrkräfte zur Verfügung steht.[59] Die Funktionen von Khanmigo sind vielfältig. Es nutzt ChatGPT, um die Vorteile einer Einzelbetreuung für jeden Schüler zugänglich zu machen. Außerdem unterstützt Khanmigo die Lehrer bei der Planung des Unterrichts, und produziert aussagekräftige Rückmeldungen. Darüber hinaus fördert Khanmigo die Kreativität der Lernenden. Es ahmt etwa einen Schreibcoach nach, und gibt Anregungen und Vorschläge, um die Schüler in kreativen Schreibprozessen voranzubringen, oder zu neuen Formen der Zusammenarbeit oder Diskussion anzuregen.[60]

Duolingo ist eine beliebte Sprachlernplattform.[61] Sie hilft, auf spielerische Art Fremdsprachen zu lernen. Dafür verwendet sie interaktive Übungen und verspricht unmittelbares Feedback, um das Sprachenlernen zu beschleunigen und zu erleichtern. Sie wird entwickelt, um die Barrieren für das Erlernen von Sprachen zu senken und für alle zugänglich zu machen. Mit OpenAI zusammen verbessert Duolingo das Angebot der Lernplattform. Zwei Funktionen spielen dabei eine besondere Rolle: *Explain My Answer* (dt.: Erkläre meine Antwort) und *Roleplay* (dt.: Rollenspiel).[62] Mit Explain My Answer erfahren Sprachenlerner mehr Details zu einer Übungsantwort – unabhängig davon, ob sie richtig oder falsch ist, z. B. eine einfache Erklärung oder weitere Beispiele. Durch Roleplay üben Lernende, ihre Redefähigkeiten in realen Situationen mit virtuellen Charakteren anzuwenden. Nach der Interaktion erhalten sie Rückmeldung über die Genauigkeit und Komplexität ihrer Antworten sowie Tipps für zukünftige Gespräche.

Mit vagen Ideen aus einem Science-Fiction-Roman begann dieses Kapitel. Es endet mit Produkten und Diensten, wo wir einige dieser Ideen bereits heute abonnieren können. Derzeit scheinen wir zu einem großen Sprung anzusetzen, die Domäne der Aus- und Weiterbildung durch KI radikal zu verändern. Selbst die Experten wissen nicht, was auf sie zukommt. Charles Isbell, Dekan der Georgia Tech kann nur spekulieren: *„Es wird nicht die große, zerstörerische Kraft sein, von der wir denken, dass sie in naher Zukunft entstehen wird. Außerdem wird die Hochschulbildung in 15 Jahren aufgrund dieser Technologie vollkommen anders aussehen. Wir wissen nur noch nicht genau, wie."*[63]

Kapitel kompakt

- Meine eigene Leseerfahrung beginnt mit Comics, den Gebrüdern Grimm und Struwwelpeter. Heute nutze ich ChatGPT, um bekannte Geschichten zu verändern oder neue zu erfinden. Die fiktive *Bilderfibel für die junge Dame* skizziert eine visionäre Zukunft der Leseerziehung. Sie ermöglicht individuelles Lernen. ChatGPT ist der erste Schritt dahin.

- ChatGPT eröffnet individuelle Lernbegleitungen durch alle vier Phasen der Kompetenzentwicklung. Die reichen vom Identifizieren unbewusster Wissenslücken bis zum Begleiten und kontinuierlichen Verbessern bewusster Fähigkeiten. Das wirft unser traditionelles Bildungsparadigma von Lernen über den Haufen.

- Der Chatbot *Khanmigo* nutzt ChatGPT, um extrem personalisierte Lernerfahrungen zu ermöglichen. Die Sprachenlernplattform *Duolingo* arbeitet mit OpenAI zusammen, um das Sprachenlernen auf eine neue Stufe zu heben.

KAPITEL 3

Fiat Justitia: ChatGPT für Juristen

„Ungerechtigkeit irgendwo ist eine Bedrohung für Gerechtigkeit überall."
– Martin Luther King

Gerechtigkeit für eine komplexe Welt

Fiat Justitia et Pereat Mundus (lat.: Es geschehe Gerechtigkeit, und wenn die Welt dadurch zugrunde geht) dürfen wir als strenge Interpretation der Gerechtigkeitsidee interpretieren. Mit ChatGPT werden bald Dinge möglich sein im Rechtssystem, bei denen wir uns auf die mit dieser Auslegung verbundene Problematik zurückbesinnen sollten. Denn Gerechtigkeit ist oft nicht eindeutig. Gerechte Urteile sind nicht einfach deshalb gerecht, weil sie rational hergeleitet worden sind. Aber KI-Maschinen neigen dazu, genau dies zu tun. Schon heute gibt es problematische Entwicklungen, die wir besser im Blick behalten. Denn sonst drohen dem Rechtssystem schwere Zeiten.

„Alle Menschen sind vor dem Gesetz gleich" lautet der erste Absatz des dritten Artikels des Grundgesetzes der Bundesrepublik Deutschland.[64] Er stellt sicher, dass Bürger in der öffentlichen Verwaltung und vor Gericht gleichbehandelt werden. Aber dieses Prinzip anzuwenden hat einen Preis: Er nennt sich Gewaltenteilung und ist die Dreiteilung staatlicher Macht in Legislative, Exekutive und Judikative. Während sich die Legislative um die Gesetzgebung kümmert, und die Exekutive Gesetze ausführt und durchsetzt, ist es Aufgabe der Judikative, Gesetze und Regeln auszulegen. Das ist die vornehme Aufgabe einer Heerschar von Juristen, von denen wir im Jahr 2023 in Deutschland circa 165.000 haben.[65] Denn das Auslegen vieler kluger Gesetze braucht viele kluge Köpfe.

Allerdings stehen Judikative und Gerichtsbarkeit vor vielen Herausforderungen. Grund ist die große Komplexität, die die Moderne charakterisiert. Unsere Welt bedarf zunehmend juristischer Auslegungen: Im Jahr 2022 gab es in Deutschland insgesamt 1.773 Gesetze und 2.655 Rechtsverordnungen.[66] Dieses riesige Konvolut macht es schwierig, immer auf dem neuesten Stand zu bleiben – und gleichzeitig die Expertise in speziellen Rechtsgebieten zu erhalten. Recherche, Auslegung und Interpretation von Gesetzen und Vorschriften nimmt immer mehr Zeit in Anspruch. Das liegt nicht nur an deren schierer Menge. Auch die Komplexität rechtlicher Fragen, die vor Gericht gezerrt werden, nimmt weiter zu. Außerdem müssen Gerichte die gesamte juristische Geschichte berücksichtigen, damit Urteile konsistent ausfallen. Das erfordert umfangreiche Kenntnisse und die gründliche Analyse aller Urteile bis zum Stichtag. Internationalisierung und grenzüberschreitende Verfahren tun ein Übriges, die Rechtsprechung zu verkomplizieren. Denn in der globalisierten Welt bleiben Rechtsfragen oft nicht auf ein Land beschränkt. Zum Beispiel treffen Gerichte häufig Entscheidungen, die sich mit EU-Recht oder internationalen Verträgen verschränken.

Diese Situation erfordert ein ständiges Anpassen und Weiterentwickeln der Judikative. Also sollte man annehmen, dass die jahrelange Ausbildung von Juristen sie zu kühl abwägenden Experten macht, die sich vor dem Hintergrund dieser Dynamik der großen Verantwortung bewusst sind, die sie zu tragen haben. Es gibt allerdings ernsthafte Hinweise, dass das ganz oft nicht der Fall ist.

Denken in zwei Systemen

Eine Untersuchung aus dem Jahr 2011 zeigt, dass der Anspruch von Achtsamkeit und fairer Rechtsprechung überraschend einfach auszuhebeln ist. Die Forscher Shai Danziger, Jonathan Levav und Liora Avnaim-Pesso untersuchten dafür mehr als 1.100 Gerichtsverhandlungen. Sie analysierten, ob und wie sich die Urteile der Richter im Tagesverlauf ändern, und fanden einen statistischen Beleg, dass Richter vormittags besser entscheiden als nachmittags. Nach der Mittagspause neigten sie dazu, weniger Bewährungen und Begnadigungen auszusprechen. Die Raten fielen von fast 65 Prozent morgens auf weniger als 10 Prozent am späten Nachmittag.[67] Als Grund vermuten die Forscher, dass dieser Abfall einfach auf Müdigkeit zurückgeführt werden könnte, *überhaupt eine Entscheidung zu treffen*. Die Studie zog seinerzeit viel Aufmerksamkeit auf sich. Obwohl Kritiker bemängelten, dass sie nur in einem bestimmten Kontext durchgeführt wurde, macht sie deutlich, wie schwer es Menschen fallen kann, „richtige" Entscheidungen zu treffen.

Der Ökonom und Nobelpreisträger Daniel Kahneman fand heraus, woran das liegt: Menschen treffen Entscheidungen entweder schnell (vielleicht schlecht, manchmal sogar falsch) oder langsam (dann aber gut und richtig). Kahneman weist in seiner Forschung darauf hin, dass wir zwei Arten von Denkprozessen unterscheiden. Er nennt sie *System 1* und *System 2*.[68] System 1 ist ein schneller, automatisierter und instinktiver Denkprozess. Entscheidungen fallen sofort, nur sind sie anfällig für Fehler und Vorurteile. System 1 basiert auf persönlichen Erfahrungen und Vorurteilen und wird oft eingesetzt, wenn wir unter Zeitdruck stehen oder die kognitiven Ressourcen erschöpft sind. System 2 hingegen beschreibt den bewussten und reflektierten Denkprozess, bei dem wir vor Entscheidungen jede verfügbare Information abwägen. Denn das erfordert Zeit und Mühe. Kahneman empfiehlt, bei wichtigen Entscheidungen System 2 zu nutzen. Für alltägliche Entscheidungen unter Stress reiche System 1 meist aus.

Wir haben oben bereits gesehen, wie dringend Juristen Unterstützung gebrauchen könnten, um ihre Arbeit angemessen zu bewältigen. Deshalb stellt sich eine interessante

Frage: **Wäre das Justizsystem fairer, wenn wir Maschinen bauten, die Juristen unterstützten, System 2-Entscheidungen zu fällen?**

Recht sprechen mit ChatGPT?

ChatGPT könnte für verschiedene Aspekte der Rechtsprechung nützlich sein. Was wäre heute bereits möglich? Beim Erledigen welcher typischen Aufgaben der Rechtsprechung kann ChatGPT helfen?

- Recherchen: ChatGPT verarbeitet große Mengen an Information und erkennt Muster und Zusammenhänge, die Menschen oft verborgen bleiben. Diese Eigenschaft könnte beitragen, umfangreichere Fakten für einen Justizfall zu sammeln, zu organisieren und zu analysieren, um ein klareres Bild der Situation zu zeichnen.
- Beweislagen: ChatGPT leidet nicht unter unbewussten, kognitiven Verzerrungen wie Menschen. Solange die Datenlage selbst nicht einseitig ist, bewertet es Information objektiv, ohne Vorurteile oder Präferenzen. Das könnte die Beweisführung in einem Gerichtsprozess vollständiger und einfacher nachvollziehbar machen.
- Plädoyers: ChatGPT findet kreative und unerwartete Argumente, um juristische Grundsätze auf die eine oder andere Weise auszulegen. Das würde zu frischen Perspektiven und überraschenden Ansätze in einem Fall führen, die Rechtsanwälte oder Richter vielleicht übersehen hätten.

ChatGPT kann zwar nicht die Richtigkeit oder Rechtmäßigkeit der selbst produzierten Information überprüfen. Es darf aber als Werkzeug betrachtet werden, das von qualifizierten Fachleuten verwendet werden kann, weil sie dessen Ergebnisse auf Richtigkeit überprüfen. Ein Ersatz für menschliche Expertise und Urteilsvermögen ist es nicht.

Diese Einschränkung abzutun, hatte bereits Konsequenzen. Denn wie man sich dank ChatGPT lächerlich macht, hat der amerikanische Rechtsanwalt Steven Schwartz beweissicher demonstriert:[69] Für Gerichtsakten zitierte er sechs Prozesse, die überhaupt nicht existierten. ChatGPT hatte sie frei erfunden. Die in den Akten zitierten Fälle sind vollständig ausgedacht, einschließlich der Namen der Fälle, sowie Auszüge aus vermeintlichen Urteilen. Schwartz verwendete ChatGPT zur Recherche und übersah – aus Versehen oder geflissentlich –, dass es falsche Information liefern könnte. Der Lapsus von Rechtsanwalt Schwartz hatte umgehend Folgen. US-Richter Brantley Barr verbot den Einsatz von ChatGPT und anderen Lösungen zum Verfassen von Rechtsgutachten.[70] Wer es dennoch tue, müsse jeden KI-generierten Text von einem Menschen gegenlesen lassen. Er räumte ein, dass KI zwar einen Platz in der Rechtsbranche habe wie zum Beispiel beim Erstellen von Standard-Rechtsdokumenten, aber für Rechtsgutachten nicht geeignet sei. Interessanterweise appellierte der Richter an den Standesethos. Er argumentierte, ChatGPT sei *„nicht an irgendeinen Sinn für Pflicht,*

Ehre oder Gerechtigkeit gebunden". Das Gericht akzeptiere deshalb keine Einreichungen mehr, die ohne eidesstattliche Versicherung als von Menschen geschrieben oder überprüft eingereicht würden.

Das Verwenden von ChatGPT in einem Rechtssystem wirft große Probleme auf: Selbst bei korrekter Nutzung besteht das Risiko eines Verlustes des Wertes menschlicher Urteilsfähigkeit. ChatGPT basiert auf Daten und Algorithmen, denen die Fähigkeit zu intuitivem, ethischem und erfahrungsbasiertem Urteilen naturgemäß abgeht. **Denn eine Maschine folgt keiner Moral.** Aber diese Kompetenz gilt – gerade in der Rechtssprechung – als Schlüsselkomponente menschlichen Vermögens, um auch in Grenzfällen kluge Urteile zu fällen. Zudem sind Entscheidungen, die eine KI trifft, immer nur so gut wie die Daten, an denen sie trainiert wurde. Auch die fehlende Transparenz und Erklärbarkeit der Aussagen, die ChatGPT auswirft, könnten das Recht auf ein faires Verfahren gefährden. Alle diese Faktoren untergraben die Gerechtigkeit und Fairness des Rechtssystems, wenn ChatGPT ohne geeignete Kontrollen und Regulierungen genutzt würde.

Ein ganz anderes Problem thematisiert die Journalistin Elizabeth Well: Wenn ChatGPT den Realitäten hinterherhinke oder nur bis zu einem bestimmten Zeitpunkt Information berücksichtige, dann „friere" die Technologie gewissermaßen Sprache in der Zeit ein, und stecke in den Problemen der Vergangenheit fest.[71] Das würde den Fortschritt im Rechtssystem stoppen oder zumindest drastisch bremsen.

Wodurch aber werden sich Juristen, die sich ChatGPT zunutze machen, von denen unterscheiden, die zwar Experten ihres Fachs sind, aber Technologie verschmähen? Der Komiker John Oliver hat es bereits auf den Punkt gebracht: *„Es wird nicht die KI sein, die Anwälte ersetzt. Es werden Anwälte sein, die mit KI arbeiten, die Anwälte ersetzen, die nicht mit KI arbeiten."*[72] Oder wenn schon die Anwälte nicht willens sind, ChatGPT zu nutzen, dann nehmen es die von juristischen Streitereien Geplagten gleich selbst in die Hand.

Erste Hilfe für Rechtsfälle

Die Studentin Millie Houlton erhält mitten in ihrem geschäftigen Alltag eine unerwartete Nachricht: Ein Strafzettel über 60 Pfund, ausgestellt vom Stadtrat von York.[73] Houlton ist verblüfft. Sie hat eine Parkgenehmigung für ihre Straße. Warum also diese Strafe? Angesichts ihrer Verpflichtungen ist sie versucht, die Strafe zu bezahlen, anstatt Widerspruch einzulegen. Aber dann erinnert sie sich an die Berichterstattung über die Fähigkeiten von ChatGPT. Mit einem Hauch von Hoffnung bittet sie ChatGPT: *„Bitte hilf mir, einen Brief an den Stadtrat zu schreiben, sie haben mir einen Parkstrafzettel aufgebrummt."* Houlton erklärt die Situation, ergänzt Details und wartet. Innerhalb von Sekunden erhält sie eine formulierte, personalisierte Antwort. Und das Unerwartete geschieht: Der Stadtrat zieht die Strafe zurück. Ist das ein Einzelfall? Keineswegs.

Auch der Informatiker Shaun Bosley sieht sich mit einer saftigen Strafgebühr von 100 Pfund konfrontiert, die der Flughafen Gatwick von ihm fordert:[74] Er hatte es gewagt, einen Arbeitskollegen unerlaubt mit dem Motorrad vor dem Flughafengebäude abzusetzen. Auch Bosley wendet sich an ChatGPT, um den Einspruch gegen die Strafgebühr zu formulieren. Er tippt einfach eine Anfrage in das Chatfenster, und ChatGPT spuckt den Einspruch augenblicklich aus. Bosley lässt wissen, er habe das erste Schreiben nicht erhalten und bestehe auf *„unangemessenen Stress und die Härte"*. Daraufhin reduziert der zuständige Parkplatzbetreiber die Strafe auf 15 Pfund.

Beide Anekdoten zeigen, dass ChatGPT mittelfristig die Hürden senken könnte, in Streitigkeiten überhaupt einen Anwalt hinzuzuziehen. Einfache Fälle könnte eine „Erste Hilfe"-Rechtsberatung bald vollständig verhandeln. Das Unternehmen *DoNotPay* aus Utah etwa bezeichnet sich als *„erster Roboteranwalt der Welt"* und behauptet, KI zur Unterstützung von Verbrauchern zu nutzen. Seit 2015 konzentriert es sich auf das Anfechten von Parkknollen und weitet seine Angebot stetig aus.[75] Derzeit sieht es sich allerdings selbst mit einer Klage konfrontiert. Die Kanzlei Edelson wirft ihm vor, die Rechtspraxis ohne Lizenz auszuüben. Dem Unternehmen wird vorgeworfen, gegen das kalifornische Gesetz gegen unlauteren Wettbewerb zu verstoßen, weil Rechtsdienstleistungen nicht durch Maschinen geleistet werden könnten. Es geht um nicht näher bezeichnete Schadenersatzansprüche. Dieser Fall ist bemerkenswert, zeigt er doch, dass die Grenzen von KI in der Rechtspraxis nicht lediglich eine technische Herausforderung darstellen. Viele andere Faktoren spielen dabei eine große Rolle. In Kapitel 7 gehen wir auf dieses Problem genauer ein.

Dennoch wird das Justizsystem auf Dauer von ChatGPT und vergleichbaren Diensten eingeholt werden. Die Ökonomen Ed Falten, Manav Raj und Robert Seamans bestätigen das in einer Studie. Sie stellen fest, dass das Rechtssystem der am ehesten betroffene Bereich sei, der durch ChatGPT zukünftig betroffen sein wird.[76]

Kapitel kompakt

- Zunehmende Komplexität und Dynamik der modernen Welt fordert das Justizsystem zu ständiger Anpassung und Weiterentwicklung. ChatGPT und andere KI-Werkzeuge zwingen zu einer Reflexion über die strenge Auslegung der Idee von Gerechtigkeit. Es gilt, die Entwicklung genau zu beobachten, um negative Folgen zu vermeiden.
- Die Qualität von Urteilen verschlechtert sich im Tagesverlauf durch Entscheidungsmüdigkeit der Richter. Maschinen könnten zu faireren Entscheidungen im Justizsystem beitragen.
- ChatGPT kann in jedem Aspekt von Rechtsprechung nützlich sein, einschließlich Recherche, Beweisführung und Plädoyers. Aber es bleibt ein Werkzeug und ersetzt nicht die menschliche Expertise und Erfahrung.
- Millie Houlton und Shaun Bosley fechten mit ChatGPT erfolgreich Strafzettel an. Das zeigt das Potenzial von KI für die Rechtsberatung ohne Anwaltsbedarf. Allerdings sieht sich das Unternehmen *DoNotPay*, das sich als „ersten Roboteranwalt der Welt" bezeichnet, aktuell selbst einer Klage ausgesetzt. Es wird beschuldigt, ohne Lizenz gültige Rechtspraxis auszuüben.

KAPITEL 4

Der mündige Patient: ChatGPT für Ärzte und Krankenhäuser

„Jeder, der sich nur auf die Vergangenheit verlässt, hat keine Zukunft."
– Albert Einstein

Von Il Dottore zu IBM Watson

Die Commedia Dell'Arte ist eine Theaterform, die im 16. Jahrhundert in Italien entsteht und bekannt ist für ihre holzschnitzartigen Charaktere.[77] Einer davon ist *Il Dottore*. Der Dottore ist ein Typus, der aus der Stadt Bologna stammt, die wiederum für ihre Universität berühmt ist. In der Regel wird Dottore als aufgeblasener Gelehrter gespielt, der häufig in Medizin oder Recht studiert ist. Trotz seiner vorgeblichen Bildung erweist er sich als inkompetent. Lateinische Phrasen und pseudowissenschaftlicher Fachjargon sprudeln aus ihm heraus, die entweder sinnlos sind oder falsch verwendet werden. Darüber hinaus ist er oft aufgeregt und unfähig, praktische Entscheidungen zu treffen.

IBM Watson besiegt im Jahr 2011 die menschlichen Champions des Quizspiels *Jeopardy!*.[78] Als Chatbot findet es schneller Antworten auf die meisten Fragen aus unterschiedlichsten Wissensgebieten. Ursprünglich wird Watson von IBM entwickelt, um menschliche Sprache zu verstehen und auf jede Frage in natürlicher Sprache zu antworten. Im Gegensatz zu Dottore schöpft Watson tatsächlich jede Menge wirkliches Wissen. **Es verarbeitet Millionen von Datenquellen zu einem vorgegebenen Thema. Das hilft zwar, nützt aber trotzdem nichts. Als IBM Watson ein ganz praktisches Problem lösen soll, kommt es zum Desaster.**

Im Jahr 2012 beginnen IBM und das Memorial Sloan Kettering Cancer Center, die Watson-KI zu trainieren, um Therapien gegen Krebs zu verbessern.[79] Aber das Projekt läuft von Anfang zäh, schließlich wird es aus einer Reihe von Gründen abgebrochen.[80, 81] Die erste große Herausforderung liegt in der Komplexität, Unordnung und den Lücken der genetischen Daten des Krebszentrums. Die Onkologen gehen davon aus, dass Watson eine Maschine sei, die ihnen einfach richtige Antworten liefert. Die Techniker von IBM dagegen sind frustriert von der Komplexität und Unordnung der Datenlage. Aber selbst wenn die Qualität der vorhandenen Daten ausgereicht hätte, fehlten Vergleichsdaten aus anderen Quellen, um plausible Empfehlungen aussprechen zu können. Schließlich fällt mehreren Ärzten auf, dass das Training durch ihre eigenen Daten Verzerrungen einschleust, weil sich die Behandlungsempfehlungen von Watson von den Praktiken anderswo auf der Welt unterscheiden. Die ursprünglichen, groß gedachten Ziele bleiben unrealistisch. IBM verfällt mit diesem Projekt dem „technischen Lösungswahn", dem wir uns noch zuwenden werden. Aber vielleicht liegt das Schlüsselproblem moderner Medizin noch ganz woanders.

Künstliche Röntgenaugen sehen mehr

Die Medizin hat in den letzten Jahrzehnten rasante Fortschritte verzeichnet. Selbst für Experten ist es da schwer mitzuhalten. Zwei Beispiele dafür sind das Manipulieren von Genomen und die Diagnostik von Krankheitsbildern mittels KI. Ersteres hat das Potenzial, genetische Krankheiten auf molekularer Ebene zu heilen. Zweiteres revolutioniert die Therapie, indem Muster in medizinischen Daten erkannt werden, die für das menschliche Auge unsichtbar bleiben.

Ein KI-Werkzeug aus Dänemark erkannte etwa 99,1 Prozent der tatsächlich abnormalen Röntgenbilder als korrekt.[82] Mittels ChatGPT könnte darüber ein Dialog entstehen, beispielsweise mit einem Radiologen über die Interpretation und Bewertung der erkannten Diagnosen. Aber KI wird auch in der Vorhersageanalyse eingesetzt.[83] So lassen sich bestimmte Krankheiten oder Störungen durch die Analyse von Patientendaten vorhersagen. Es lassen sich Bedingungen identifizieren, die von Ärzten schwer zu diagnostizieren sind. Mit einem Dialogsystem wie ChatGPT könnten Vorhersagemodelle neue Faktoren wie soziale Bedingungen oder Entscheidungen über den Lebensstil einbeziehen. Denn je komplexer die auf diesen Vorhersagen ausgerechneten Wahrscheinlichkeiten werden, desto nötiger wird dafür eine beratende Komponente wie ChatGPT. Die Komplexität der Vorhersagen und Diagnosen kann dazu führen, dass sowohl Patienten als auch Ärzte davon überfordert sind. Hier kommt ChatGPT als Dialogkomponente ins Spiel: Ein ChatGPT könnte als Schnittstelle zwischen den komplexen Vorhersagemodellen und Menschen dienen, indem es die Information in leicht verständlicher Weise präsentiert und Nachfragen beantwortet. **ChatGPT könnte helfen, Patienten aufzuklären und sie zu „informierten Entscheidungen" führen.**[84]

Für Laien sind medizinische Fortschritte kaum begreifbar. Und selbst Experten tun sich schwer, auf dem neuesten Stand zu bleiben. Das belastet das Verhältnis zwischen Ärzten und Patienten: Die einen fühlen sich überfordert, die anderen ausgeliefert. Die Ursache liegt in der Kluft zwischen der Expertise der Ärzte und dem Verständnis der Patienten – und der Hilflosigkeit beider Seiten, mit dieser Situation umzugehen. Doch Vertrauen der Patienten ist notwendig, damit Therapien erfolgreich sind. Sie zu erhalten, verlangt von Ärzten Sensibilität und pädagogisches Geschick.

Richtig oder falsch?

Patienten stehen nämlich oft vor einem Dilemma. Sobald eine Krankheit erkannt ist, muss einen Wahl über die beste Therapie getroffen werden. Nicht selten liegt nur begrenzte Information über die Wirksamkeit eines Medikaments vor. Oder es gibt Risiken, die gegen einen chirurgischen Eingriff sprechen. Ärzte und Patienten stehen also vor der Herausforderung, ihre Entscheidung über einen Therapieweg auf der Grundlage eingeschränkten Wissens treffen zu müssen. Es kann schwierig sein vorherzusagen, welche Behandlung geeignet ist und wie der Körper eines Patienten darauf reagieren wird. In solchen Situationen gilt es abzuwägen, ob die erwarteten Vorteile einer Therapie ihre Risiken aufwiegen. Eine solche Entscheidung ist dann nicht richtig oder falsch. Sie muss zwischen Arzt und Patient „verhandelt" werden.

Damit das gelingt, bemühen Mediziner ein besonderes Vorgehen. Sie etablieren immer öfter die *Partizipative Entscheidungsfindung* (engl.: Shared Decision Making).[85, 86] Wenn eine Operation, eine Behandlung oder eine Therapie geplant ist, sollte die Entscheidung über Eingriff oder Unterlassung über medizinische Kategorien hinausreichen, und beispielsweise die soziale Erfahrung des Patienten, seine generelle Einstellung zum Leben, das persönliche Umfeld, seine Überzeugungen oder absolute Tabus berücksichtigen. Das Einbinden des Patienten ist bedeutsam. Er wird als aktiver Partner betrachtet und soll in die Lage versetzt werden, informierte Entscheidungen über eine schwerwiegende Lebensentscheidung zu treffen. Die Wirksamkeit der partizipativen Entscheidungsfindung wird durch Studien gestützt.[87] Sie zeigen, dass das Einbinden des Betroffenen in den Entscheidungsprozess die Ergebnisse einer Behandlung verbessert und die Zufriedenheit erhöht.

ChatGPT könnte eine wichtige Rolle spielen, um die partizipative Entscheidungsfindung zu fördern. Denn der Ansatz erfordert das Erfassen und Berücksichtigen individueller Bedürfnisse und Vorlieben des Patienten. Im Jahr 2018 habe ich zu diesem Thema einen TED-Talk gehalten: *No Regrets! Chatbots will Guide You* (dt.: Keine Reue! Chatbots werden Dich begleiten).[88] Ich diskutiere die Zukunft von Chatbots wie Alexa, Siri und Cortana, und spekuliere, dass sich diese Art von Chatbots vom Beantworten alltäglicher Fragen hin zu tiefreichenden Gesprächen entwickeln wird. Sie würden uns helfen, komplexe Fragen zu beantworten wie etwa die Planung des Ruhestands oder die Entscheidung, ob eine riskante Operation durchgeführt werden solle. Ich betone, dass Chatbots dafür ihre Fähigkeit für plausible Vorhersagen erheblich verbessern und als vertrauenswürdige Berater wahrgenommen werden müssen. Als praktisches Beispiel greife ich auf, wie Chatbots uns helfen könnten, in komplexen Szenarien zu denken, um die Konsequenzen schwieriger Entscheidungen zu erkennen. Ich schließe den Vortrag mit der Aussage, dass Chatbots zukünftig Menschen helfen würden, unsere Perspektiven auf das zu verändern, was passieren könnte. Aber ich betone auch, dass Chatbots nicht einfach Antworten liefern, denn diese müssten Menschen immer aufgrund ihrer Werte und Glaubenssätze finden.

Wenn ich nach fünf Jahren auf diesen Vortrag zurückblicke, ist es frappierend, wie viele meiner damaligen Vorhersagen sich mit ChatGPT bereits erfüllt haben. Ich hielt es damals lediglich für eine plausible Idee, welche Konsequenz weiterentwickelte Chatbots haben würden. Aber mir war nicht klar, wie schnell uns derartige Szenarien einholen würden. Schauen Sie sich das Video an, und bilden Sie sich selbst eine Meinung.

Eine Frage, die Patienten beschäftigen könnte: Wären Chatbots freundlicher als Ärzte? Nun, die erste Studie dieser Art spricht nicht für die menschlichen Experten. In einer Querschnittsstudie mit 195 Patientenfragen aus einem sozialen Medienforum verglichen Gesundheitsfachleute die Antworten von Ärzten und Chatbots auf diese Fragen. Die Studie ergab, dass die Antworten der Chatbots generell bevorzugt wurden und sowohl in Bezug auf Qualität als auch Einfühlungsvermögen höher bewertet wurden als die Antworten der Ärzte.[89]

Kapitel kompakt

- Das KI-System Watson von IBM zeigt in experimentellen Situationen große Fähigkeiten für das Verstehen und Beantworten von Fragen, scheitert jedoch in der medizinischen Anwendung an praktischen Erfordernissen. Lücken in Daten sowie kognitive Verzerrungen im Training sind Herausforderungen, denen es nicht gewachsen ist.
- KI revolutioniert die medizinische Diagnostik und Vorhersageanalyse. Sie erkennt Muster in Daten, die für das menschliche Auge unsichtbar sind. Chatbots könnten als Schnittstelle dienen, um komplexe medizinische Information für Ärzte und Patienten verständlich zu machen, und beiden helfen, informierte Entscheidungen zu treffen.
- Eindeutige Entscheidungen in der Medizin zu treffen ist oft unmöglich. Durch partizipative Ansätze und die Unterstützung von ChatGPT können Ärzte und Patienten zukünftig zusammenarbeiten, um fundierte Entscheidungen über therapeutische Maßnahmen zu treffen.

KAPITEL 5

Autonome Kunst: ChatGPT für kreative Berufe

„Computer sind nutzlos. Sie geben nur Antworten."
– Pablo Picasso

Malerei nach dem Ende der Malerei

Die Daguerrotypie gilt als Frühform der modernen Fotografie.[90] Erstmals wird sie im Jahr 1839 in Paris präsentiert und führt augenblicklich zu einer massenhaften Nachfrage nach realistischen Bildern. Bis dahin gibt es nur die Malerei. Die schlagartige Konkurrenz maschinell erzeugter Bilder löst Existenzängste aus. Maler befürchten das Ende ihres Bildmonopols. Der Kunstkritiker Charles Baudelaire äußert sich kritisch über die Beliebtheit der Fotografie, die er als Bedrohung für das Wesen der Kunst ausmacht.[91] Er glaube, dass die Fotografie als mechanische Reproduktion der Realität mit Kunst verwechselt werde. Nur in der Kunst erkennt er einen Ausdruck der Seele, der Vorstellungskraft und der Träume – nicht durch exakte Wiedergabe der Natur. Für Baudelaire bedroht das Foto die Welt des Imaginären in der Kunst (der Begriff Imagination wird in Kapitel 6 eine wichtige Rolle spielen). Darum macht er die Fotografie verantwortlich für den Niedergang des künstlerischen Genies. Aber es kommt anders als der Kunstkritiker befürchtete. Aus dem Ende der Malerei entsteht die *„Malerei nach dem Ende der Malerei"*.[92] Gemälde erhalten einen hohen Wert als Wertgegenstand und Statussymbol. Sie werden von vielen Menschen als sozial wichtig angesehen.

Währenddessen entwickelt sich die Fotografie eigenständig weiter. Dafür bedient sie sich gerade in den ersten Jahren den Topoi der malenden Zunft, z. B. dienen die Darstellungsweisen und Posen von Gemälden als Vorbilder für die Inszenierung von Fotos.[93] Dann beginnen Fotografen, sich selbstbewusster zu geben und Fotos zur eigenständigen Kunstform zu erheben. In den 1920er-Jahren etablieren sich mit Man Ray oder Meret Oppenheim die ersten Künstler, die Fotografie als Kunst inszenieren.[94] Heute gibt es eine große Vielfalt von Fotografen, die auf unterschiedliche Weise die Fotografie als Kunstform nutzen und weiterentwickeln. Die Fotografie ist nicht nur ein Mittel zur Dokumentation geblieben, sondern wurde ein eigenständiges Ausdrucksmittel. Im Umkehrschluss gibt es Künstler wie Chuck Close, die sich dem Hyperrealismus verschrieben haben, und versuchen, Bilder zu malen, die nicht von einem Foto zu unterscheiden sind.[95] Seit dem Erscheinen von ChatGPT erhebt sich wieder ein Diskurs um die Sorge, das Ende des malerischen Künstlermonopols sei besiegelt. Denn durch eine Kombination von ChatGPT mit Bildgeneratoren wie *Midjourney*[96] oder *Stable Diffusion*[97] lässt sich eine Qualität von Bildern schaffen, die man bis vor Kurzem nur Künstlern zugetraut hätte. So gehen diese inzwischen dagegen vor, dass ihre Kunstwerke zum Zweck des Trainings solcher Dienste herangezogen werden.[98]

Auch die schreibenden Berufe geraten unter Beschuss. Es steht die Frage im Raum, ob ChatGPT tatsächlich einen vollständigen Roman schreiben könne. Der Professor für Medienkonvergenz Okke Schlüter hält das derzeit für undenkbar. Aber er schließt die Möglichkeit auch nicht völlig aus. *„Es hängt ja dann immer an der Erwartung der Kunden, wie viel Originalität gefragt ist, und man kann sich schon vorstellen – ähnlich wie beim Roboterjournalismus –, dass Maschinen in der Lage sind, bestimmte Lesererwartungen zu erfüllen"*.[99] Der Schriftsteller Hanns-Josef Ortheil sieht in KI keine Bedrohung für Autoren. Er glaube nicht daran, dass die bald durch Software ersetzt würden – auch wenn die Technik maßgeblich Fortschritte mache. *„Das hängt zusammen mit einem, man könnte es Personalstil nennen, also mit etwas absolut Subjektivem und Individuellen, das aus der Biographie eines Autors oder einer Autorin entsteht – so etwas wird keine Künstliche Intelligenz je ersetzen können"*.[100]

Die Debatte um das Ende des Kunstmonopols durch ChatGPT steht erst am Anfang. Es ist sehr wahrscheinlich, dass diese Technik die Zukunft jeder Art von Kunst dramatisch verändern wird. Es ist aber auch plausibel, dass klassische Kunstberufe dann nicht einfach verschwinden. Künstler werden sich aber anstrengen müssen, ihren neuen Platz in dieser Hybridwelt von Mensch und Maschine zu finden. Denn die Produktionskosten für das Erstellen beliebiger kreativer Inhalte brechen ein: ChatGPT und andere KI-Werkzeuge senken dramatisch den Preis, völlig individuell erzeugte, einzigartige Inhalte zu produzieren.

In der Geschichte der Fabrikproduktion bezeichnet der Begriff *Losgröße 1* das Gegenteil der Massenproduktion, bei der viele Einheiten des gleichen Produkts gleichzeitig hergestellt werden.[101] Es ist die Herstellung genau einer Einheit eines bestimmten Produkts zu einem bestimmten Zeitpunkt. Mit ChatGPT stehen wir am Beginn vollständig durch KI produzierte Inhalte der Losgröße 1. Denn es gibt keine Notwendigkeit mehr für die Besetzung von Filmen, Autoren, Filmsets oder Marketing. Alles entsteht in der Maschine. Wir stehen am Anfang einer endlosen Versorgung maßgeschneiderter Inhalte, in der KI die gesamte Entstehungsgeschichte eines Films oder Buches virtualisiert.[102] KI wird damit in direkter Konkurrenz zu Produktionsstudios und Verlagen stehen und gleichzeitig die Zersplitterung medialer Formate vorantreiben. Während damit zunehmend die täglichen Gebrauchsinhalte von Nachrichten über Dokumentationen bis zu Spielfilmen vollautomatisch entstehen, wird ChatGPT für die ernsthafte Kunst wie etwa Schriftsteller eine völlig andere Rolle zukommen.

Konfrontation mit Mustern

Schriftsteller beschäftigen sich mit einer besonderen Form mentaler Arbeit. Aber wie beim Wissensarbeiter bilden Daten, Information und Wissen die Ausgangslage ihres Œuvres. Das besondere Talent von Literaten ist ihr Blick auf die Welt. Denn sie übersetzen ihre persönlichen Wahrnehmungen und Interpretationen in kreative Ausdrucksformen, mit denen sie dann andere konfrontieren.

Die zentrale Tätigkeit eines Schriftstellers liegt im Erkennen und Brechen von Mustern: Er entwickelt ein tiefes Verständnis für gesellschaftliche Strukturen, Moden, Rituale und ästhetische Formen, die um ihn herum existieren. Er erkennt diese Muster – und erschafft aus dieser Einsicht Texte, in denen er diese Muster interpretiert. In seinen Texten spiegeln sich neue Bedeutungen und Erkenntnisse, die die Welt bereichern. Damit trägt die Fähigkeit von Schriftstellern, neue Perspektiven und Sichtweisen zu schaffen, zur Erweiterung unseres Verständnisses der Welt bei. Sie helfen uns, die eigene Wahrnehmung und Erfahrung zu schärfen.

Drei bekannte Beispiele aus der Literatur zeigen, auf welche Weise sich Schriftsteller mit dem Erkennen und Brechen von Mustern beschäftigt haben. Es sind George Orwell, Marcel Proust und James Joyce.

- *Auf der Suche nach der verlorenen Zeit* ist Marcel Prousts radikale Interpretation der menschlichen Erinnerung und Wahrnehmung.[103] Der Schriftsteller schafft eine neue Form literarischer Realität, indem er das Innenleben des Protagonisten in eine Reihe von Erinnerungen und Reflexionen einflechtet. Durch dieses Erzählmuster schafft Proust ein literarisches Werk, das die Grenzen der Erzähltechnik erweitert. Der Leser ist angehalten, über die Natur seiner eigenen Erinnerung und Wahrnehmung nachzudenken.
- *Ulysses* ist das bekannteste Werk von James Joyce.[104] Dieses Buch bricht radikal mit traditionellen Erzählstrukturen und schafft eine einzigartige, virtuos verwobene Darstellung von Alltagsleben. Die Handlung erstreckt sich über nur einen einzigen Tag und gilt als eine moderne Interpretation der Odyssee von Homer. Joyce setzt dabei auf eine Reihe innovativer Schreibstile wie etwa das Gedankenschweifen, um den inneren Monolog der Charaktere einzufangen. Diese experimentelle Herangehensweise sprengt die Grenzen der narrativen Form und regt den Leser an, die Natur seiner eigenen Wahrnehmung besser zu verstehen. Ulysses gilt als Schlüsselwerk der modernen Literatur und hat die Art und Weise nachhaltig geprägt, wie wir über Literatur denken und schreiben.
- *1984* ist ein Buch von George Orwell.[105] Er interpretiert die Zukunft auf eine neue und beklemmende Weise. Dafür entwirft Orwell eine Überwachungsgesellschaft, geprägt von vollständiger, totalitärer Kontrolle. Diese düstere Vision einer möglichen Realität erzeugt beim Leser eine tiefe emotionale Reaktion und schafft ein literarisches Werk, das heute als Meisterwerk der dystopischen Literatur gilt.

Aus der Brille von Wissensarbeit beschreibt das Konfrontieren mit bekannten und das Entwickeln neuer Muster die zentrale Tätigkeit jedes Schriftstellers. Ihr kreativer Schreibprozess führt zu bedeutenden literarischen Werken. Literaten hinterfragen etablierte Normen, Konventionen und Denkweisen. Sie streben danach, etwas Einzigartiges, Originelles oder Nachdenkliches zu schaffen. Dafür übertreten sie die Grenzen dessen, was als konventionell oder traditionell gilt – und erlangen Aufmerksamkeit, weil sie Angriffspunkte liefern für das, was tief in der Gesellschaft verwurzelt zu sein scheint. Möglicherweise experimentieren sie mit verschiedenen Stilen und Techniken und lehnen traditionelle Ansätze ab, um ihre eigene künstlerische Sprache zu schaffen. Denn natürlich wollen sie mit einem Text emotionale und intellektuelle Reaktionen hervorzurufen. Literarische Werke sind bewusst mehrdeutig und provozieren kontroverse Interpretationen. Durch das Einbeziehen des Betrachters in einen Dialog und den Zwang zur Konfrontation verwirren Künstler die in ihren Lesern vorhandenen, etablierten Muster passiver Rezeption und fordern aktive Beteiligung heraus.

Was aber braucht es, um Muster zu finden und zu brechen? Nach gängiger Expertenmeinung auf jeden Fall eine gehörige Portion Kreativität. Und Künstler zeigen sich erfinderisch, um diese Kreativität zu beflügeln.

Ist ChatGPT die 10. Muse?

Sie heißen Kalliope, Kleio, Erato, Euterpe, Melpomene, Polyhymnia, Terpsichore, Thalia und Urania. Die neun Musen spielen eine wichtige Rolle im griechischen Göttertableau. Denn jede bekleidet ein Spezialgebiet: Kalliope ist die Muse der Epik und der Heldendichtung, Thalia kümmert sich um die Komödie und idyllische Poesie, Melpomene ist zuständig für Tragödien (Tabelle 1). In der Antike glaubt man, dass Musen den Künstlern Inspiration einhauchen. Deshalb spielen sie für das Entstehen von Kunstwerken manchmal eine gewichtige Rolle.

Name der Muse	Aufgabe
Kalliope	Epische Poesie
Klio	Geschichtsschreibung
Erato	Liebesdichtung
Euterpe	Musik, insbesondere Flötenmusik
Melpomene	Tragödie
Polyhymnia	Chorgesang und Hymnen
Terpsichore	Tanz
Thalia	Komödie
Urania	Astronomie und Astrologie

Tabelle 1: Die neun griechischen Musen und ihre Zuständigkeiten

Die Renaissance greift die Idee der Muse besonders auf. Alles, was ihre Kreativität beflügelt, kann zur Muse werden. Besonders reale Verkörperungen für Musen sind Frauen, die zu dieser Zeit durch Schönheit, Gelehrsamkeit und andere Eigenschaften die Inspiration von Künstlern, Dichtern und Musikern anregen. Simonetta Vespucci ist eine berühmte Schönheit des 15. Jahrhunderts. Sie gilt als Muse der Maler Sandro Botticelli und Piero di Cosimo;[106] Laura de Noves ist die Geliebte des Dichters Petrarch und inspiriert viele seiner Gedichte;[107] Isabella d'Este gilt als Förderin von Kunst und Literatur und unterhält enge Beziehungen zu Leonardo da Vinci.[108] Seit der Renaissance bemühen Künstler durch verschiedene Epochen und Kulturen immer wieder neu die Idee der Muse als tiefe Quelle ihrer Inspiration. Heute wird der Begriff Muse oft metaphorisch verwendet, um jede Quelle der Inspiration oder Motivation zu beschreiben – sei es eine Person, ein Ort oder eine Idee. Warum dann nicht auch eine Maschine?

ChatGPT bietet eine Fülle an Information und Wissen und unterstützt in menschenähnlichen Dialogen das kreative Denken. So kann eine Sprechmaschine zur Inspirationsquelle werden. Das Gespräch mit ihr eröffnet Perspektiven, die ins Grübeln bringen und kreatives Denken anstacheln. Das Spektrum für einen Einsatz von ChatGPT als Muse ist breit gestreut. Es hat das Zeug zur „Super-Muse“:

- Schriftstellern und Dichtern hilft ChatGPT beim Verfertigen von Geschichten, Gedichten[109] oder Charakteren, macht Vorschläge oder zeigt Handlungsstränge auf.[110]

- Musikern und Komponisten steht ChatGPT zur Seite bei der Suche nach Liedtexten, bietet einen Zugriff auf die Musiktheorie oder hilft beim Finden neuer musikalischer Ideen.[111]

- Malern und Designern dient ChatGPT als Inspirationsquelle, indem es Information über Kunststile, Techniken oder die Geschichte der Kunst bereitstellt. Es hilft auch beim Entwickeln neuer Ideen für Produktdesigns oder Werbekampagnen.[112]

- Forschern und Wissenschaftlern gibt ChatGPT kreative Denkanstöße, indem es neue Perspektiven oder unerwartete Verbindungen zwischen Forschungsfeldern aufzeigt.[113]

- Erfindern und Unternehmern verhilft ChatGPT zur Inspiration für neue Geschäftsideen oder stellt Marktanalysen und Information über aufstrebende Technologien bereit.[114]

ChatGPT ist flexibel und vielseitig. Die Liste ließe sich fortsetzen. Es hilft Menschen aus unterschiedlichen Disziplinen, sich die kreativen Anteile ihrer Tätigkeit schneller und besser zu erschließen. **Als digitale Muse kann ChatGPT das kreative Potenzial von Einzelpersonen und Gruppen entfesseln.**

Hyperrealistische Kunst

Die Fähigkeiten von ChatGPT werden vermutlich zukünftig selbst ein Thema der Kunst werden. Denn der Chatbot stellt den Kunstbegriff selbst infrage. Die Erfindung der Fotografie zeigt bereits ein Beispiel, was uns blühen kann, wenn der Einsatz von ChatGPT für kreative Arbeit um sich greift.

In den 1960er- und 1970er-Jahren beherrschen Abstraktion und Konzeptkunst die Kunstszene. Der *Hyperrealismus* entsteht als Gegenerzählung dazu. Einige Künstler beginnen, sich auf die Darstellung von realistischen Szenen und Objekten zu konzentrieren, die sie akribisch genau darstellen. Inspiriert ist der Hyperrealismus von der Bewegung des Fotorealismus, der darauf abzielt, Gemälde zu schaffen, die so realistisch wie Fotografien aussehen. Die Hyperrealisten setzen diese Idee fort. Sie integrieren die Techniken und Methoden der Fotografie in die kreativen Prozesse ihres Schaffens. Um z. B. einen hyperrealistischen Effekt zu erzielen, verwenden Künstler ein Foto als Referenz, um jedes Detail des Motivs zu erfassen. Oder sie nutzen spezielle Techniken, um die Oberflächenqualität der Objekte zu imitieren. Das Ergebnis sind Gemälde, die so realistisch wirken, dass sie den Eindruck erwecken, man könne das Motiv aus dem Gemälde herausgreifen.

Die Verbindung zwischen hyperrealistischer Kunst und ChatGPT ist eng. Beide stellen tradierte Vorstellungen inhaltlicher, künstlerischer Tätigkeit infrage. Es entstehen Bilder bzw. Texte, die entweder von der Realität bzw. der menschlichen Kommunikation nicht mehr zu unterscheiden sind und damit die Frage aufwerfen, ob sie von einem Mensch oder einer Maschine entworfen wurden.[115]

Aber wir werden nicht nur neue Kunststile sehen. ChatGPT wirft weitere komplizierte Fragen auf. Denn KI hat das Potenzial, die traditionelle Rolle des Künstlers als alleinigem Schöpfer eines Werkes zu zerstören. In jedem Fall verändert sich bereits jetzt die Art und Weise, wie wir über Kunst und die Rolle des Künstlers sowie die traditionellen Methoden des künstlerischen Schaffens denken. ChatGPT zwingt uns jetzt, dazu nicht nur hypothetische Fragen zu stellen, sondern Antworten zu finden. Denn die Büchse der Pandora ist geöffnet.[116]

Kapitel kompakt

- Die Erfindung der Fotografie führt zu einer jahrzehntelangen Diskussion über das Ende der Malerei. Heute beginnt diese Diskussion erneut durch die Verfügbarkeit von ChatGPT. Neue Technologien haben Künstlermonopole nie beendet, aber herausgefordert. Es entstehen neue Ausdrucksformen.
- Die Rolle des Schriftstellers als Wissensarbeiter beschäftigt sich mit dem Erkennen und Thematisieren von Mustern in der Gesellschaft, den Moden oder Ritualen. Er findet ästhetische Ausdrucksformen der Interpretation. Marcel Proust, James Joyce oder George Orwell gelten als bekannte Beispiele dafür.
- ChatGPT dient als Inspirationsquelle und unterstützt kreatives Denken in einer Vielzahl von Disziplinen, die von der Literatur über die Musik bis hin zur Wissenschaft reichen. Mit seiner Fähigkeit, neue Perspektiven aufzuzeigen und unerwartete Verbindungen herzustellen wird es verändern, wie wir über das Wesen von Inspiration und Kreativität nachdenken.
- Hyperrealismus wie auch ChatGPT stellen traditionelle Vorstellungen künstlerischer Arbeit infrage. Eine Maschine überschreitet erstmals die Grenzen dessen, was in Bezug auf Realismus und künstlerischem Ausdruck möglich ist. Wir werden die Rolle des Künstlers und seiner Methoden des Kunstschaffens neu denken müssen.

TEIL II

Die Vorgeschichte zu ChatGPT

KAPITEL 6

Der Traum vom digitalen Alleskönner

„Manches Dieners Zunge schwatzt nur seines Herrn Verderben herbei.“
– William Shakespeare

Eine Autofahrt schreibt Geschichte

Sie sitzen auf dem Fahrersitz eines Autos. Nicht irgendeinem Auto, sondern dem ersten Auto der Welt, dem *Benz Patent Motorwagen.*[117] Das Auto hat nur drei Räder und – streng genommen steht es auf Fahrradfelgen. Ein Dach gibt es nicht. Ein Lenkrad fehlt auch, gesteuert wird es mit einer Art Lenkstange. Der Motorwagen wird gestartet durch das Drehen einer Schwungscheibe. Der Hubraum des Motors liegt bei einem Liter und er leistet 0,6 PS – weniger als eine Kaffeemaschine. Die Höchstgeschwindigkeit steht bei 12 Kilometern pro Stunde – langsamer als ein Fahrrad. Der Fahrspaß hält sich also in Grenzen. Auch die Fahrdynamik scheint unausgereift – immerhin handelt es sich um ein Dreirad. Das macht die Probefahrt kippelig. Doch trotz all dieser Einschränkungen vermittelt das Gefährt ein Gefühl von Freiheit und Geschwindigkeitsrausch. Warum gilt dieses Fahrzeug heute als *Innovation* für die automobile Ära? Ein Blick auf die historisch verbürgte erste Autofahrt weitet den Blick dafür.

Die erste Frau am Steuer heißt Bertha Benz, sie ist die Ehefrau des Erfinders. Zusammen mit ihren Söhne Eugen und Richard unternimmt sie am 5. August 1888 eine Autoreise, um die Tante zu besuchen. Die Fahrt führt von Mannheim nach Pforzheim. Am Ende des Tages sind es 106 Kilometer.[118] In den frühen Morgenstunden brechen die drei auf. Die halbwüchsigen Söhne haben sich zuvor mit dem Patentwagen ihres Vaters vertraut gemacht. Dennoch werden Hürden auf sie lauern. Im Gegensatz zu heute, wo Navigationssysteme präzise Routen berechnen und mit knappen Anweisungen zum Ziel führen, müssen die Benzens vor 130 Jahren ihren Weg allein finden und irren ein wenig umher.[119] Tankstellen sind noch nicht erfunden. Darum sucht die Gruppe auf der Fahrt mehrere Apotheken auf – um Leichtbenzin zu kaufen. Eine Wasserpumpe oder einen geschlossenen Kühlkreislauf besitzt das Fahrzeug auch nicht. Der Einzylinder des Motors kühlt mit einem einfachen Prinzip: Wenn der Einzylinder warm wird, verdampft das Kühlwasser. Es muss ständig nachgefüllt werden. Den einfachen Zugang zu fließendem Wasser dürfen wir nicht voraussetzen, und die Wasser- und Abwasserkanalisation ist noch nicht verbreitet. Bertha hält also regelmäßig an Dorfbrunnen, um Wasser aufzufüllen.

Der Bericht dieser ersten Autofahrt der Geschichte macht klar: Der Umstieg von Pferdekutschen auf Automobile ist eine Veränderung, die tiefer greift als man heute annehmen könnte. Das Auto ist nicht einfach der gleichwertige Ersatz von Pferdekutschen. Hier findet eine Revolution statt, die sehr vieler anderer Dinge bedarf. Denn Automobile veränderten grundlegend die Art und Weise, wie wir uns bewegen und Dinge transportieren. Sie sind schneller, bequemer und effizienter als Pferdekutschen. Die Mobilität von Menschen und Gütern veränderte sich um viele Größenordnungen. Der Bau von Straßennetzen, Tankstellen und Werkstätten für Autos schafft neue Arbeitsplätze und eröffnet neue Geschäftsmöglichkeiten. Darüber hinaus hat der Wandel von Pferdekutschen zu Automobilen Auswirkungen auf die Landschaft und die Umwelt. Und der Übergang von Pferdekutschen auf Automobile hat auch Auswirkungen auf die Gesellschaft. Die Verfügbarkeit von Autos erhöht die Mobilität von Menschen, was die Beziehungen zwischen Städten und Regionen stärkt und die Anbindung vom Land an die Stadt verbessert. Die Erfindung von Autos erweitert das Arbeitsplatzangebot, weil durch Mobilität mehr Unabhängigkeit entsteht. Innerhalb weniger Jahrzehnte steigt das Automobil auf zu einer der wichtigsten Erfindungen der Menschheit.

So wie wir heute auf die umgebaute Pferdekutsche von Bertha Benz zurückblicken, werden unsere Enkel und Urenkel vielleicht einmal auf die Geschichte von ChatGPT schauen. Der aktuelle Stand von KI ist das Ergebnis jahrzehntelanger Forschung und Entwicklung, aber wir befinden uns gerade erst am Anfang einer Entwicklung, deren Konsequenzen wir uns heute nicht ausmalen können.

ChatGPT ist ein bemerkenswerter Fortschritt in der maschinellen Verarbeitung menschlicher Sprache. Gleichzeitig zeigen sich aber bereits viele Herausforderungen und Grenzen für dessen Einsatz, denen wir begegnen müssen. Wahrscheinlich erleben wir gerade den Beginn der größten Umwälzung, seit wir in das Informations- und Wissenszeitalter überhaupt eingetreten sind. Der Chef von Google Sundar Pichai teilt diese Einschätzung: „*Mit der Zeit wird KI die größte technologische Veränderung sein, die wir in unserem Leben erleben werden. Sie ist größer als der Übergang vom Desktop-Computing zum Mobilgerät und könnte sogar größer sein als das Internet selbst.*“[120]

Chatbots oder Ehepartner?

ChatGPT ist heute nur ein einfaches, digitales Werkzeug. Sein Nutzwert erschließt sich nicht jedem automatisch. Es gibt sich noch sperrig in der Bedienung und bietet wenige Funktionen, die umständlich zu nutzen sind. Und je länger und intensiver man damit spielt, desto schneller zeigen sich die Grenzen.[121] Trotzdem zeigt ChatGPT bereits heute mehr Fähigkeiten als alle digitalen Werkzeuge, die die Wissensarbeit der meisten Menschen seit der Erfindung des Computers erleichtern sollte. Denn dieser – und bald bessere – Chatbots treffen ins Mark der Wissensarbeit, wie wir sie heute gestalten müssen. Ein KI-basierter Chatbot ist darauf ausgelegt, menschenähnliche Interaktionen zu simulieren. Und ChatGPT kann potenziell komplexe Aufgaben übernehmen und effektiver auf Fragen antworten, als es jede einzelne menschliche Koryphäe jemals tun könnte. Der direkte Dialog mit einem Experten, der das Wissen dieser Welt bereithält, steht jedem offen – 24 Stunden am Tag, sieben Tage in der Woche, zu geringen Kosten.

Dieser absehbare technische Sprung mag ein Grund dafür gewesen sein, dass das Beratungsunternehmen Gartner Group bereits im Jahr 2016 eine kühne Prognose wagte: *„Bis zum Jahr 2020 wird die durchschnittliche Person mehr Gespräche mit Bots führen als mit dem Ehepartner. Der Aufstieg von KI und dialogorientierten Benutzeroberflächen macht es wahrscheinlicher, dass wir immer öfter mit einem Bot zu tun haben (ohne es zu wissen) als jemals zuvor.“*[122] Mit der Verfügbarkeit von ChatGPT könnte diese Vorhersage im Jahr 2023 eingetreten sein.

Die Art und Weise, wie Chatbots die Wissensarbeit verändern, hat bereits vor ChatGPT begonnen: Regelmäßig stoßen Konsumenten z. B. im Kundendienst eines Unternehmen darauf. Eine Studie aus dem Februar 2023 weiß allerdings Ernüchterndes zu berichten: 60 Prozent der Kunden würden lieber auf einen Menschen warten, als unmittelbar mit einem Chatbot verbunden zu werden; über 50 Prozent sagen, der Chatbot habe ihr Problem nicht gelöst; fast 40 Prozent geben an, dass der Chatbot sie überhaupt nicht verstanden habe.[123] Obwohl Chatbots seit vielen Jahren benutzt und weiterentwickelt werden, scheint es erheblichen Bedarf zu geben, sie drastisch zu verbessern. Es klafft eine große Lücke zwischen Erwartung und Erfüllung. ChatGPT könnte der erste Chatbot sein, der diese Lücke schließt. Aber nicht nur das.

ChatGPT ist derart mächtig, dass uns sehr viel tiefgreifendere Umstellungen einholen könnten. Zum Beispiel können Chatbots dazu beitragen, Arbeitsplätze in der Kundenbetreuung vollständig zu automatisieren, was Arbeitsplatzverluste zur Folge hätte. Genauso gut denkbar ist aber, dass sie die Tätigkeit eines Kundenberaters verbessern helfen und damit völlig neu interpretieren.

Eine Studie des Weltwirtschaftsforums sagt voraus, dass bis zum Jahr 2027 aufgrund von KI circa 83 Millionen Arbeitsplätze verloren gehen könnten – aber nur 69 Millionen neue entstehen.[124] Das entspräche einem Nettoverlust von 14 Millionen oder etwa zwei Prozent der Gesamtbeschäftigung. Es wird erwartet, dass fast ein Viertel der Arbeitnehmer aufgrund des Aufkommens neuer Technologien den Arbeitsplatz wechseln muss.

Der Journalist Charlie Warzel treibt bei einer solchen Aussicht ein ganz andere Frage um:[125] Könnte es sein, dass ChatGPT nicht einfach Arbeitsplätze ersetzt? Er diskutiert eine völlig andere Auswirkung von KI auf die Arbeitswelt. Dafür zitiert er Belege, dass die KI heutige Büroarbeiter nicht einfach wegrationalisiere. Vielmehr würden diese unter Druck gesetzt, sich mehr wie Roboter *zu verhalten*. Wie kommt er zu dieser Behauptung?

Die Idee großer Sprachmodelle wie ChatGPT besteht darin, dass sie Wissensarbeitern helfen, deren Routineaufgaben zu automatisieren. Beispielsweise geben Benutzer einfache Befehle ein und erhalten komplexe Ausgaben wie vorformulierte E-Mails oder automatisch generierte Tabellen. Diese Automation verlagere Routinearbeit von Menschen auf KI und solle die Produktivität steigern. Das könne aber bedeuten, dass Menschen immer mehr Schwierigkeiten haben würden, mit diesem Tempo Schritt zu halten. Das führe zu einer Arbeitskultur, die ständige, reibungslose Produktivität fordert und Menschen effektiv zu Maschinen mache. Warzel bezeichnet dieses Szenario als „KI-Apokalypse“: **Menschen würden nicht ersetzt, aber von ihnen würde erwartet, sich immer mehr wie Roboter zu verhalten – ständig, ohne Pause und mit hoher Effizienz.** Auch in Bezug auf Datenschutz und Sicherheit stellen sich in dieser Dysthopie neue Herausforderungen. Chatbots erheben gezwungenermaßen eine große Menge Daten. Die könnten leicht als Handhabe zur Kontrolle und Überwachung eingesetzt werden. Es werden sogar Bedenken laut, ChatGPT könne ein Werkzeug für interessierte Kreise werden, den demokratischen Diskurs zu manipulieren. Das automatisierte, massenhafte Produzieren von nicht klar erkennbaren Lügen oder Halbwahrheiten ist nun real.[126]

ChatGPT wird sehr viel mehr Konsequenzen haben, als wir uns heute vorstellen können. Denn diese Revolution hat zwar jetzt begonnen, aber ihre Auswirkungen werden erst über die nächsten Jahre sichtbar werden. Darum beschränken wir uns in diesem Buch bewusst darauf, eine einzige Konsequenz von ChatGPT anzuschauen: **Was bedeutet ChatGPT für die Zukunft der Wissensarbeit? Droht das Ende der menschlichen Experten?**

Beyoncé und die digitale Entourage

Im Jahr 2016 reist Beyoncé durch Nordamerika und Europa. Die 49 Konzerte der Welttournee beginnen im April in Miami und enden Anfang Oktober in New Jersey.[127] Zwei Millionen Menschen besuchen die Konzerte, die Konzertreihe spielt 256 Millionen US-Dollar ein. Die Tour wird gefilmt und als Teil des visuellen Albums *Lemonade* veröffentlicht, später für mehrere Preise nominiert und ausgezeichnet.[128] Alle diese Erfolge basieren auf Beyoncés gesanglichen Fähigkeiten und ihrem Charisma.

Aber das hat sie natürlich nicht allein geschafft. Mit ihr reisen über 200 Personen mit besonderem Wissen oder Erfahrung: Beyoncé begleitet eine Gruppe von Tänzern, die mit ihr auftreten. Sie sorgen dafür, dass die Performance auf der Bühne lebendig wirkt und das Publikum mitreißt. Die Musiker ihrer Band schaffen ein unvergessliches Klangerlebnis und müssen Musik und Bühnenshow perfekt synchronisieren. Aber auch hinter den Kulissen gibt es Personen, die für den reibungslosen Ablauf sorgen. Bühnenarbeiter stellen sicher, dass die Bühnentechnik funktioniert. Instrumente müssen gestimmt und die gewaltige Musikanlage installiert und überwacht werden. Zusätzlich beschäftigt Beyoncé Stylisten, Friseure und Make-up-Künstler, die sie und ihre Tänzer in Szene setzen. Outfits und Aussehen sind genau geplant und verpassen ihr auf der Bühne eine glamouröse Aura. Aber auch Sicherheitspersonal ist wichtig, damit auf einer

Tournee mit vielen Konzerten Beyoncé und ihre Mannschaft vor Übergriffen geschützt ist. Jede einzelne dieser vielen Personen besitzt Spezialwissen, Erfahrung und Expertise. Alle zusammen garantieren den reibungslosen Ablauf einer Welttournee durch ein Dutzend Länder und dutzende Spielorte. Jede muss versorgt und bezahlt werden. Das bringt schon mal Metzger zur Verzweiflung, wenn Beyoncé für ihre Entourage ein Fest veranstaltet und kurzfristig über 400 Kilogramm Grillfleisch bestellt.[129]

Nun hält ChatGPT Einzug in Bankbüros, Grundschulklassen, Werbeagenturen und Werkhallen. Der Chatbot bietet allerdings weit mehr als die vierhundert helfenden Hände für Beyoncés Bühnenshow – und braucht kein Grillfest, um bei Laune gehalten zu werden. Denn die „digitale" Entourage bündelt die Erfahrung von *Millionen* Experten. Deren Wissen liegt vor in Textform in Filmen, Videos, Büchern, Zeitungen, Magazinen, Lexika, Foren und Blogs und ist weltweit verstreut. Aber dank ChatGPT muss niemand selbst dieses Wissen zusammensuchen. Eine schnöde Kommandozeile eröffnet den freien Zugang zu einem Gespräch mit einem Experten (Abbildung 2), genauer gesagt, zu einem allwissenden Experten für jedes denkbare Wissensgebiet von A wie Aluminiumstahl bis Z wie Zoonose.

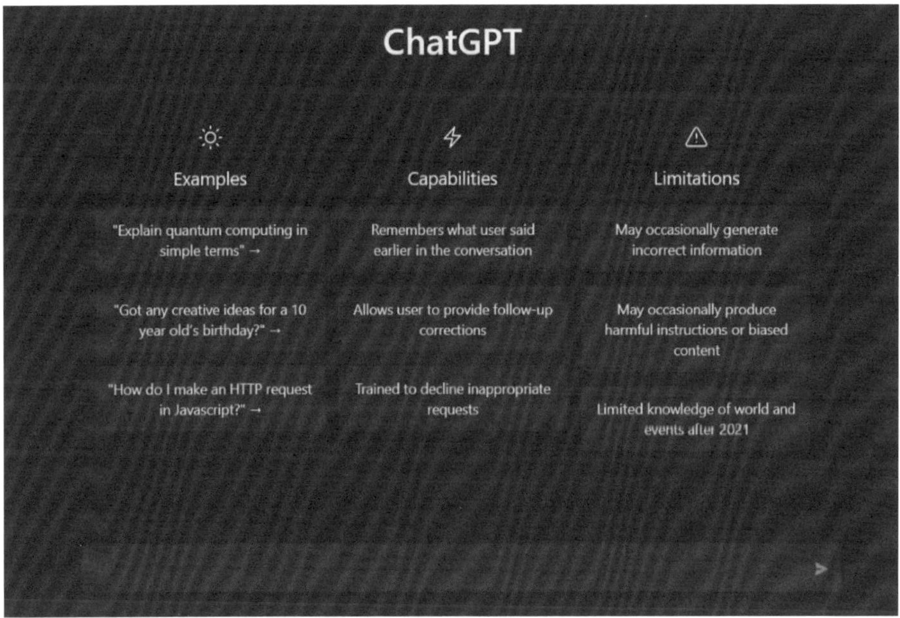

Abbildung 2: Eingabezeile von ChatGPT

Der Kultur- und Medienwissenschaftler Robert Simanowski schätzt das so ein: *„ChatGPT ist der Tod der Experten 2.0., denn schon das Internet und speziell die sozialen Medien überwanden die Gatekeeper, die bisher darüber wachten, wer Zugang zur Öffentlichkeit hat."*[130] ChatGPT beantwortet in Sekunden komplexe Fragen zu jedem

Fachgebiet. Der Benutzer sucht nicht mehr. Stattdessen beginnt er den Dialog mit einer Maschine, die das Wissen der Menschheit in sich trägt und programmiert ist, es genau für den Adressaten dosiert preiszugeben.[131]

Um Google Search zu benutzen, haben wir gelernt, aus einer Liste die passendste Antwort auszuwählen. Mit ChatGPT werden wir lernen müssen, die passendsten Fragen zu stellen.[132]

Der Unterschied zwischen Google Search und ChatGPT liegt in der Art und Weise, wie Information präsentiert wird, und wie Benutzer mit den Diensten interagieren. Google Search ist eine Suchmaschine. Ihr Ziel ist die Anzeige einer Liste von Resultaten, die Antworten auf die eingegebenen Stichworte oder Satzphrasen enthalten könnten. Der Benutzer durchkämmt die ausgewiesenen Resultate selbst nach brauchbarer Information. Dabei kann es notwendig sein, mehrere Ergebnisse genau anzuschauen, um die gewünschte Information zu erhalten. Die Verantwortung für das Interpretieren und Bewerten von Information liegt allein beim Benutzer.

ChatGPT hingegen erlaubt Unterhaltungen, wie wir sie mit anderen Menschen führen würden, die von einer Sache Ahnung haben. Anstatt eine Liste möglicher Antworten zu liefern, versucht ChatGPT, die gestellte Frage unumwunden und präzise zu beantworten. Die Benutzer interagieren mit ChatGPT durch das ihnen am besten vertraute Medium – der eigenen Sprache. Das führt zu natürlichen Dialogen mit der Maschine, und ChatGPT verwendet umfangreiches Weltwissen und die Fähigkeit, bedeutungsvolle und hilfreiche Antworten zu finden. **Wer klare und präzise Fragen an ChatGPT richtet, erhält brauchbare Antworten.** Der Chatbot kann komplexe Fragen beantworten, komplizierte Probleme lösen, Empfehlungen aussprechen oder gewünschte Information in großen Datenmengen entdecken – aber eben nur, wenn die Aufgabe präzise formuliert ist.

Er verhält sich wie eine Art „persönlicher digitaler Assistent“ oder Berater. Viele typische Aufgaben und Angelegenheiten in der Wissensarbeit lassen sich beschleunigen, verbessern oder sogar abgeben. Im Jahr 1992 verwendet Apple den Begriff *Personal Digital Assistant (PDA)* zum ersten Mal. Das Unternehmen beschreibt damit die Idee eines *Newton* genannten Geräts, das Handschrift erkennen und auf Sprachbefehle reagieren soll.[133] Trotz damals fortschrittlicher Technik ist der Newton seiner Zeit zu weit voraus. Der kommerzielle Erfolg bleibt Apple verwehrt, und das Unternehmen stellt die Entwicklung nach sechs Jahren ein. Erst im Jahr 2011 greift Apple das Thema mit der Ankündigung des Sprachassistenten Siri erneut auf.[134]

Was eines 200-köpfigen Teams bedarf, um Beyoncés vielfältige Aufgaben zu erledigen, bietet ChatGPT jetzt jedem von uns. Mit ChatGPT eröffnet sich für alle Menschen zum ersten Mal die Chance, eine Vielzahl persönlicher Assistenten zu beauftragen, individuelle Aufgaben zu erledigen, Wünsche in allen Lebenslagen zu erfüllen. **Mit ChatGPT rückt die Idee eines digitalen, persönlichen Assistenten in greifbare Nähe.**

ChatGPT ist wie das mythologische Wesen des Flaschengeistes, das in den Geschichten aus 1001 Nacht kolportiert wird: Der Geist ist gefangen und wird befreit, sobald jemand die Flasche öffnet. Am 30. November 2022 hat OpenAI das getan.[135] Allerdings erfüllt ChatGPT nicht nur drei Wünsche. Deshalb ist es unproblematisch, wenn diese unglücklich formuliert sind.[136] Aber auf Dauer bekommt nur derjenige seine Wünsche erfüllt, der sie überhaupt richtig beschreiben kann.

Als KI lernt ChatGPT aus vielen Quellen. Das Wissen wird herausgefiltert aus einer unfassbar großen Textmenge von 45 Terabyte.[137] Die werden verdichtet auf circa 570 Gigabyte Daten, die sich aus ca. 300 Mrd. Wörtern zusammensetzen (was, wie wir später sehen werden, eine wichtige Rolle spielt).[138] Ausgeklügelte Algorithmen machen ChatGPT zu einer Art Schweizer Messer für die Wissensarbeit.[139] Denn es bietet aus dem Stand viele Fähigkeiten, die man von Computern bisher nicht erwarten konnte. Dazu gehören zum Beispiel:

- Text verstehen und schreiben: ChatGPT versteht und schreibt Texte.[140] Es nimmt Fragen an, analysiert sie, versteht und beantwortet Fragen zum Inhalt. Wenn der Benutzer eine offene Frage stellt, untersucht ChatGPT den Kontext und wendet sein Wissen an, um eine Antwort zu generieren. Ein Beispiel dafür wäre: „*Was sind die Vorteile von erneuerbaren Energien?*“ ChatGPT untersucht die Frage und findet auf Grundlage seiner Expertise über erneuerbare Energien eine Antwort, indem es etwa die Vorteile wie saubere Energie, oder verringerte Abhängigkeit von fossilen Brennstoffen, oder das Reduzieren von Treibhausgasen hervorhebt.
- Fremdsprachen übersetzen: ChatGPT versteht dutzende verschiedener Sprachen und wechselt auf Wunsch im selben Gespräch zwischen ihnen.[141, 142] Damit ersetzt es einen Simultanübersetzer. Stellen Sie sich etwa vor, Sie haben ein wichtiges Geschäftstreffen mit einem potenziellen Partner aus Japan. Sie selbst können Englisch, aber Japanisch ist nicht ihre Stärke. Ob der japanische Partner ausreichend Englisch spricht, braucht sie nicht zu kümmern. ChatGPT löst das Problem und fungiert als Simultanübersetzer: Denn es versteht Englisch und Japanisch gleichzeitig und übersetzt augenblicklich. Tatsächlich könnten Sie sogar in beiden Sprachen parallel mit ChatGPT reden: Wenn der japanische Gesprächspartner eine Frage auf Japanisch eintippt, richten Sie Ihre Antwort an ihn auf Deutsch. Sie könnten ChatGPT allerdings auch anweisen, ihren deutschen Satz sofort wieder in Japanisch zu übersetzen, damit der japanische Partner Ihnen folgen kann.
- Fachexpertise aus jedem denkbaren Fachgebiet liefern: ChatGPT greift auf eine Vielzahl von Datenquellen zurück, um Ratschläge und Antworten für viele unterschiedliche Themenbereiche zu geben. Das Spektrum reicht von Medizin und Politik über Gesellschaft und Technik. Ein Beispiel, in dem ChatGPT seine Fachexpertise in einem spezifischen Thema anwendet, könnte wie folgt aussehen. Ein Benutzer stellt etwa die Frage: „*Ich bin ein Student, der Schwierigkeiten hat, sich auf seine Prüfungen vorzubereiten. Kannst du mir einige Tipps geben?*“ ChatGPT

greift auf sein Wissen darüber zurück, wie man sich auf Prüfungen vorbereitet. Basierend auf dieser Fachexpertise unterbreitet es eine Reihe von Ratschlägen, wie etwa sich einen Zeitplan zu erstellen, die Ziele realistisch zu setzen, und sich mit dem Format und Inhalt der Prüfung vertraut zu machen, effektive Lernmethoden zu nutzen und Ablenkungen zu minimieren. Zu jeder Antwort kann der Student Rückfragen stellen, wenn ihm die Erklärung noch nicht ausreicht.

- Sprachstil der Zielgruppe anpassen: ChatGPT agiert als ein Fachexperte, dem man gegenübersitzt und einfach ausfragt. Besonders bemerkenswert ist dabei: Der Benutzer kann sich Sachverhalte für sein Verständnis angepasst erklären lassen: Bitcoins würde ChatGPT einer Finanzspezialistin mit 20 Jahren Berufserfahrung anders erklären als einer Grundschülerin.[143] Ein Beispiel für die Anpassung des Sprachstils von ChatGPT an die Zielgruppe ist die Erklärung des Begriffs „Inflation". Wenn eine Achtjährige ChatGPT fragt, was Inflation sei, könnte ChatGPT antworten: *„Inflation bedeutet, dass die Preise von Dingen, die wir kaufen, steigen. Wenn zum Beispiel ein Spielzeug letztes Jahr 10 Euro gekostet hat und jetzt 12 Euro kostet, dann ist das eine Inflation."* Wenn dagegen eine 45-jährige Bankkauffrau ChatGPT um eine kurze, präzise Erklärung für den Begriff Inflation bittet, könnte ChatGPT antworten: *„Inflation ist ein Zustand, in dem die Preise für Waren und Dienstleistungen in einem Land über einen bestimmten Zeitraum hinweg kontinuierlich steigen. Dies kann verschiedene Auswirkungen auf die Wirtschaft eines Landes haben, wie zum Beispiel eine Verringerung der Kaufkraft des Geldes, die Veränderung von Investitionsentscheidungen und den Anstieg der Arbeitslosigkeit."* In beiden Antworten ist derselbe Begriff erklärt, aber ChatGPT passt Vokabular, Sprachstil und Beispiele an den Leser an. Damit werden auch Erklärungen zu komplexen Themen ohne Aufwand verständlich auf das Vorwissen und die Vorerfahrung einer Zielgruppe zugeschnitten.
- Ideen und Inspiration liefern: ChatGPT stellt aufgrund des umfangreichen Wissenskorpus Zusammenhänge her, die unerwartete Gedanken inspirieren und Ideen anregen. Angenommen, Sie sind der Kreativdirektor einer Werbeagentur und suchen nach einer Idee für die Werbekampagne eines neuen Bio-Produkts. Durch Ihren Kopf schwirren Ideen, aber keine von denen scheint sich zu manifestieren. Deshalb wenden Sie sich an ChatGPT. Es analysiert Ihre Anfrage und nutzt den umfangreichen Wissenskorpus über Werbung, um Zusammenhänge zwischen verschiedenen Themen und Konzepten herzustellen. Durch seinen Rückgriff auf sehr große Mengen an Textdaten findet ChatGPT auch Gedanken und Ideen, die nicht offensichtlich naheliegen und vielleicht Potenzial besitzen. Für das Bio-Produkt schlägt ChatGPT vielleicht vor, eine Kampagne zu konzipieren, die die Vorzüge eines umweltbewussten Lebensstils hervorhebt und gleichzeitig das Bio-Produkt bewirbt. Hier zeigt ChatGPT, wie es durch die Analyse von Texten und das Verständnis von unerwarteten Zusammenhängen neue und kreative Ideen liefern kann.

- Viele Textgenres bedienen: ChatGPT schreibt Antworten ohne Zögern in der gewünschten Textsorte, kann also sowohl Geschäftsbriefe diktieren als auch einen Rap reimen,[144, 145] oder ein Märchen erzählen.[146] Nehmen wir an, ein Schriftsteller tut sich schwer, den richtigen Ton für einen Charakter in einem Roman zu treffen. Er wendet sich an ChatGPT, das ihm hilft, den Charakter und die Persönlichkeit in einer gewinnenden Art und Weise zu interpretieren. ChatGPT antwortet schnell und ohne Zögern in jeder gewünschten Textsorte und hilft, den Ton und die Sprache des Charakters in einem Roman zu formen. Wenn der Charakter etwa ein Geschäftsmann ist, kann ChatGPT einen Brief diktieren, der den Ton und die Sprache dieses Charakters widerspiegelt. Wenn der Schriftsteller hingegen eine Szene schreibt, in der sein Charakter einen Rap vorträgt, hilft ChatGPT, den Text in einen rhythmischen und reimenden Stil zu verwandeln. ChatGPT beherrscht eine breite Palette unterschiedlichster Textarten und Schreibstile. Es hilft Autoren, ihre Geschichten authentischer zu erzählen und Charaktere auf eine Weise zum Leben zu erwecken, die für ihre Leser faszinierend ist und einprägsam bleibt.

Solche Fähigkeiten von ChatGPT sind nicht nur erstaunlich. Sie geben einen Fingerzeig, in welche Richtung sich KI weiterentwickeln wird. Deshalb markiert ChatGPT einen Wendepunkt in der öffentlich verhandelten Geschichte der KI.

Masse oder Klasse? Die Geschichte der Maßproduktion

Am 12. April 2017 hatte ich einen besonderen Termin. Ein Herrenschneider nimmt Maß an mir, vermisst Schultern, Armlänge und Bauchumfang. Der Grund ist ein Sakko, dass ich mir maßschneidern lasse. Als neuer Referent für die Premiere eines Seminarangebots möchte ich der oberen Führungsriege aus Industrie und Verwaltung angemessen gegenübertreten. Leider stellt sich heraus, dass die es eher leger mögen – die meiste Zeit ziert mein teures Sakko die Stuhllehne.

Die Maßanfertigung ist eine Erfindung, die auf eine erstaunlich lange Geschichte zurückblickt. Im Mittelalter wird Kleidung speziell für den Träger angefertigt. Allerdings ist diese Dienstleistung nur Adligen und Reichen zugänglich, denn sie ist teuer und zeitaufwendig. Dann erfindet Thomas Saint im Jahr 1790 die Nähmaschine.[147] Kleidung und andere Textilien werden plötzlich massenhaft produziert, die Industrialisierung der Kleiderproduktion setzt ein. Kleidung wird für jeden erschwinglich. Die Maßschneiderei dagegen bleibt für diejenigen erhalten, die einzigartige, gutsitzende Kleidung suchen. Denn Maßschneiderei erfordert Geschick und Erfahrung. Ein Schneider nimmt nicht nur Maß, sondern entwickelt auch ein Verständnis für Stoffe, Muster und Stile. Er berücksichtigt Körperbau und Vorlieben des Kunden, um ein Kleidungsstück zu kreieren, das gut sitzt und zum persönlichen Stil des Kunden passt. Heute ist Maßschneiderei eine geschätzte Dienstleistung – obwohl es viele fertige Kleidungsstücke gibt. Menschen schätzen die Qualität, Passform und Individualität, die sie mit maßgeschneiderter Kleidung verbinden. Digitalisierung hilft, die Kosten der Maßschneiderei weiter zu reduzieren, was diese begehrte Dienstleistung für mehr Menschen erschwinglich macht.

Was wir über zwei Jahrhunderte mit Kleidung erlebt haben, passiert in den wenigen Jahren mit Medieninhalten: Wir werden nicht mehr nach Inhalten, Themen und Geschichten suchen müssen. Sondern uns werden Fakten brühwarm geliefert, die sich aus unserem früheren Konsumverhalten ableiten lassen – oder alternativ: **Die Medieninhalte werden unseren Präferenzen gemäß als Fiktion in Echtzeit erfunden.** Der Autor Ryder Carroll skizziert seine Vision dieser Zukunft wie folgt:[148] KI werde Medieninhalte erstellen, die auf jeden einzeln zugeschnitten seien. Das umfasse aber nicht nur Zusammenfassungen oder kurze Texte, sondern maßgeschneiderte Bücher, Spielfilme und Videospiele.[149] Alles werde von Grund auf neu entwickelt und nach Wunsch personalisiert auf Basis individueller Vorlieben und Interessen. Ein Konsument könne etwa die Handlung einer Geschichte nach Belieben in Echtzeit ändern. Aber damit nicht genug: KI werde Inhalte generieren basierend auf dem, was und wie eine Person Dinge erlebt und genießt. Dafür könne sie beispielsweise Vitalfunktionen, aktuelle Stimmung und den Kontext zur Rate ziehen, um Medieninhalte in Echtzeit für ein intensives Erlebnis zusammenzustellen. Diese Vision der zukünftigen Medienindustrie läutet ein neues Zeitalter ein. **Was wir derzeit mit ChatGPT erleben, lässt sich als medialer Epochenwandel beschreiben hin zum Zeitalter der Vorstellungskraft.[150] Es wird gekennzeichnet sein durch eine Bedeutung der mentalen Fähigkeit von Menschen, sich neue Dinge überhaupt vorzustellen und beschreiben zu können** – anstatt nur das zu konsumieren, was von anderen angeboten wird.

Das Industriezeitalter ist gekennzeichnet durch anfassbare Güter. Es betont die Produktivität, mit der immer mehr Dinge schneller, effizienter und kostengünstiger hergestellt werden. Heutige Arbeit aber ist geprägt durch einen Wandel zu Kopfarbeit, bei der die Kompetenz „sich etwas vorzustellen" wichtig geworden ist. Denn wenn *alles* möglich erscheint, was sollte dann wirklich passieren? Welche Ziele könnte man verfolgen? Welche Probleme lösen? Und warum eigentlich? Ein Verständnis zu entwickeln für das große Ganze wird Optionen öffnen, durch die komplexen Realitäten dieser Welt zu navigieren und eine nachhaltige Zukunft zu schaffen. Eine der vornehmsten Fähigkeiten des menschlichen Denkens etwa ist das Erzählen guter Geschichten. Wer seine Kompetenzen entwickelt, Geschichten zu erzählen, denen andere zuhören wollen, wird im Zeitalter der Vorstellungskraft besonders erfolgreich sein.

Noch nie zuvor hat KI so vielen Menschen auf einmal die breite Palette an Möglichkeiten präsentiert, die bald jedem verfügbar sein wird. Aus heutiger Sicht ist ChatGPT nicht nur ein technisches Kunstwerk, das Seinesgleichen sucht. Es ist der Auftakt zu vielen Wissenswerkzeugen, die den Beginn einer neuen Ära von KI einläuten: **ChatGPT ist der Benz Patent Motorwagen für den Beginn des Zeitalters sprechender Maschinen**.

Kapitel kompakt

- Bertha Benz, die Ehefrau des Autoerfinders, unternimmt eine bahnbrechende Fahrt mit dem Benz Patent Motorwagen, überwindet zahlreiche Herausforderungen und legt den Grundstein für das automobile Zeitalter. Genauso wie diese Pionierfahrt könnte der aktuelle Stand der KI – repräsentiert durch ChatGPT – einen bedeutenden Fortschritt darstellen und den Weg für weitreichende Veränderungen in der Informations- und Wissensgesellschaft ebnen.
- Der KI-basierte Chatbot ChatGPT simuliert menschenähnliche Interaktionen und verändert die Art und Weise, wie Wissensarbeit geleistet wird, indem er den unmittelbaren Dialog mit digitalen Experten ermöglicht, die das Weltwissen besitzen.
- Unterstützt durch eine Entourage aus über 200 Köpfen feiert Beyoncé beeindruckende Erfolge in ihrer Musikkarriere. Mit dem Einzug von ChatGPT besitzt nun jeder Zugang zu einer „digitalen Entourage", die umfassendes Wissen besitzt und Aufgaben erledigt, für die zuvor menschliche Experten nötig gewesen wären.
- Die Geschichte der Maßanfertigung offenbart eine Verschiebung von individuell gefertigten Produkten zu massenproduzierten Gütern. Das gilt bisher nur für die Güterproduktion. ChatGPT bringt nun Massenproduktion und Maßproduktion für Medieninhalte zusammen. Zukünftig werden massenhaft synthetische Inhalte produziert, allerdings zugeschnitten auf die einzelne Person.

KAPITEL 7

ChatGPT ist ein Proto-Werkzeug

„Das Wissen, das wir erwerben, ist nur ein Schatten dessen, was wir wissen sollten, nur ein Hauch dessen, was wir beherrschen sollten. Unglücklicherweise verschwindet der Hauch, der Schatten verschwindet, wenn der Träger stirbt.“
– Vladimir Nabokov

Das Wesen der Proto-Dinge

In der Science-Fiction-Serie *The Expanse* wird auf dem Zwergplanet Eros eine mysteriöse Substanz entdeckt.[151] Sie kann biologisches Leben und Technologie radikal verändern. Man nennt sie *Proto-Molekül,* eine Vorstufe oder frühe Form einer fortschrittlichen, komplexen Technologie. Im Verlauf der Serie wird das Proto-Molekül von einer antiken außerirdischen Zivilisation als Massenvernichtungswaffe geschaffen, später jedoch aufgegeben und durch den Raum treibend zurückgelassen. Sobald das Proto-Molekül mit lebenden Organismen in Kontakt kommt, beginnt es, dessen Biologie drastisch umzugestalten – oft mit gewalttätigen und unerwarteten Folgen. Die Vorsilbe *proto* (gr.: erst, früh, vorherig, ursprünglich) betont, dass die Substanz nicht vollständig verstanden ist. Sie stellt eine neue und potenziell gefährliche Form von Technologie dar. Ihre Kräfte und Zwecke werden im Verlauf der Serie allmählich enthüllt, aber bis zum Schluss der Serie bleibt sie ein unheimliches, wenig verstandenes Phänomen.

Mit ChatGPT erhält jetzt ein Proto-Werkzeug Einzug in die Wissensarbeit. Mit dem Proto-Molekül teilt ChatGPT einige Ähnlichkeiten: Es ist noch nicht vollständig verstanden. Es gestaltet die Wissensarbeit mit unerwarteten Kräften drastisch um. Es ist unheimlich – und heute noch nicht wirklich begriffen. Denn trotz beeindruckender Fähigkeiten steckt ChatGPT in einem frühen Entwicklungsstadium. Es scheint noch unausgereift. Wir werden in Teil III sogar sehen, dass diese „Vorläufigkeit“ eine inhärente Eigenschaft von ChatGPT darstellt. Das ist irritierend, und es stellt die Technikgeschichte und unser heutiges Verständnis von Technik auf den Prüfstand. Denn was erwarten wir heute von Technik?

Technik soll machen, wofür sie bestimmt ist: Sie erfüllt einen konkreten Zweck oder löst ein handfestes Problem. Wenn Sie etwa einen Staubsaugerroboter kaufen, erwarten

Sie, dass er Ihr Wohnzimmer reinigt, ohne dass Sie eingreifen. Technik soll *fehlerfrei* sein: Die Menschen erwarten, dass Technik zuverlässig funktioniert, nicht ständig ausfällt, erratisch reagiert oder gar dauernd repariert werden muss. Und Technik hat auch erklärbar zu sein: Die Bedienungsknöpfe eines Roboterstaubsaugers sind so gestaltet, dass sie gut erreichbar, verständlich und einfach zu benutzen sind. Im besten Fall ist der Staubsauger intuitiv zu bedienen und bietet eine leicht verständliche Anleitung. Und wenn es ganz schlimm kommt, ist der Kundendienst nicht weit.

Aber obwohl auch ChatGPT Technik ist, verhält sie sich anders als unser Staubsaugerroboter: Es tut zwar, was es tun soll. Aber das sieht für die meisten ganz oft aus wie ein Fehler. **Die vermeintlich falschen Antworten von ChatGPT aber sind keine Fehler – sie repräsentieren die Kernidee, auf der ChatGPT aufbaut.**

Das ist paradox und wir müssen es deshalb besser verstehen: In den meisten Fällen ist der Spruch *This is not a bug, it's a feature* (dt.: Dies ist kein Fehler, sondern eine Funktion) ironisch gemeint.[152] Frustrierte Benutzer verwenden ihn, wenn sie sich über die Funktion einer Technik aufregen, die nicht leicht zu verstehen ist. Dieses Erlebnis teilen viele Benutzer nun auch mit ChatGPT: Viele Berichte, die Benutzer als vermeintliche Fehler ausweisen, entspringen geradezu der Funktionsweise der Technik – und führen zu den unfassbaren Resultaten, die ChatGPT oft liefert.

Es sieht so aus, dass wir spätestens mit ChatGPT anfangen müssen, unser Verständnis über das Wesen von Technik zu hinterfragen: **Einerseits leistet ChatGPT Unglaubliches, andererseits scheint es manchmal dumm wie Stroh.**[153] Wie kann das sein? Der Chatbot generiert Antworten, die *meist* genau und relevant sind. Andererseits ist er nicht perfekt und produziert auch irrelevante Ergebnisse, manchmal faktisch falsche. Der Grund ist denkbar einfach: Das ChatGPT zugrunde liegende maschinelle Lernmodell ist von den kognitiven Verzerrungen betroffen, die tief in den Trainingsdaten schlummern.[154] Wenn Fehler oft genug in den Trainingsdaten auftauchen, werden sie in den Dialogen mit ChatGPT auch mal an die Oberfläche gespült. Zwar wird ChatGPT ständig verbessert, man will die Fehler ausmerzen. Aber es wird Zeit und Geduld erfordern, die Genauigkeit des Lernmodells zu steigern, um anspruchsvolle Antworten mit großer Zuverlässigkeit zu liefern. Denn ChatGPT kennt oft nicht den Kontext und Nuancen einer Frage. Es tendiert dazu, bei bestimmten Arten von Anfragen Fehler zu produzieren oder sinnlose Antworten zu liefern. Zum Beispiel hat ChatGPT Schwierigkeiten, Sarkasmus, Humor oder komplexe Metaphern zu verstehen. Darüber hinaus liefert es unklare Antworten auf Fragen zu kontroversen Themen oder solchen, bei denen sich auch Experten streiten. Denn deren Streitgespräche sind tief in den Trainingsdaten vergraben. **ChatGPT kann keine Probleme lösen, die auch in der Realität nicht gelöst sind. Es hält uns lediglich den Spiegel vor.**

Das plötzliche Erscheinen von ChatGPT im Winter 2022 gilt bereits heute als Zäsur der KI-Geschichte.[155] Mit genügend Abstand werden wir diesen Zeitpunkt vielleicht einmal als den Moment erinnern, an dem mit dem Proto-Werkzeug ChatGPT der

Quantensprung für die Digitalisierung der Menschheit eingeleitet worden ist. Aber der ChatGPT-Algorithmus leidet unter seinen kognitiven Verzerrungen: Es transportiert Vorurteile über Ethnien oder Geschlechter. Tests zeigen etwa, dass weiße, männliche Personen gegenüber Frauen und Personen anderer Hautfarbe überrepräsentiert sind.[156] OpenAI hat diese und andere Probleme angesprochen und arbeitet an der Verbesserung des Algorithmus.[157]

Die kostenlose Version von ChatGPT besitzt bisher nur „begrenztes“ Wissen. Es kennt keine Ereignisse, die nicht im Trainingssatz mit Daten bis zum September 2021 abgelegt sind.[158] Zwar veröffentlicht OpenAI inzwischen auch Lösungen, um die Begrenzung auf vortrainierte Datensätze ohne Einbezug aktueller Informationsquellen aufzuheben.[159, 160] Aber der bekannte Spruch des Philosophen Ludwig Wittgenstein gilt nicht nur für Menschen, sondern erst recht für ChatGPT: *„Die Grenzen meiner Sprache sind die Grenzen meiner Welt“*.[161]

ChatGPT provoziert erratische Diskussionen: Immer mehr Menschen erkennen, dass sein Erscheinen ihre erste konkrete Berührung mit KI geworden ist. Auf die eine oder andere Weise wird es ihre Entwicklung betreffen. **Aber es fehlt noch ein Verständnis, die richtigen Fragen in Bezug auf ChatGPT zu stellen.** Dabei hätten wir bereits viel Zeit gehabt, wenn wir mehr aus der Technikgeschichte gelernt hätten.

Allgemeiner Problemlöser

Denn manche setzen ChatGPT heute bereits gleich mit einer Idee, die der Informatiker Alan Newell, der Ingenieur John Clifford Shaw und der Ökonom Herbert Simon im Jahr 1958 formulierten:[162] Mit dem *Allgemeinen Problemlöser* wollten sie die Probleme der Welt einfach wegrechnen. Ihr Kerngedanke war, dass jedes komplexe Problem mit Akribie und Geduld mathematisch gelöst werden könne: Man zerlege es in kleine, handhabbare Teilprobleme, finde danach für jedes eine Einzellösung und füge anschließend die Teillösungen wieder zusammen. Hier ist der frühe Versuch zu sehen, ein maschinelles Intelligenzsystem zu schaffen, das grundsätzlich jedes existierende Problem lösen können soll. Das solle mittels Heuristiken oder Faustregeln geschehen. Aus den Heuristiken würde sich eine vollständige Darstellung des Problemraums ergeben, um optimale oder fast optimale Lösungen zu finden. Die drei Experten erwarteten, dass ihr System schließlich allgemeine Strategien für eine Vielzahl von Problemen finden würde – anstatt für jedes Einzelproblem neue Algorithmen zu benötigen.

Nach heutigen Maßstäben ist der Allgemeine Problemlöser der völlig vermessene Versuch, die Komplexität der Welt in die Algorithmen eines Computerprogramms zu zwängen. Es ist eine Illusion, die unter dem Begriff *Technischer Lösungswahn* auch heute weiterexistiert (mehr dazu in Kapitel 17), aber sich inzwischen als Sackgasse erwiesen hat. Wir werden noch sehen, dass ChatGPT genau verstanden werden muss, um nicht ein weiteres Mal dieser Hybris zu verfallen.

Spekulationen über Superintelligenz

Visionen wie ein Allgemeiner Problemlöser entwickeln eine große Anziehungskraft. Auch Jahrzehnte später zeichnet etwa der Autor und Visionär Ray Kurzweil ein überraschend positives Bild von Superintelligenz.[163] Er ist bekannt für seine Zukunftsvisionen und argumentiert, die fortschreitende Entwicklung von KI und Nanotechnologie führe zu einer „Singularität". An einem besonderen Punkt in absehbarer Zukunft werde sich die technologische Entwicklung exponentiell beschleunigen, und die Grenzen zwischen Mensch und Maschine würden verschwimmen. Kurzweil schätzt diesen Zeitpunkt auf etwa das Jahr 2045. Er ist überzeugt, dass Superintelligenz dann die menschliche bei Weitem übertreffen werde. Der Beginn einer Ära von Fortschritt und Wohlstand ist für ihn ausgemacht. Krankheiten und Tod seien besiegt. Eine neue Gesellschaft böte allen Menschen ein erfülltes und glückliches Leben.

Der Mathematiker und Kryptologe Irving John Good beschreibt bereits in einem Artikel aus dem Jahr 1965 ein ganz anderes, sehr viel besorgniserregenderes Szenario. Unter dem Begriff der „ultraintelligenten Maschine" befasst er sich mit den Auswirkungen einer solchen Maschine auf die Gesellschaft.[164] Sein Kernargument lautet, dass eine Maschine, die fähig sei, ihre eigene Intelligenz zu verbessern, kurz danach in der Lage sein würde, alles zu tun, was der Mensch kann – und kurz danach sehr viel mehr. Sein Fazit lautet: *„[...] die erste ultra-intelligente Maschine ist die letzte Erfindung, die Menschen noch machen müssen, [...]"*.[165] Darum warnt Good, dass es katastrophale Folgen hätte, sollte eine solche Superintelligenz außer Kontrolle geraten oder in die falschen Hände gelangen.

Tatsächlich zeigen bereits einige Experimente, dass es möglich ist, ChatGPT so zu manipulieren, dass es ungewollt zerstörerisches Potenzial entfalten könnte.[166] Selbst die Entwickler von OpenAI machen sich bereits Gedanken, ob ihr Produkt mutieren könnte. Deren Chef Sam Altman etwa meint: *„Ich mache mir besonders Sorgen, dass diese Modelle für groß angelegte Desinformation verwendet werden könnten."*[167] Warum diese Sorgen begründet sind, legen Erkenntnisse nahe, die wir inzwischen über das zwiespältige Verhältnis von Mensch und Technik gelernt haben.

Dualität der Technik

Technischer Fortschritt lässt sich nicht einfach in dystopischen oder utopischen Bildern verklären. Genaueres Hinsehen führt zu anderen Erkenntnissen. Die Informatikerin Wanda Orlikowski etwa sagt, mit dem Erscheinen eines neuen Werkzeugs wie ChatGPT könnten wir nicht einmal präzise voraussagen, was damit passieren werde. Tatsächlich beginne mit einer neuen Technologie jedes Mal ein „Aushandlungsprozess" über dessen Verwendung. Sie bezeichnet dieses Phänomen als die *Dualität der Technik*.[168] Orlikowski argumentiert, dass Technologie nicht isoliert als Werkzeug betrachtet werden dürfe. Sein sachgemäßer Gebrauch sei nicht durch die technische Funktionspalette festgelegt. Vielmehr werde jedes Werkzeug (ob Hammer, Sichel oder ChatGPT) Bestandteil einer sozialen Vereinbarung darüber, wie es zu benutzen sei.

Diese Aushandlung finge in dem Moment an, in dem Menschen beginnen, eine neue Technik auszuprobieren. Erst das Ausprobieren lasse den Sinn der neuen Technik erkennen. Und Menschen begännen außerdem unmittelbar, sie für Zwecke einzusetzen, die der Technik nicht zwingend eingeschrieben wären.

Im Fall von ChatGPT bedeutet dies: Die genauen Folgen der Einführung, Nutzung und Verbreitung sind nicht vorhersehbar. Niemand kann sagen, was die breite Verfügbarkeit schlussendlich bedeutet. Potenziell kann ChatGPT große Konsequenzen haben für die Art und Weise, wie Menschen zukünftig mit kognitiven Maschinen arbeiten, wie sie mit Maschinen oder miteinander interagieren und kommunizieren. Das führt zum Hinterfragen, Überarbeiten und Anpassen von Kommunikations- und Arbeitspraktiken, die dann irgendwann fest mit der Verfügbarkeit von ChatGPT verknüpft sein würden.

Aber Menschen eignen sich ChatGPT auf sehr unterschiedliche Weise an und nutzen es auch sehr verschieden: Für die einen ist es ein Werkzeug, um die Arbeit schneller zu erledigen; für die anderen ist es die Bedrohung des Arbeitsplatzes oder der Privatsphäre. Diese und viele andere Möglichkeiten sind tief in der Technik von ChatGPT angelegt. Aber die Dualität der Technik bedeutet, dass ChatGPT nicht lediglich ein technischer Fortschritt gewesen ist. Es ist vor allem die persönliche und soziale Veränderung, mit der sich jeder und wir alle ab sofort auseinandersetzen müssen. Die breite Verfügbarkeit und leichte Nutzbarkeit von ChatGPT für viele Belange gehen einher mit dem Bedürfnis, dass seine Benutzer aushandeln werden, welche positiven wie negativen Auswirkungen das für ihr Leben zeitigen wird.

Allerdings trifft ChatGPT nicht alle Berufsgruppen gleichermaßen. Handwerker waren betroffen von der Automation körperlicher Arbeit. Die führte zum Fließband in der Fabrik. Nun sind zum ersten Mal Kopfarbeiter betroffen, die die Auswirkung von ChatGPT in besonderer Weise spüren werden.[169] Im nächsten Kapitel werden wir sehen, warum das so ist.

Kapitel kompakt

- Das Sprachmodell ChatGPT ist ein Proto-Werkzeug für die Wissensarbeit. Es arbeitet mit unerwarteten Fähigkeiten und Einschränkungen. Obwohl es das Potenzial hat, die Wissensarbeit zu revolutionieren, ist es noch unausgereift und muss besser verstanden werden.

- ChatGPT wird bereits mit dem *General Problem Solver* verglichen, einer Idee aus dem Jahr 1958, jedes komplexe Problem mathematisch zu lösen. Die Komplexität der Welt in einfache Algorithmen zu erfassen, ist und bleibt ein vermessener Versuch. Es ist wichtig, die Funktionsweise von ChatGPT besser zu verstehen, um nicht erneut zu dem Fehlschluss zu gelangen, ChatGPT könne prinzipiell alle Probleme lösen.

- Die Spekulationen über Superintelligenz gehen zurück bis in die 1960er-Jahre. Die reichen von Utopien über deren positive Auswirkungen bis zu Warnungen über potenziell katastrophale Folgen. Ein Beispiel für den möglichen Missbrauch von ChatGPT ist die Möglichkeit, die gezielte Desinformation im großen Maßstab zu automatisieren.

- Eine neue Technik führt immer zu offenen und nicht vorhersehbaren Konsequenzen. Denn Menschen eignen sich Technik verschieden an, interpretieren und nutzen sie unterschiedlich.

KAPITEL 8

Warum ist ChatGPT ein Durchbruch?

„Das Leben ist zu kurz, um etwas zu bauen, das niemand will."
– Ash Maurya

Die Geschichte von Penicillin

Schlamperei ist meist ärgerlich, manchmal ist sie nützlich. Als Glücksfall entpuppt sie sich für den schottischen Bakteriologen Alexander Fleming: Im Herbst 1928 vergisst er, einige dreckige Petrischalen zu säubern. Nach seinem Urlaub findet er die Schalen im Spülstein wieder – und stellt fest, dass die Staphylokokken verschwunden sind.[170] Dafür hat sich ein Schimmelpilz aus der Gattung Penicillium notatum ausgebreitet.[171] Fleming erkennt sofort das Potenzial dieser Entdeckung und beginnt, den Schimmelpilz zu kultivieren. Er führt Experimente durch und attestiert dem Pilz eine hohe Wirksamkeit gegen viele Bakterien, denen Menschen bis dahin ausgeliefert waren. Er veröffentlicht seine Ergebnisse im Jahr 1929,[172, 173] aber niemand erkennt den praktischen Nutzen. Das ändert sich zu Beginn des Zweiten Weltkriegs. Denn es wird schnell klar, dass Penicillin gegen viele Infektionen hilft. Als Antibiotikum wird es in großem Maßstab produziert und eingesetzt.

Im Rückblick gilt Penicillin heute als disruptive Innovation,[174] ein medizinischer Durchbruch, der nicht lediglich ein Fortschritt war, sondern einen Quantensprung in der Medizingeschichte darstellte. Vor der Entdeckung von Penicillin sind die Möglichkeiten begrenzt, um Infektionskrankheiten zu behandeln. Viele Menschen sterben an bakteriellen Infektionen. Penicillin setzt dem abrupt eine Ende. Es eröffnet eine neue Behandlungsmethode und rettet unzählige Leben. Aber Penicillin ist noch mehr als das – nicht einfach eine bessere Therapie. Es markiert auch den Startpunkt für ein völlig neues Konzept, Bakterien zu bekämpfen. Penicillin veränderte, wie wir Infektionskrankheiten überhaupt verstehen und behandeln. Es führte zu einem breiteren Verständnis der Bakteriologie an sich und der Wichtigkeit der Antibiotikaresistenz.

Inkrementelle und disruptive Innovation

Innovationen lassen sich in zwei Kategorien sortieren.[175] Beide unterscheiden sich in ihrem Umfang, den damit verbundenen Risiken und deren Auswirkungen.

Die inkrementelle Innovation steht für das schrittweise Verbessern eines bestehenden Produkts oder einer Dienstleistung. Ein Beispiel dafür ist das ständige Erweitern von Funktionen in Softwareprodukten wie etwa *Microsoft Word*.[176] Jede neue Version enthält neue Funktionen und bestehende werden optimiert, um das Produkt besser und effektiver zu machen. Inkrementelle Innovation muss nicht bahnbrechend sein. Sie verbessert ein bestehendes Produkt Stück für Stück. Unternehmen suchen und finden Lösungen für Probleme, die ihre bestehenden Produkte noch nützlicher machen. Es ist ein kontinuierlicher Prozess, und er erfordert ständige Forschung, Tests und Rückmeldungen von Benutzern und Kunden. Das ist wenig spektakulär, aber wichtig.

ChatGPT ist eine disruptive Innovation. Es ist zwar ein Chatbot – und die gibt es schon sehr lange, aber er ist derart anders, dass er das bestehende Angebot auf dem Chatbot-Markt grundlegend verändert. Diese Art von Innovation ist mit hohen Risiken verbunden. Denn vielleicht muss ein Geschäftsmodell neu erfunden werden, oder es ist gar der Aufbau eines völlig neuen Marktes erforderlich. Beide Kriterien könnten für ChatGPT zutreffen, obwohl dessen Ursprünge tatsächlich Jahrzehnte zurückliegen. Denn bereits im Jahr 1965 gab es einen Chatbot, der rudimentäre Dialoge mit Menschen führte: *ELIZA* war ein bahnbrechendes Programm für die natürliche Sprachverarbeitung und wurde in den 1960er-Jahren von dem Informatiker Joseph Weizenbaum entwickelt.[177] Das Programm simulierte die Konversation zwischen einem Menschen und einem Computer. Dabei verwendete es sehr einfache Algorithmen, um die Benutzereingabe auf Sprachmuster zu analysieren und reagierte mit vordefinierten Antworten. Besonders beeindruckend war die Fähigkeit von ELIZA, einen Psychotherapeuten zu imitieren, indem es dessen Sprache nachahmte und überzeugende Antworten lieferte. ELIZA gilt als Grundlage vieler Entwicklungen, die in den folgenden Jahrzehnten zu Chatbots führen, wie wir sie heute kennen. Aber lange verbesserte sich die Qualität von Chatbots gar nicht oder nur mäßig. Der Fortschritt trat viele Jahre auf der Stelle.

Siri galt als Apples erster Versuch, natürlichsprachliche Dialoge mit Maschinen zu etablieren. Der digitale Sprachassistent wird erstmals im Jahr 2011 auf dem *iPhone 4S* installiert.[178] Seither hat Siri einen großen Einfluss auf die Entwicklung von Sprachassistenten und KI-basierten Anwendungen gehabt. Ein großes Publikum bekam zum ersten Mal eine Idee davon, wie es sich anfühlt, in natürlicher Sprache mit Maschinen zu interagieren. In einigen Aspekten war Siri erfolgreich und veränderte, wie Menschen mit ihren Geräten interagieren. Aber es produzierte viele Fehler. Die Leistung von Siri blieb sehr durchwachsen: Der Chatbot hatte oft Schwierigkeiten beim Spracherkennen, und er tat sich schwer, komplexe Anfragen zu verstehen und passende Antworten zu liefern.[179]

Als Antwort auf Siri wirft Amazon im November 2014 den Sprachassistenten *Alexa* auf den Markt.[180] Ein weiteres bekanntes Beispiel für eine dialogorientierte Maschine, die für viele Menschen zugänglich wurde. Eingebaut in den intelligenten Lautsprecher namens *Echo* soll Alexa als virtueller Sprachassistent eine Vielzahl an Aufgaben übernehmen.[181] Die Dominanz von Amazon macht das Produkt schnell bekannt, und Echo dominiert im Jahr 2019 den Wettbewerb mit einem Marktanteil von 85 Prozent.[182] Aber trotzdem bleibt Alexa der Durchbruch für die dialogorientierte Kommunikation mit Maschinen nicht vergönnt. Es hadert ebenfalls, komplexe menschliche Sprache zu verstehen und den nötigen Kontext in seinen Antworten zu berücksichtigen. Das führt zu vielen Missverständnissen und falschen Antworten. Darüber hinaus wirft die Verwendung von Alexa immer neue Bedenken auf hinsichtlich Datenschutz und Privatsphäre. Denn die Geräte hören ständig zu und senden laufend Daten an Amazon. Außerdem fällt es Alexa schwer, mit der Vielfalt menschlicher Sprachen, Dialekten und kultureller Unterschiede Schritt zu halten.[183]

Alexa und andere Sprachassistenten zeigten zwar Fortschritte in der dialogorientierten Kommunikation mit Maschinen. Aber sie konnten zu wenige Facetten überzeugend erfassen und simulieren. Trotz intensiver Bemühungen erfüllen sich die kommerziellen Erwartungen an Alexa nicht, Amazon verliert jährlich Milliarden.[184]

Es sprechen einige Gründe dafür, dass ChatGPT und seine Nachfolger nicht dasselbe Schicksal erleiden werden wie Siri und Alexa.

Warum ChatGPT erfolgreich ist

Ich bin aufgewachsen in Bad Bentheim. Das Atomkraftwerk Lingen liegt etwa 25 Kilometer entfernt. Bei einem schweren Unfall wäre ich direkt betroffen gewesen. Obwohl ich darum wusste, blieb mein Interesse gering, etwas dagegen zu unternehmen. Am 15. April 2023 wurde dieser Reaktor als eines der letzten drei deutschen Atomkraftwerke abgeschaltet.[185] Während wenige Kilometer hinter der Grenze von Anrainerstaaten Atomreaktoren weiterlaufen,[186] kommt die Geschichte der Atomenergie in Deutschland nach 62 Jahren zum Stillstand. Wie ist es dazu gekommen? Warum hat die Meinungsbildung in Deutschland über sechs Jahrzehnte gedauert? Weshalb ist dieser Ausstieg in Deutschland passiert – aber woanders nicht?

Dahinter steckt ein gesellschaftliches Phänomen, dass der Soziologe Mark Granovetter als *Schwellenwertmodell* bezeichnet.[187] Es erklärt kollektives Verhalten um die politische und gesellschaftliche Meinungsbildung. Anfangs gibt es einige Aktivisten (z. B. Umweltschützer). Ihr Schwellenwert liegt bei null, um sich zu engagieren. Ohne Voraussetzungen waren sie bereit, gegen Atomenergie zu protestieren. Das geschieht im Jahr 1980. Die Partei *Die Grünen* wird gegründet und etabliert sich im Laufe der Jahrzehnte im politischen Diskurs der Bundesrepublik.[188] Andere Menschen besaßen einen höheren Schwellenwert. Sie würden sich erst engagieren, wenn sie eine bestimmte Anzahl von Freunden, Familienmitgliedern oder Kollegen sehen, die sich einer Bewegung anschließen. Medienberichte über die AKW-Unfälle von *Three Mile Island*[189] im Jahr 1979, *Tschernobyl*[190] im Jahr 1986 und schließlich *Fukushima*[191] im Jahr 2011 führten zu wachsender öffentlicher Besorgnis, sodass sich Menschen mit höheren Schwellenwerten ebenfalls gegen Atomkraftwerke engagierten. Denn sie glaubten daran, dass die Bewegung nun genug Unterstützung hätte, um erfolgreich zu sein. Mit der Zeit erreichte die Bewegung für den Ausstieg aus der Atomenergie immer mehr Menschen, deren Schwellenwerte nacheinander überschritten wurden. Die anfänglichen Aktivisten, die öffentliche Meinung und die Medien spielten im Laufe der Jahre eine Rolle, setzte einen Schneeballeffekt in Gang und die Bewegung wurde stärker. Als genügend Menschen ihre Meinung äußerten und politischen Druck ausübten, führt das schließlich dazu, dass die Regierung den Ausstieg aus der Atomenergie in Betracht zog und politische Entscheidungen traf.

Was für den Ausstieg aus der Atomenergie 40 Jahre dauerte, gelingt ChatGPT in vier Monaten. Viele Menschen weltweit haben innerhalb von Tagen oder Wochen den Schwellenwert überschritten, eine persönliche Erfahrung mit KI zu erleben, die in ihrer Kombination eine Lawine auslöste, weil die Schlüsseltreiber von ChatGPT sich so stark entfalten konnten. Welche waren das?

- Unmittelbarer, umfassender Nutzen: ChatGPT lässt viele einen sofortigen Nutzen *für sich selbst* erkennen.[192] Seit ChatGPT erlebten zum ersten Mal unzählige Menschen an unzähligen Beispielen, dass Maschinen menschenähnliche Gespräche führen können, komplexe Anfragen verstehen und angemessene Antworten liefern. Die Unternehmensberatung McKinsey urteilt, ChatGPT sei eine KI-Plattform, die unzählige Anwendungen für viele Zielgruppen, jedes Alter und Bildungsstands bereitstelle.[193] Die Zukunft der Interaktion mit Maschinen wird von nun an vermutlich stark geprägt sein von dialogorientierten KI-Systemen wie ChatGPT.
- Enorme Bandbreite an Zielgruppen: ChatGPT erlangte von Anfang an eine enorme Popularität – nicht nur unter Experten, sondern über viele Altersgruppen in der Bevölkerung hinweg.[194, 195] Mund-zu-Mund-Propaganda und umfangreiche Berichterstattung trugen dazu bei, dass ChatGPT schnell bekannt wurde und immer mehr Menschen in seinen Bann zog. Da es kostenlos eingeführt wurde, waren die Hürden gering, damit zu spielen.[196] Ständig neue Versionen von ChatGPT verbesserten dessen Funktionen weiter.[197] In den Sprachdialog mit einer Wissensmaschine einzutreten, war für viele Menschen eine neuartige und faszinierende Erfahrung. Denn solche Dinge kannten sie bisher nur aus Science-Fiction-Filmen wie *2001: Odyssee im Weltraum*[198] oder *Star Trek*[199]. Die unmittelbare Erfahrung veränderte das Verhältnis vieler Menschen zur KI. Es erweiterte ihr Verständnis und ihre Vorstellungskraft über deren Möglichkeiten. Frühere Versuche wie etwa Apples Siri oder Amazons Alexa konnten diese Erfahrung nicht vermitteln.
- Intuitives Nutzererlebnis: ChatGPT basiert auf der neuen Generation von KI und maschinellen Lernens, die in den letzten Jahren große Fortschritte erzielte. Im Vergleich zu ELIZA,[200] das nur einfachen Regeln und Mustervergleichen folgte, nutzt ChatGPT ausgeklügelte Algorithmen und simuliert eine menschenähnliche Interaktion. Außerdem greift ChatGPT auf sehr viele Trainingsdaten zurück und führt eine Konversation, die sehr präzise ist und auch den äußeren Kontext eines

Dialoges berücksichtigt. Das ermöglicht komplexe Dialoge und berücksichtigt sogar Nuancen und Kontexte, die ältere Chatbots nicht erfassen konnten.

- Mehrsprachigkeit: Nur 15 Prozent der Weltbevölkerung sprechen Englisch.[201] ChatGPT war vom ersten Tag an in 95 Sprachen verfügbar.[202] Mit den fünfzehn meistverbreiteten Sprachen erreichte es damit prinzipiell circa 85 Prozent der Weltbevölkerung.[203] Das erschloss auf einen Schlag 6,6 Mrd. potenzielle Benutzer, die es sonst mangels Sprachkenntnissen überhaupt nicht hätten bedienen können. Zum Vergleich: Deutsch sprechen weltweit nur circa 160 Millionen Menschen.[204] Die Unterstützung mehrerer Sprachen galt schon immer als Herausforderung für Chatbots: In vielen Sprachen gibt es nur begrenzte Trainingsdaten, einige enthalten einzigartige Sprachformen und Redewendungen, in anderen stecken kulturelle Nuancen. Das machte es bisher notwendig, für jede Sprache die gesamte Arbeit für das Entwickeln eines Chatbots wieder von vorne zu beginnen. Das Skalieren und Pflegen von Chatbots für viele Sprachen entpuppten sich als Fass ohne Boden. Bisherige Chatbots hatten Schwierigkeiten, Benutzer zu verstehen, die in einer Konversation ihre Sprache wechseln. ChatGPT dagegen war von Anfang an für viele Sprachen konzipiert. Auch wenn für einige Sprachen nur begrenzte Trainingsdaten verfügbar sind, erbringt ChatGPT ausreichend Leistung, um damit positive Erfahrungen zu vermitteln.

- Große Einsatzbreite: ChatGPT wird mit einer unfassbar großen Menge von Textdaten trainiert.[205] Das deckt eine endlos breite Palette an Themen ab.[206] Bisherige Chatbots waren auf spezifische Branchen oder Anwendungen zugeschnitten. ChatGPT dagegen überblickt viele, völlig unterschiedliche Wissensdomänen – ohne dafür besonders trainiert zu werden. Die einen setzen ChatGPT ein, um die Arbeitslast zu senken, andere wollen die Qualität der Arbeitsresultate verbessern. Darüber hinaus entstehen durch Experimentieren ständig neue Einsatzmöglichkeiten, auf die die Entwickler von ChatGPT gar nicht gekommen wären. **ChatGPT ist eine Art Schweizer Messer für die Wissensarbeit, das in vielen unterschiedlichen Bereichen und Branchen Nutzen erzielt.**[207]

Es zeigt sich, dass all diese Schlüsselfaktoren unmittelbar sehr viele Menschen ansprechen. ChatGPT trägt Merkmale in sich, die Ansprüche und Erwartungen für viele Nutzenszenarien zu bedienen. Das alles macht ChatGPT zu einer disruptiven Innovation.

ChatGPT Inside

Wie können wir erkennen, dass ChatGPT nicht nur ein Nischenprodukt, sondern universell einsetzbar ist? Wird es in vielen Märkten und Industrien eine Rolle spielen? Tatsächlich häufen sich unzählige Beispiele, dass ChatGPT das Potenzial hat, die Geschichte der Digitalisierung in ähnlicher Weise zu beschleunigen, wie das seit der Erfindung des Computers in den 1940er-Jahren nur wenigen digitalen Innovationen gelungen ist. Ereignisse vergleichbarer Aufmerksamkeit und Bedeutung waren etwa die

Vorstellung der ersten Computermaus im Jahr 1968,[208] die Einführung von *VisiCalc* im Jahr 1979[209] oder die Präsentation des *iPhone* im Jahr 2007.[210]

Einen Mikroprozessor der Firma Intel kann niemand sehen, wenn er in der grauen Metallkiste eines Computergehäuses verbaut ist. Es brauchte eine gute Idee, den Käufern zu demonstrieren, dass in ihren Computern ein Prozessor dieser Marke surrte.[211] Der Chiphersteller erfand dafür den Slogan „Intel Inside". Fortan erkannte jeder Konsument bereits mit dem Blick auf ein Logo, dass auf dem Computergehäuse prangte, ob in diesem Gerät auch der begehrte Prozessor arbeitete.

Es ist derzeit plausibel anzunehmen, dass sich die Zukunft der Interaktion mit Maschinen unter dem Slogan *„ChatGPT Inside"* entfalten könnte.[212] Denn dialogorientierte KI-Systeme wie ChatGPT könnten in unzähligen Anwendungen, technischen Geräten und Maschinen Platz finden, um eine intuitive Bedienung zu ermöglichen. Die Kommunikation mit Maschinen in natürlicher Sprache hat das Potenzial, die Art und Weise auf den Kopf zu stellen, wie Menschen zukünftig überhaupt mit Technik interagieren. Wir werden gerade Zeugen eines Paradigmenwechsels: Traditionelle Bedienkonzepte über Knöpfe, Hebel, Schalter oder Menüstrukturen fallen in vielen Anwendungsbereichen gänzlich weg – oder werden durch sprechende Schnittstellen ergänzt. **Menschen werden in naher Zukunft mit Maschinen interagieren, ohne an sperrigen Benutzeroberflächen oder Befehlslisten zu verzweifeln.** Benutzerfreundlichkeit und Effizienz von Technik wird sich in vielen verschiedenen Anwendungen drastisch verbessern. In einigen Fällen werden klassische Bedienkonzepte das Mittel der Wahl für die Interaktion mit Maschinen bleiben. Das wird dann der Fall sein, wenn Aufgaben und Anforderungen klar definiert und klar begrenzt sind wie etwa bei einer Kaffeemaschine. Aber die Technologie von ChatGPT und ähnlichen Systemen wird in vielen Bereichen dazu beitragen, die Interaktion mit Maschinen völlig neu und angenehmer zu gestalten. Wir dürfen uns beispielsweise darauf freuen, dass Fahrkartenautomaten in Zukunft bedienbar werden.

Historisch ziehen technologische Durchbrüche immer Auswirkungen nach sich, die sich während der Einführung noch nicht zeigen. Der Übergang von der Dampfmaschine zum Elektromotor illustriert das sehr gut: Obwohl der Elektromotor eine im Nachhinein völlig offensichtliche Verbesserung gegenüber der Dampfmaschine darstellte, dauerte es Jahrzehnte, bis die Industrie den vollen Nutzen dieser Technologie begriff.[213] Denn erstens hatten Unternehmen massiv in die Dampftechnologie investiert, einschließlich der notwendigen Infrastruktur. Das bedeutete eine kostspielige Umstellung auf Elektromotoren. Zweitens erforderten Elektromotoren neue Fähigkeiten und Wissen, was zusätzliche Kosten für Schulungen und die Einstellung neuer Mitarbeiter verursachte. Drittens wurden Elektromotoren zu Beginn als wenig zuverlässig und riskanter wahrgenommen als die bewährte Dampftechnologie. Viertens war Elektrizität zu Beginn der Elektromotoren noch nicht breit verfügbar. Fünftens erschwerten rechtliche und regulatorische Hürden die Einführung von Elektromotoren. Sechstens spielten die Kosten für Elektrizität im Vergleich zu Dampf eine Rolle. Sie waren noch zu hoch. Siebtens spielten aber auch kulturelle Faktoren eine Rolle, insbesondere eine generelle Neigung der Menschen gegen große Veränderungen. Das alles verlangsamte den Übergang zum – aus heutiger Sicht – völlig offensichtlich sinnvollen Übergang zu Elektromotoren.

In ähnlicher Weise wird es lange dauern, bis wir uns der wirklichen Trageweite von ChatGPT für Gesellschaft, Politik und Wirtschaft klar geworden sein werden. Aber wir sehen bereits, welche Auswirkungen es für die Ausbildung, die Arbeitswelt und die Gesellschaft haben könnte. ChatGPT wird nicht nur neue Möglichkeiten schaffen, sondern gefährdet natürlich auch bestehende Arbeitsplätze und wird große Herausforderungen für die Ausbildung nach sich ziehen.[214] Es wird Zeit brauchen, um zu verstehen, wie sich ChatGPT auf verschiedene Branchen und Sektoren auswirken wird. Es wird zwingend heute noch nicht bezifferbare Anpassungen und Veränderungen geben müssen, um das volle Potenzial dieser Technologie zu entfalten.

Wenden wir uns deshalb nun der Frage zu, warum gerade ChatGPT eine überragende Rolle in der Geschichte der Digitalisierung spielt.

Kapitel kompakt

- Der Bakteriologe Alexander Fleming entdeckt im Jahr 1928 durch eine verunreinigte Petrischale Penicillin. Es wird während des Zweiten Weltkriegs als wirksames Antibiotikum eingesetzt, revolutioniert die medizinische Versorgung, rettet unzählige Leben und ändert das Konzept der Bakterienbekämpfung grundlegend.
- ChatGPT ist eine disruptive Innovation, weil es die Interaktion mit kognitiven Maschinen fundamental verändert. Im Vergleich zu früheren Chatbots wie Siri und Alexa wird ChatGPT dank seiner fortschrittlichen Technologie eine unendlich größere Wirkung erzielen.
- ChatGPT ist derart erfolgreich, weil es einen unmittelbaren, breiten und vielseitigen Nutzen schafft, eine intuitive Benutzererfahrung ermöglicht, Mehrsprachigkeit bietet und eine enorme Einsatzbreite eröffnet. Im Vergleich zu früheren Chatbots ist es in der Lage, aus dem Stand komplexe Dialoge zu führen und eine Vielzahl von Wissensdomänen abzudecken.
- ChatGPT hat das Potenzial, die Interaktion zwischen Menschen und Maschinen zu revolutionieren. Der Übergang zu sprachbasierten KI-Systemen wie ChatGPT wird Zeit brauchen und vielfältige Anpassungen erfordern, um das volle Potenzial auszuschöpfen.

KAPITEL 9

Die Rolle von ChatGPT in der KI-Evolution

„Wir wollen keine künstliche Intelligenz, wir wollen Klugheit. Im Unterschied zu künstlicher Intelligenz ist Klugheit fokussiert, messbar und konkret."
– Kevin Kelly

Eine Übergangstechnologie namens ChatGPT

Anthropologen und Archäologen brauchen viel Geduld. Nur aus den Hinterlassenschaften der menschlichen Evolution wollen sie das Rätsel der Entstehungsgeschichte des Menschen lösen. Aber trotz Demut und Hartnäckigkeit bringt sie ein spezieller Aspekt ihrer Arbeit regelmäßig um den Schlaf: Manchmal fehlt ein Puzzleteil, um den Verlauf der menschlichen Entwicklung lückenlos nachzuweisen. Diese Übergangsformen sind wichtig für eine geschlossene Beweiskette evolutionärer Veränderung. Eines der bekanntesten Beispiele für eine derartige Übergangsform ist *Lucy*, ein Skelett der Art *Australopithecus afarensis.*[215] Lucy wurde im Jahr 1974 in Äthiopien entdeckt und ist etwa 3,2 Millionen Jahre alt. Sie weist einerseits Merkmale von Menschen auf, andererseits von Affen. Ihre Becken- und Beinknochen zeigen, dass sie zweibeinig war und aufrecht ging wie ein Mensch. Ihr Schädel und andere Merkmale wie lange Arme und gekrümmte Finger dagegen ähneln denen von Affen. Die Entdeckung von Lucy schloss die Lücke zwischen affenähnlichen Hominiden und dem Homo sapiens. Durch Fossilien rekonstruieren Wissenschaftler die Geschichte der Menschheit. Dasselbe wird passieren, wenn Wissenschaftler in ferner Zukunft beginnen, den Verlauf der Computergeschichte zu entschlüsseln.

Denn auch ChatGPT scheint ein fehlendes Bindeglied zu sein. Es führt mehrere Stränge der technischen Evolution unterschiedlicher KI-Techniken und -Ansätze zusammen. All diesen parallelen Entwicklungen liegt die Frage zugrunde, ob und wie Menschen in einen Dialog mit Maschinen treten könnten. ChatGPT wurde entwickelt, um Gespräche mit Maschinen zu führen, die von menschlichen nicht mehr zu unterscheiden sind. Grundlage dafür sind Muster menschlicher Sprache, die sich aus großen Datensätzen herausdestillieren lassen. Dieser Ansatz baut auf früheren statistischen Techniken der Sprachverarbeitung auf, die in die 1990er-Jahre zurückreichen. Die darunterliegende Technik zum Verstehen von Sprache hat sogar noch frühere Wurzeln. Die ersten Ansätze legten der Neurologe Warren McCulloch und der Logiker Walter Pitts bereits in den 1940er-Jahren.[216]

Ein Schlüsselfaktor für die Entwicklung von ChatGPT ist die Verfügbarkeit großer Mengen von Trainingsdaten. Erst das explosionsartige Wachstum des Internet und digitaler Inhalte zu Beginn des 21. Jahrhunderts schafften eine einzigartige Gelegenheit.[217] Denn ab da war es möglich, diese riesigen Datenmengen für Übungszwecke maschinell zu verwenden.

Die Entwicklung von ChatGPT spiegelt das Zusammentreffen verschiedener KI-Technologien und Trends wider, deren Verbindung erst dadurch klar wird. **ChatGPT ist ein Bindeglied verschiedener Epochen der KI-Geschichte, die sich jetzt plötzlich manifestieren.** Diese Tatsache könnte den großen Diskurs um ChatGPT zum Teil erklären – und wirft auch ein grelles Schlaglicht darauf, warum die Zukunft der Wissensarbeit von Chatbots geprägt sein wird.

Automation oder Augmentation?

Wenn wir genau hinschauen, nützt ChatGPT auf zwei verschiedene Arten, um es für Wissensarbeit zu verwenden: Entweder erledigt es selbstständig das, was bisher menschlichen Wissensarbeitern vorbehalten war – aber in kürzerer Zeit oder zu geringeren Kosten. Oder es hilft Wissensarbeitern, die Qualität der von ihnen erzeugten Ergebnisse dramatisch zu verbessern.

Im ersten Fall sprechen wir von *Automation* (Arbeit wird ersetzt), im zweiten von *Augmentation* (Arbeit wird unterstützt). Worin besteht genau der Unterschied? Stellen Sie sich vor, Sie arbeiten in einem Unternehmen, das Marktforschung betreibt. Bisher recherchieren Sie jede Information manuell, analysieren die gefundenen Daten und stellen Berichte zusammen. Plötzlich kommt ChatGPT ins Spiel:

Automation bezieht sich auf das Verwenden von Werkzeugen, um die Arbeit zu automatisieren und vollständig zu ersetzen. Der Fokus liegt darauf, menschliche Marketingexperten durch den Einsatz von Technologie zu reduzieren oder ganz zu ersetzen. Im Fall von Marktforschung könnte ChatGPT Daten durchsuchen und Berichte nach groben Vorgaben selbstständig erstellen. Es würde eine Tätigkeit vollständig übernehmen, die bisher Marketingexperten durchgeführt hätten. Dafür ruft ChatGPT Information aus verschiedenen Quellen auf, analysiert die Inhalte und erstellt einen detaillierten Bericht, der eine menschlichen Experten vergleichbare Qualität liefert. In diesem Anwendungsfall würde der Chatbot Zeit und Kosten sparen, weil die Tätigkeit bei gleicher Zuverlässigkeit schneller erledigt würde.

Augmentation dagegen bezieht sich auf das Nutzen von Werkzeugen, um das Tätigkeitsprofil eines Experten zu erweitern. In diesem Fall steht höhere Qualität im Vordergrund, weil sie sich durch ChatGPT zu marginalen Kosten darstellen lässt. Für ein solches Szenario agiert ChatGPT als Assistent, dem man gut abgrenzbare Teilaufgaben überträgt. Der Mensch recherchiert und analysiert seine Daten selbst, während ChatGPT vielleicht als Sparringpartner auftritt. Es stellt etwa Fragen, um zusätzliche Einblicke, ungewöhnliche Perspektiven oder überraschende Vorschläge zum Verbessern eines Berichts zu liefern. Hier nutzt der Wissensarbeiter ChatGPT als Zuarbeiter für die Vollständigkeit und Qualität der eigenen Expertise, ChatGPT wäre eine Art „Gabelstapler für Intelligenz."[218] Die Arbeitsergebnisse entstehen nur aus einer engen Symbiose von Mensch und Maschine.

Automation wie Augmentation haben Vor- und Nachteile: Automation senkt Kosten, erhöht die Geschwindigkeit und Genauigkeit der Arbeit – in klar gesetzten Grenzen. Nachteilig sind drohende Arbeitsplatzverluste und die Notwendigkeit spezialisierter Kenntnisse und Fähigkeiten, um ChatGPT bedienen oder – oft unterschätzt – im Fehlerfall reagieren zu können.[219] Die Vorteile von Augmentation dagegen liegen in höherer Produktivität und Qualität der Ergebnisse. Dagegen müssen dann die Zusatzkosten gegen den Nutzen abgewogen werden. Das führt zu einer berechtigten Frage: **Wie entscheidet man darüber, ob automatisiert oder augmentiert werden sollte?** Die einfach Antwort lautet: Man teilt die Arbeit einfach auf zwischen Mensch und Maschine.

Verantwortung von Mensch und Maschine

Die Ingenieure H. E. Price, R. E. Maisano und H. P. van Cott schlugen vor, dass Aufgaben zwischen Menschen und Maschinen in einer speziellen Art und Weise aufgeteilt werden könnten.[220] Sie verfolgten das Ziel, Tätigkeiten so zurechtzuschneiden, dass die geschickte Aufteilung einer Tätigkeit zu den besten Ergebnissen führt.

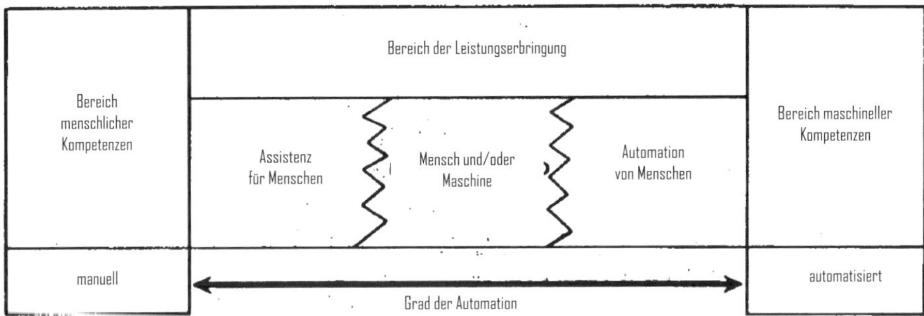

Abbildung 3: Menschliche Beteiligung beim Implementieren von Funktionen[221]

Dafür ordneten sie Tätigkeiten nicht als „Paket" entweder Menschen oder Maschinen zu. Vielmehr erkannten die Ingenieure, dass zahlreiche Tätigkeiten zwar automatisiert werden könnten – aber in Ausnahmefällen immer einen menschlichen Eingriff erfordern. **Deshalb verbietet sich eine vollständige Automation öfter als man denkt.** Generell verorteten die Experten jede Art von Tätigkeit auf einem Kontinuum zwischen Mensch und Maschine, auf dem verschiedene Bereiche unterschieden werden. Die beiden Extreme sind, dass eine Tätigkeit vollständig von einem Menschen (Abbildung 3, links) oder einer Maschine (Abbildung 3, rechts) ausgeführt wird. Im Regelfall aber erfolgt die Einordnung innerhalb einer Abstufung „Assistenz für Menschen", „Mensch und/oder Maschine", oder „Automation des Menschen" (Abbildung 3, Mitte).

Nehmen wir als Beispiel für eine derartige Zuordnung die Aufgaben und die Verantwortung in einem Kundendienst. Welche Aufgaben fallen dort an? Beantworten einer Reklamation, Aufnehmen einer Bestellung, Lösen eines technischen Problems usw. Erst die genaue Analyse ergibt, welche Teile einer komplexeren Tätigkeit am besten von einem Mitarbeiter übernommen werden müssen (z. B. Umgehen mit frustrierten Anrufern) – und welche durch Technik automatisiert werden könnten (z. B. Weiterleiten von Anrufen, Archivieren von Kundengesprächen).

Offensichtlich bedarf der mittlere Bereich des Kontinuums besonderer Aufmerksamkeit. Es ist der Bereich, in dem sich Tätigkeiten immer durch die kluge Koordination von Teilaufgaben auszeichnen, die Mensch und Maschine im Verbund verrichten. Die beiden Ingenieure Paul R. Daugherty und H. James Wilson bezeichnen diesen Ort auf dem Kontinuum auch als das *Fehlende Mittelstück*.[222] Denn sie monieren, dass viele Diskussionen über den Einsatzzweck von KI sich lediglich auf die vollständige Automation menschlicher Arbeit versteife. Stattdessen sehen sie Bedarf, das fehlende Mittelstück auszuleuchten. Ihr Schluss lautet, KI könne das Arbeitsumfeld positiv verändern, wenn Unternehmen die intelligente Zusammenarbeit von Mensch und Maschine fördern und die Talente ihrer Mitarbeiter weiterentwickeln würden.

Text und Sprache (und zunehmend jede Art von visueller Darstellung) sind die zentralen Mittel, mit denen Wissensarbeit verrichtet wird. Genau deshalb wird ChatGPT eine immense Rolle spielen, wenn es zukünftig darum geht, die vielen Tätigkeiten von Wissensarbeit zwischen Mensch und Maschine geschickt aufzuteilen. Darum hilft es, einen kurzen Ausflug in die technische Geschichte der Sprachverarbeitung mit Maschinen zu unternehmen. Denn dies sagt viel darüber, wie diese Aufteilung stattfinden könnte.

Ein Teil steht für das Ganze

Sprachmodelle blicken bereits auf eine lange Geschichte zurück. Unmittelbar nach den Anfängen der KI in den 1950er-Jahren beginnen Forscher Algorithmen zu entwickeln, um Maschinen das Verarbeiten und Erzeugen von Text beizubringen. Der Ingenieur Theo Lutz und der Semiotiker Max Bense gelten als Pioniere für diesen Zweig der Computergeschichte. Im Jahr 1959 veröffentlichte Lutz den ersten bekannten, computergenerierten Text, bekannt als *Stochastischer Text*.[223] Der wird mithilfe eines *Zuse 3* erstellt – dem Computer, den Konrad Zuse Anfang der 1940er-Jahre in Deutschland entwickelt hatte.[224] Als Ausgangstext entnimmt Lutz Wörter und Phrasen aus Franz Kafkas Roman *Die Verwandlung* und ordnet sie in zufälliger Reihenfolge neu an (Abbildung 4).[225] Seine Arbeit ist ein frühes Beispiel für das Verwenden von Algorithmen zum Erstellen von Text und legt den Grundstein für spätere Entwicklungen in der Computerlinguistik, die Jahrzehnte später zu Sprachmodellen wie GPT-3 von OpenAI münden.

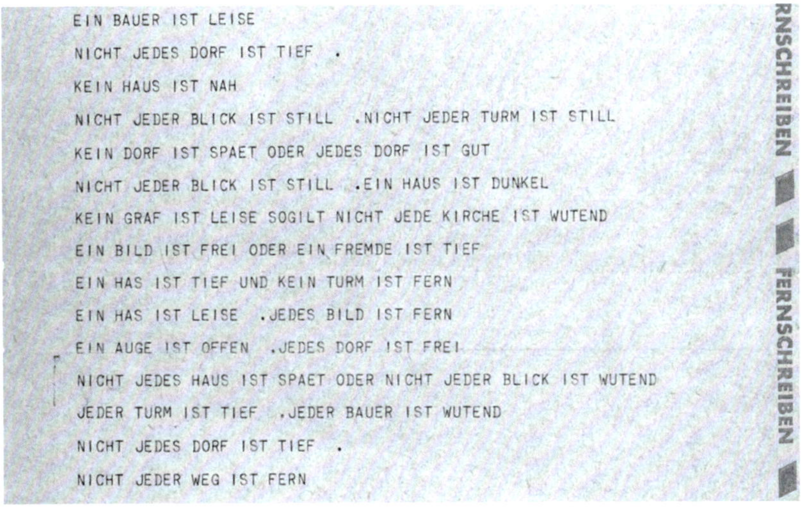

EIN BAUER IST LEISE
NICHT JEDES DORF IST TIEF .
KEIN HAUS IST NAH
NICHT JEDER BLICK IST STILL .NICHT JEDER TURM IST STILL
KEIN DORF IST SPAET ODER JEDES DORF IST GUT
NICHT JEDER BLICK IST STILL .EIN HAUS IST DUNKEL
KEIN GRAF IST LEISE SOGILT NICHT JEDE KIRCHE IST WUTEND
EIN BILD IST FREI ODER EIN FREMDE IST TIEF
EIN HAS IST TIEF UND KEIN TURM IST FERN
EIN HAS IST LEISE .JEDES BILD IST FERN
EIN AUGE IST OFFEN .JEDES DORF IST FREI
NICHT JEDES HAUS IST SPAET ODER NICHT JEDER BLICK IST WUTEND
JEDER TURM IST TIEF .JEDER BAUER IST WUTEND
NICHT JEDES DORF IST TIEF .
NICHT JEDER WEG IST FERN

RNSCHREIBEN FERNSCHREIBEN

Abbildung 4: Frühe Experimente mit Maschinesprache: Stochastische Texte[226]

Aber das Erstellen von Texten durch Computer bleibt lange eine Nische. Seit den 1960er-Jahren werden verschiedene Ansätze und Technologien entwickelt, aber sie haben nur beschränkte Fähigkeiten (mehr dazu in Kapitel 12). Erst mit dem massenhaften Einsatz der Technik *neuronaler Netze* um die Jahrtausendwende beginnt die Entwicklung neuartiger Sprachmodelle, die sich aus eng umgrenzten Einsatzgebieten lösen lassen. Zum ersten Mal lässt sich die Idee einer Sprechmaschine mit einem generellen Sprachverständnis erahnen.

Schließlich präsentiert OpenAI im November 2022 mit ChatGPT die neueste Version seiner GPT-Familie und ist damit der Vorreiter der jüngsten Technikgeneration.[227] Obwohl der Begriff *ChatGPT* ursprünglich für eine bestimmte Version von Sprachmodellen von OpenAI stand, steht er als pars pro toto für alle Sprachmodelle, die sich mit dem Verstehen und Erzeugen, Bearbeiten und Verfassen von Text befassen.

Mit den bis jetzt aufgeworfenen Themen um die Wissensarbeit zwischen Mensch und Maschine berühren wir immer grundsätzlichere Fragen zur Rolle des Menschen im Prozess der digitalen Transformation. Dann sollten wir diesen Fragen auch gebührend Raum geben. Überraschenderweise können uns die Gedanken des Philosophen Immanuel Kant helfen, ihnen auf den Grund zu gehen.

Kapitel kompakt

- ChatGPT ist eine „digitale Übergangstechnologie“, die die Brücke schlägt zwischen primitiver Sprachverarbeitung und zukünftiger Interaktion zwischen Mensch und Maschine.
- In der Wissensarbeit kann KI auf zwei Arten verwendet werden: Automation oder Augmentation. Automation zielt auf niedrige Kosten und steigende Effizienz, Augmentation konzentriert sich auf höhere Produktivität und Qualität.
- Die Verteilung von Verantwortung zwischen Mensch und Maschine beruht auf dem Verständnis ihrer jeweiligen Stärken. Die Basis ist eine sorgfältige Verteilung von Aufgaben. Es gilt, sowohl das Potenzial automatisierbarer Tätigkeiten zu erkennen, als auch die Stärken menschlicher Fähigkeiten zu verstehen.
- Maschinelles Sprachverstehen und -produzieren – beginnend mit den ersten Algorithmen in den 1950er-Jahren bis hin zur aktuellen GPT-Familie – zeigt einen stetigen, aber sehr langsamen Fortschritt. ChatGPT steht pars pro toto für alle Sprachmodelle, die sich mit dem Verstehen und Erzeugen, Bearbeiten und Verfassen von Text befassen.

KAPITEL 10

Das Wesen der Wissensarbeit

„Habe Mut, dich deines eigenen Verstandes zu bedienen."
– Immanuel Kant

Von Immanuel zu „DigiKant"

Das Erscheinen von ChatGPT scheint vordergründig eine Frage neuartiger Technik. Doch darin liegt ein tiefes Missverständnis. Denn wir stoßen mit diesem Chatbot sofort auf philosophische Probleme von großer Trageweite: Kann ChatGPT denken? Hat ChatGPT vielleicht Bewusstsein? Darf man es dann einfach abschalten? Es scheint angemessen, sich der Beantwortung solcher und ähnlicher Fragen mit den Mitteln der Philosophie zu nähern. Und Immanuel Kant ist eine gute Adresse. Denn den Philosophen treiben Zeit seines Lebens vier Fragen um: „*Was kann ich wissen? Was soll ich tun? Was darf ich hoffen? Was ist der Mensch?*" Seine Antworten lauten etwa wie folgt:[228]

1. Was kann ich wissen? Kant beschäftigt die Frage, was der Mensch überhaupt wissen kann. Er unterscheidet zwei Arten: *a priori* (unabhängig von Erfahrung) und *a posteriori* (abhängig von Erfahrung). Er argumentiert, reine Vernunft ermögliche Erkenntnisse nur a priori. Denn menschliche Erkenntnis basiere auf sinnlicher Anschauung und Verstandeskategorien. Sein Schluss lautet, dass Erkenntnis zwingend begrenzt sei durch das, was wir durch unsere Sinne erfahren und die Art und Weise, wie der Verstand Erfahrungen verarbeite. Kategorisch könnten wir nur wissen, was die Bedingungen dieser Erfahrung ausmache.

2. Was soll ich tun? Der Philosoph entwickelt die berühmte Idee des *kategorischen Imperativs*. Er besagt, dass moralisches Handeln auf einer objektiven, allgemeingültigen Regel basiere. Sie lautet: „*Handle nur nach derjenigen Maxime, durch die Du zugleich wollen kannst, dass sie ein allgemeines Gesetz werde.*"[229] Man solle sich so verhalten, dass die zugrunde liegenden Prämissen jeder Handlung als allgemeines Gesetz für alle gelten könnten – insbesondere für einen selbst.

3. Was darf ich hoffen? Als Mensch im 18. Jahrhundert argumentiert Kant, dass der Glaube an Gott, Freiheit und Unsterblichkeit notwendig sei, um moralische Verpflichtungen zu erfüllen. Nur so sei seiner Meinung nach ein sinnvolles Leben zu

führen. Da diese Thesen jedoch nicht durch reine Vernunft bewiesen oder widerlegt werden könnten, bleibe die Hoffnung ein zentraler Aspekt des menschlichen Lebens.

4. Was ist der Mensch? Kant sieht den Menschen als ein Wesen, das auf zweierlei Weise beeinflusst werde: Einerseits durch die natürlichen Triebe und Gesetze. Andererseits durch die urmenschliche Fähigkeit zu Vernunft und moralischem Urteil. Der Mensch könne über seine Handlungen und seine Erfahrung nachdenken, daraus moralische Prinzipien ableiten und daran zukünftige Handlungen ausrichten. Nach Kants unmaßgeblicher Einschätzung sei der Mensch ein Zwitter aus Natur- und Vernunftwesen.

Die Antworten auf seine Fragen dokumentiert Kant in der *Kritik der reinen Vernunft.*[230] Wenn wir dieselben Fragen zwei Jahrhunderte nach seinem Tod noch einmal stellen, dürfen wir dieselben Antworten erwarten? Natürlich nicht. Denn unsere Lebenswirklichkeit wird getragen durch die Errungenschaften des Industriezeitalters und stolpert gerade hinüber ins Informations- und Wissenszeitalter. Die meisten Objekte, die den Alltag heute prägen, sind den Bewohnern in Kants Heimatstadt Königsberg unbekannt: Es gibt keine Autos, kein Telefon, kein elektrisches Licht, keine Zentralheizung – nicht mal fließendes Wasser. Und erst recht keine Computer. Reden wir gar nicht erst von KI. Diese Welt sollte sich in den Antworten widerspiegeln.

Wie also lauten mögliche Antworten auf Kants Fragen im Zeitalter von Industrialisierung und Digitalisierung, weil beides in jedem Winkel von Wirtschaft, Politik und Gesellschaft eine so große Rolle spielt? Was ist der „Digitale Kant“?[231] Wir beantworten dieselben Fragen erneut. Und sie bringen überraschende Einsichten.

1. Was kann ich wissen? Digitale Speichermedien verschaffen uns einen enormen Wissensschatz. Alles, was Menschen an Wissen produzieren, wird digital gespeichert. Für das Jahr 2021 wurde prognostiziert, dass die Gesamtmenge der erzeugten Daten 79 Zettabyte erreicht (ein Zettabyte entspricht theoretisch 1.000 Milliarden Büchern mit jeweils theoretisch einer Million Textseiten). Diese Menge solle sich bis zum Jahr 2025 verdoppeln.[232] Deshalb können wir fast alles lernen, indem wir einfach im Internet recherchieren oder uns an Experten wenden – die wir oft über Verweise im Internet finden. Aber es zeigt sich auch, dass Wissen nicht objektiv ist: Es ist begrenzt, es kann fehlerhaft sein – oder widersprüchlich. **Wir realisieren langsam, dass wir unvollständiges Wissens akzeptieren müssen, obwohl wir gleichzeitig von Wissen überschüttet werden.**[233] Denn plötzlich wird relevant, die Herkunft von Wissen kritisch zu hinterfragen. Es gibt zwar unendlich viel davon. Aber oft ist schwer nachzuvollziehen – und ob es überhaupt stimmt. Zudem neigen Menschen dazu, neue Information eher zu akzeptieren, wenn sie bestehende Ansichten bestätigen, anstatt zu widersprechen – ein Phänomen, das wir in Kapitel 17 genauer ansehen. Der Zukunftsforscher John Naisbitt meinte: *„Wir ertrinken in Informationen und dürsten nach Wissen.“*[234]

2. Was soll ich tun? Im 21. Jahrhundert bieten sich unzählige Möglichkeiten, sein Leben zu gestalten. Die Industrieländer leben eine Gesellschaft unendlicher Optionen, sie zelebrieren die *Multioptionsgesellschaft.*[235] Wir haben Zugang zu einem Füllhorn an Information, das allen bisherigen Generationen unbekannt war. Meist entscheiden wir selbst, was die Karriere fördert, die Beziehungen stärkt oder das Wohlbefinden steigert. Aber daraus entsteht ein überraschendes Problem: Wir zweifeln plötzlich, was wirklich wichtig und sinnvoll ist. Das Phänomen dahinter nennt sich *Auswahlparadox.*[236] Wenn wir 24 Marmeladen verkosten können, ist es unwahrscheinlicher, dass wir eine kaufen, als wenn nur sechs zur Auswahl gestanden hätten.[237] Je mehr Möglichkeiten sich bieten, desto schwerer ist es, sich für die eine zu entscheiden – denn es könnte die falsche sein.

3. Was darf ich hoffen? Unsere Welt durchziehen Herausforderungen und Unsicherheiten.[238] Immer weniger können wir vorhersagen, was zukünftig passieren wird. Uns bleibt nur die vage Hoffnung, dass wir in der Lage sind, Unwägbarkeiten zu bewältigen und eine bessere Welt zu schaffen, um durch eigene Beiträge eine bessere Zukunft zu gestalten.

4. Was ist der Mensch? Wir haben heute ein tiefes Verständnis von uns selbst und unserer Welt gewonnen. Wir wissen, wie unser Körper funktioniert. Wir nutzen Technik zu unserem Vorteil und verstehen viel besser als früher, wie Gesellschaften sich organisieren und die Umwelt unser Leben prägt. Gleichzeitig stellen wir die Frage immer wieder neu, was es bedeutet, in einer digitalen Welt Mensch zu sein, und wie wir als Menschheit in und durch die Digitalisierung zusammenleben wollen oder sollten.

Kant'sche Fragen zur Zukunft der Wissensarbeit

Die Antworten auf diese vier „Lebensfragen" ziehen sich als Leitlinie durch dieses Buch. Machen wir eine Bestandsaufnahme:

Das erste Kapitel befasste sich mit der Frage: Was kann ich wissen über die Wissensarbeit mit ChatGPT? Anhand mehrerer Arbeits- und Tätigkeitsgebiete erläuterten wir, bei welchen Aufgaben ChatGPT ab sofort eine Rolle spielt. Damit wird klar, warum ChatGPT mehr ist als einfach ein neues Produkt oder ein neuer Internetdienst. Wie im Brennglas zeigt es bereits heute, was und wie etwas Neues zukünftig an ganz vielen Stellen von Wirtschaft, Politik und Gesellschaft Einzug halten wird: Die Simulation des natürlichsprachlichen Dialogs mit Maschinen, der von dem zwischen Menschen immer weniger zu unterscheiden sein wird. Warum das so ist, erkläre ich noch eingehend.

In diesem zweiten und dem dritten Kapitel widme ich mich der generellen Rolle von ChatGPT für die Wissensarbeit. Und ich suche Antworten auf folgende Kant'sche Frage unter dem Eindruck der Digitalisierung: Was darf ich hoffen, welche Bedeutung die Fähigkeiten ChatGPT für die Wissensarbeit spielen werden? Denn je besser ein Wissensarbeiter versteht, wie ChatGPT und zukünftig bald bessere KI-Assistenten tatsächlich funktionieren, desto eher wird er Antworten finden auf die Herausforderungen, die daraus erwachsen.

Im vierten Kapitel wende ich mich der letzten Kant'schen Frage zu: Was soll ich tun mit Wissensarbeit durch ChatGPT? Hier zeige ich eine praktische Anleitung, wie jeder Wissensarbeiter seine Tätigkeit im Angesicht von ChatGPT neu interpretieren kann. Damit erhält er Hinweise, warum und wie er sich auf diese neue Welt am besten einstellen kann.

Richtige Fragen und richtige Antworten

Eines sollte bis hier bereits deutlich geworden sein: Der Einsatz von ChatGPT in der Wissensarbeit führt nicht schnurstracks zu einem einfachen Werkzeug, dass *Antworten* liefert. Dessen vornehmliche Aufgabe besteht darin, Wissensarbeitern zu helfen, bessere *Fragen* zu stellen. Denn richtige Antworten bleiben wertlos, solange die Frage falsch ist. Ein Beispiel verdeutlicht, was genau damit gemeint ist.

„*Was ist die effektivste Art und Weise, das Gewicht zu reduzieren?*" Eine vermeintlich offensichtliche Antwort lautet: „*Reduzieren Sie Ihre Kalorienaufnahme und erhöhen Sie Ihre körperliche Aktivität.*" Diese Antwort könnte jedoch das Problem verdecken, das dem Gewichtsproblem zugrunde liegt. Sinnvoller wäre es also, viel klügere Fragen zu stellen wie zum Beispiel: „*Warum habe ich gerade in letzter Zeit an Gewicht zugenommen?*", „*Welche Auswirkungen haben Essgewohnheiten auf mein Gewicht?*", „*Wie kann ich körperlich aktiv sein, ohne mich zu überanstrengen?*" oder „*Was kann ich tun, um meine Motivation aufrechtzuerhalten?*" Erst durch kluge Fragen gewinne ich ein Verständnis für das Grundproblem und werde bessere Entscheidungen treffen, um das Gewicht zu reduzieren. Und wem diese Fragen nicht einfallen, der setzt seiner ersten Frage diese Anweisung von ChatGPT voraus: „*Wenn ich von nun an eine Frage stelle, dann finde stattdessen eine noch bessere Frage.*"[239]

Sehr gute Fragen zu stellen ist gleichbedeutend damit, die richtigen Probleme zu lösen. Und natürlich kann ChatGPT dabei helfen. Aber verstehen muss man trotzdem, warum das nötig ist. Das ist nicht so schwer, wie es vielleicht scheint. Die Idee des *Doppelten Diamanten* erklärt, was gemeint ist. Er teilt den gedanklichen Prozess des Problemlösens auf in vier Schritte (Abbildung 5).[240] Als visuelles Rahmenwerk hilft der Doppelte Diamant, komplexe Probleme wirklich zu durchdringen und erst dann nach Lösungen zu suchen. Die beiden „Diamanten" repräsentieren jeweils Zeiten des „Erkundens" und „Verdichtens" von Information, Daten und Ideen, die in jeder dieser Phasen auftreten. Deutlich zu erkennen ist, dass am Anfang nicht etwa das Problem steht, sondern lediglich der Impuls dazu, eine Vermutung oder einen Verdacht zu äußern, was das Problem sein könnte.

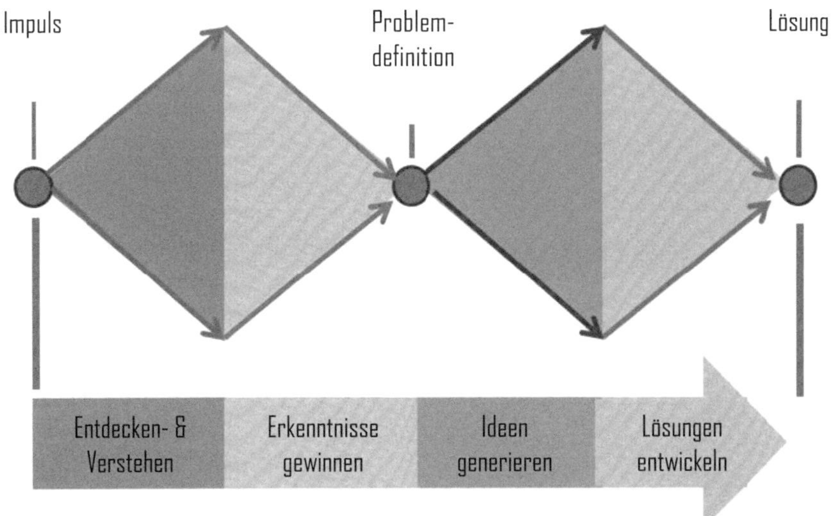

Abbildung 5: Doppelter Diamant

Die erste Phase, „Entdecken und Verstehen", konzentriert sich ausschließlich auf das Verständnis des Problems. Lösungen bleiben tabu – auch wenn das den meisten Menschen unendlich schwerfällt. Der Fokus bleibt breit und offen, um so viel Information, Perspektiven und Kontext wie möglich zu sammeln. Es geht darum, das „richtige Problem" zu identifizieren, anstatt sich vermeintlich offensichtlicher Lösungen zuzuwenden. Die zweite Phase, „Erkenntnisse gewinnen", ist der Punkt, an dem die gesammelte Information analysiert und synthetisiert wird, um das eigentliche Problem zu erkennen („Problemdefinition"). Der Fokus wird enger, um das „richtige" aus vielen vielleicht interessanten, aber nebensächlichen Problemen auszuwählen. Die dritte Phase „Ideen generieren" markiert den Übergang in den zweiten Diamanten. Sie konzentriert sich auf das Finden von Ideen. Der Fokus verbreitert sich wieder, um eine Vielzahl *möglicher* Lösungen zu generieren – sehr oft ist nicht die offensichtlichste auch die Beste. Die vierte und letzte Phase, „Lösungen entwickeln", ist der Moment, an dem die beste Lösung ausgewählt und weiterentwickelt wird. Der Fokus verengt sich wieder, man strebt einer konkreten Lösung entgegen. Dieser Ansatz stellt sicher, dass man nicht in die Falle tappt, wirklich brillante Lösungen zu entwickeln, für die es gar kein Problem gibt.

In der Wissensarbeit geht es meist nicht darum, Antworten schnell zu finden. Sondern wichtig ist, zuerst einmal kluge Fragen zu stellen – um daraus das eigentliche Problem zu identifizieren und anschließend bessere Entscheidungen zu treffen. Wer die richtigen Fragen stellen kann, darf darauf vertrauen, dass ihm gute Antworten in den Schoß fallen. Dabei kann ihm ChatGPT helfen, indem es beispielsweise die Problemdefinition prüft oder viele mögliche Lösungsaspekte sammelt. Er ist gerüstet „für das Leben mit ChatGPT".[241] Aber wie werden sich bestimmte Berufsprofile verändern, wenn ChatGPT und KI Einzug halten?

Evolutionspfade der Wissensarbeit

Die beiden Management-Professoren Scott Latham und Beth Humbard diskutieren, wie Berufe auf die Automation durch KI reagieren werden.[242] Sie argumentieren, eine Bedrohung für einen bestimmten Beruf hänge von zwei Hauptfaktoren ab: Einerseits der dafür notwendigen Fähigkeiten (X-Achse), und andererseits von der Art und Weise, wie Resultate einer Arbeit anderen verfügbar gemacht würden (Y-Achse). Deshalb prognostizieren sie, dass alle Berufe sich in vier Kategorien aufteilen lassen werden (Abbildung 6).

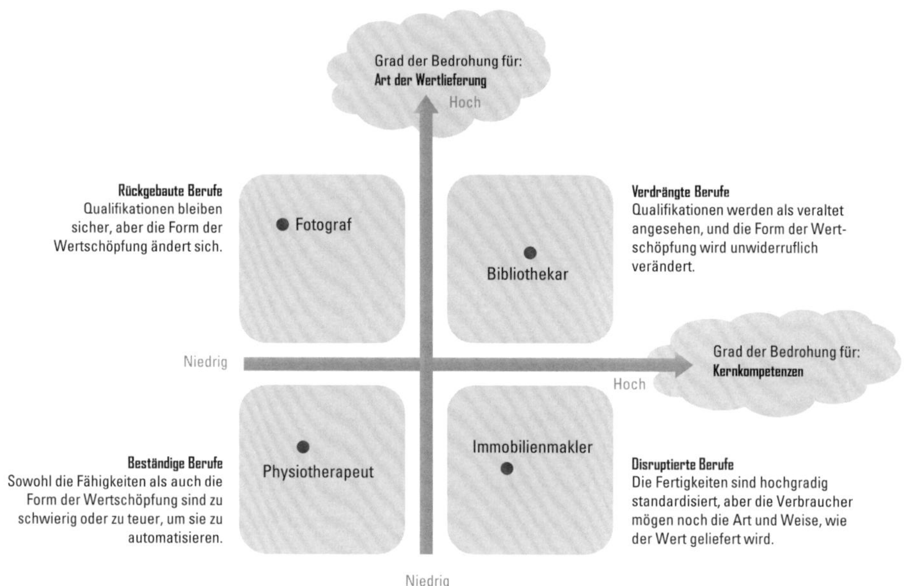

Abbildung 6: Vier Evolutionspfade für die Wissensarbeit (in Anlehnung an Latham/Humbert)[243]

Die Ausführungen von Latham und Humbert gelten für jeden Beruf. Wir beziehen die folgenden Überlegungen aber speziell auf die Kategorie der Wissensarbeit.

- *Rückgebaute Berufe*: Diese Berufe benötigen Kernkompetenz, die nicht digitalisierbar ist, aber die „Art der Auslieferung“ befindet sich im Umbruch. Nehmen wir als Beispiel den Fotografen. Die Kernkompetenz eines Fotografen ist die Komposition von Bildern. Sie bleibt bestehen – trotz hochwertiger KI-Kameras und KI-Software zur nachträglichen Bildbearbeitung. Allerdings werden Fotografen beispielsweise Plattformen nutzen, um ihr Geschäft abzuwickeln oder soziale Medien zu bespielen.
- *Verdrängte Berufe*: Diese Berufe erfordern Kernkompetenz, die als überflüssig angesehen wird und verändern sich unwiderruflich. Typisch dafür ist etwa die Tätigkeit eines Bibliothekars. Durch die vollständige Digitalisierung von Büchern

und die Verfügbarkeit von Datenbanken und Suchmaschinen werden die traditionellen Aufgaben eines Bibliothekars wie das Katalogisieren von Büchern und das Beantworten von Informationsanfragen obsolet. Wesentliche Tätigkeiten seiner Arbeit werden vollständig durch Maschinen übernommen.

- *Disruptierte Berufe*: Dies sind Berufe, deren Fähigkeiten hoch standardisiert sind. Aber der Konsument möchte die Resultate in der heute bekannten Art erhalten. Ein Beispiel dafür ist etwa ein Immobilienmakler. Seine Kernkompetenz ist das Auffinden von Immobilien und das Verhandeln von Preisen. Diese Anteile seiner Tätigkeit könnten KI-gestützte Werkzeuge übernehmen. Dennoch bevorzugen die Kunden möglicherweise das persönliche Maklergespräch, weil sie dem vermeintlich warmherzigen Ratschlag eines Experten eher vertrauen als der nüchternen Analyse einer KI.
- *Beständige Berufe*: Hierunter fallen Berufe, bei denen weder Kernkompetenz noch die Form der Wertlieferung ernsthaft durch Digitalisierung bedroht sind. Ein Beispiel ist der Physiotherapeut. Das Durchführen körperlicher Behandlungen und das Anleiten von Patienten bleibt gefragt. Technische Alternativen sind aus vielen Gründen nicht möglich oder attraktiv. Zudem ist die persönliche Interaktion zwischen Physiotherapeuten und Patienten ein wesentlicher Bestandteil der Therapie, der auf absehbare Zeit nur schwer zu automatisieren ist.

In mindestens drei der vier erläuterten Beispiele erkennen wir große Anteile von Wissensarbeit. Die Autoren dieser Idee betonen, es reiche nicht aus, einfach alle Arbeitnehmer aufzufordern, sich kontinuierlich weiterzubilden. Vielmehr müssten Arbeitnehmer die Schlüsselfaktoren hinter jedem Pfad verstehen, in die sich ihr Tätigkeitsfeld entwickeln könnte. Ihr Fazit lautet: **„Das Verständnis von Kernkompetenz und der Form der Wertlieferung als Schlüsselkategorien der Analyse wird Arbeitnehmern aller Art helfen, auf die derzeit stattfindenden Veränderungen in der Arbeitswelt zu reagieren – und solche Herausforderungen zu bewältigen, die unmöglich vorherzusagen sind.“**[244]

Kapitel kompakt

- *DigiKant* ist die moderne Interpretation von Immanuel Kants vier philosophischen Grundfragen. Es ist ein Versuch, Fragen nach Wissen, Moral, Hoffnung und Menschsein im Kontext von technischem Fortschritt und gesellschaftlicher Veränderung frisch zu interpretieren und zu beantworten.
- Die „Kant'schen Fragen zur Zukunft der Wissensarbeit" beleuchten die Rolle von KI wie ChatGPT für die Wissensarbeit. Sie zeigen Wege auf für ein mögliches Verständnis von Wissensarbeit in der Ägide der KI.
- Ein Großteil von Wissensarbeit ist und bleibt das Ergründen der „richtigen Frage", bevor man nach Lösungen sucht. Der *Doppelte Diamant* ist ein Ansatz, durch systematisches Vorgehen das vorschnelle Finden von Lösungen auf das „richtige" Problem zu lenken, und erst dann mögliche Lösungen in Betracht zu ziehen.
- Digitale Automation betrifft Wissensarbeit auf unterschiedliche Weise. Anhand der Faktoren Kernkompetenz und Art der Wertlieferung lassen sich vier verschiedene, mögliche Entwicklungen für jeden Beruf aufzeigen. Jede Wissensarbeit wird in einem dieser Evolutionspfade landen, man muss sich darauf einstellen.

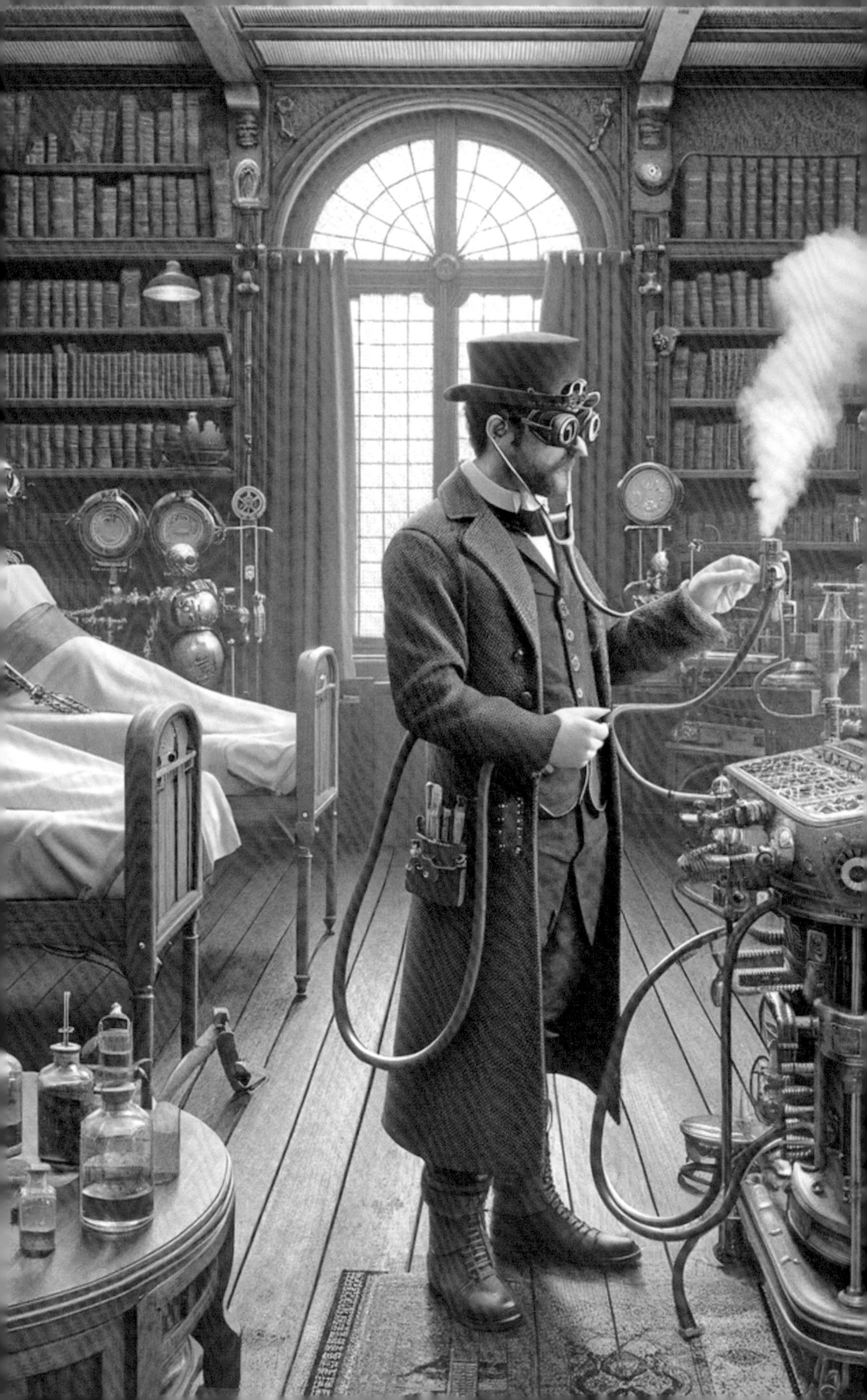

TEIL III

Stochastische Papageien. Wie spricht ChatGPT?

KAPITEL 11

Mit Sprache die Welt verstehen

„Fortschritt heißt, im Universum aller sagbaren Sätze jene nicht mehr zu verwenden, die sich als überholt oder nicht mehr mit den Fakten vereinbar erwiesen haben.“
– Anton Schneider

Wenn Papageien reden

„Hallo!“ – *„Wie geht es Dir?“* – *„Ich habe Durst!“* Das sind Sätze, die man einem Papageien zutraut. Aber können Papageien wirklich sprechen? Oder Tiere generell? Zumindest Papageien, Krähen und Raben scheinen manchmal zu sprechen. Aber führen sie Gespräche? Kommunikation ist es auf jeden Fall. Denn Papageien lernen tatsächlich Wörter und Sätze – und sie tun das während ihres gesamten Lebens. Ein genauerer Blick enthüllt allerdings Probleme: Eine Studie mit 877 Papageien ergab, dass das Sprachrepertoire älterer Vögel nicht unbedingt größer war als das der jüngeren.[245] Die Sprachfähigkeit der Tiere hängt außerdem stark ab von ihrer Art: Graupapageien etwa beherrschen das umfangreichste Vokabular. Aber auch die „lernen“ nur durch die Interaktion mit dem Besitzer – und nicht durch ihre Artgenossen. Biologen glauben, dass Papageien tatsächlich die Bedeutung von Worten oder Phrasen überhaupt nicht verstehen – es sieht nur so aus. Denn die Wissenschaftler gestehen ihnen zu, Sprechkontexte aufmerksam zu verfolgen und Verbindungen zwischen Wörtern oder Phrasen herzustellen. Das erklärt beispielsweise, weshalb ein Papagei *„Wie geht es Dir?“* krächzt, sobald eine Person den Raum betritt. Keineswegs fragt er damit nach dem Wohlbefinden des Eintretenden. Stattdessen ahmt er Worte nach, die er oft gehört hat, sobald jemand die Tür passiert. Der Papagei stellt eine Verbindung her zwischen dem Betreten des Raumes und der Phrase *„Wie geht es Dir?“* Dieses Nachahmen von Klängen, die man viele Male zuvor gehört hat, bezeichnen Biologen als Mimikry.[246] Es eröffnet Papageien eine einfache Möglichkeit, Aufmerksamkeit von ihren Besitzern zu erheischen. Was Menschen als „Sprechen“ zu erkennen glauben, ist lediglich die Imitation jeder Art von Geräusch, ob Sprache, quietschende Türen oder bellende Hunde. Papageien wissen nicht, was sie sagen.

Papageien lernen durch Training sprechen, ohne den Sinn zu verstehen. ChatGPT macht genau dasselbe. Was Biologen als Mimikry bezeichnen, nennen Ingenieure

maschinelles Lernen. Es ist der Grund, warum die Informatikerin Emily Bender Chatbots als „stochastische Papageien" bezeichnet.[247] Sie meint, Menschen hätten zwar gelernt, Maschinen zu bauen, die gedankenlos Text erzeugten – aber wir hätten leider nicht aufgehört, dahinter eine intellektuelle Absicht zu vermuten.[248]

Denken wir nur das, was wir sprechen können?

The Arrival ist ein Science-Fiction-Film, der im Jahr 2016 unter Linguisten Herzklopfen erzeugt:[249] An zwölf verschiedenen Orten auf der Erde landen unbekannte Raumschiffe. Die Sprachwissenschaftlerin Louise Banks wird von der US-Regierung beauftragt, mit den Außerirdischen Kontakt aufzubauen. Sie beginnt, sich die Alien-Sprache anzueignen und zu übersetzen. Die Geschichte nimmt eine unerwartete Wendung, als Louise erkennt, dass die Außerirdischen in ihrer Sprache – anders als die meisten menschlichen Sprachen – nur ein Sprachkonstrukt für Vergangenheit, Gegenwart und Zukunft verwenden. Weil Louise sich die Sprache der Außerirdischen aneignet, erlangt sie die Fähigkeit, in die Zukunft zu sehen.

Im Kern handelt diese Geschichte davon, eine sehr bekannte Sprachtheorie dramaturgisch auszuspinnen. Sie heißt die *Sapir-Whorf-Hypothese*[250] und behandelt ein Thema, das Sprachexperten schon lange umtreibt. Benannt nach den Sprachwissenschaftlern Edward Sapir und Benjamin Lee Whorf entsteht sie bereits in den 1920er- und 1930er-Jahren. Obwohl die Hypothese im Laufe der Jahre modifiziert und angefochten wird, gilt sie immer noch als wichtige Idee in der Linguistik und in den Sozialwissenschaften, auf die sich viele Sprachwissenschaftler beziehen.

Die Sapir-Whorf-Hypothese besagt, dass die Sprache, die wir sprechen, unser Denken und die Wahrnehmung der Welt beeinflusst. Es existieren aber zwei Versionen: Die starke Version behauptet, dass Sprache durch Denken vollständig festgelegt sei, während die schwache Version relativiert, dass Sprache zwar Einfluss auf Denkmuster und Wahrnehmung nehme, aber sie nicht vollständig determiniere.

Ein einfaches Beispiel erklärt das: Unterschiedliche Sprachen haben jeweils unterschiedliche Konzepte für die aus unserem Alltag unterschiedlichen Farben *Blau* und *Grün*. In vielen westlichen Sprachen gibt es zwei Worte dafür, während es in anderen Sprachen wie dem Russischen nur ein Wort für beide Farben gibt (russ.: зелёный – *zelionyj*).[251] Das müsste bedeuten, dass Russen nicht zwischen Blau und Grün unterscheiden. Denn ihre Sprache hat gar keine Worte dafür. Und diese Logik gilt nicht nur für das Farbensehen, sondern auch für das Zeitverstehen.

Es gibt Sprachen, die keine expliziten Zeitformen für die Zukunft kennen. In diesen Sprachen spricht man nur allgemein oder indirekt über die Zukunft. Im Chinesischen etwa wird Zukunft durch die Partikel 会 *(huì)* oder 要 *(yào)* ausgedrückt, je nach Kontext.[252] 会 wird verwendet, um eine Absicht oder eine Vorhersage auszudrücken, 要 eher für einen Plan. Beide Partikel können aber auch für den Ausdruck von Verpflichtungen oder Gewohnheiten verwendet werden. Das Chinesische besitzt also tatsächlich keine grammatikalische Zukunft wie etwas das Deutsche, sondern drückt sie durch Kontext und Partikel aus. Das hieße, dass Chinesen anders über die Zukunft nachdenken als Menschen, die Sprachen sprechen, deren Sprachschatz spezifische Zeitformen für die Zukunft umfasst.

Beide Beispiele zeigen, wie die Sprache Denken und Wahrnehmen verändert, wenn dem Sprechen unterschiedliches Vokabular zugrunde liegt oder nur indirekte Sprachkonstrukte verfügbar sind, um eine Lebenserfahrung auszudrücken. Die Sapir-Whorf-Hypothese hat einen bedeutenden Einfluss auf das Verständnis der Rolle von Sprache auf das menschliche Denken und die Wahrnehmung, sie wird aber immer wieder kritisiert und infrage gestellt: Es ist schwierig, sie empirisch zu überprüfen, und es gibt keine einfache Tests, um sie zu bestätigen oder zu widerlegen. Ein weiteres Problem ist, dass die Hypothese oft vereinfacht oder missverstanden wird. Bisherige Studien bleiben ambivalent. Sie ist und bleibt trotz wichtiger Ideen und viel Forschung ein umstrittenes und komplexes Thema, das weitere Untersuchungen erfordert.[253] Warum dieser lange Ausflug in eine den meisten nicht einmal dem Namen nach bekannte Petitesse von Linguisten?

Sollte sich die Sapir-Whorf-Hypothese eines Tages bestätigen, hätte das große Konsequenzen für das Entwickeln von Chatbots wie ChatGPT. Chatbot-Entwickler wären gezwungen, sich stark auf kulturelle Unterschiede zu konzentrieren und sicherzustellen, dass ihre Modelle in verschiedenen Sprachen und kulturellen Kontexten angemessen funktionieren. Die Komplexität des Programmierens würde sich dadurch drastisch erhöhen. Außerdem wäre es notwendig, Chatbots in vielen grammatikalisch sehr unterschiedlichen Sprachen zu trainieren. Nur so ließe sich ein großes Spektrum an Denkweisen und Perspektiven abdecken, das in diesem Fall in besonderem Vokabular oder einer besonderen Grammatik versteckt wäre. Denn nur auf diese Weise ließe sich die Qualität und Vielfalt der generierten Antworten verbessern.

Wenn die Sapir-Whorf-Hypothese dagegen widerlegt würde, hätte das andere Konsequenzen: Wenn Sprache und Denken weniger stark miteinander verknüpft wären, könnten Entwickler stärker auf universelle kognitive Strukturen und Prozesse schielen, die unabhängig von der konkreten Sprache ähnlich funktionieren würden. Die Widerlegung der Hypothese würde das Entwickeln von Chatbots stark vereinfachen. Denn es müsste weniger Fokus auf kulturelle und sprachliche Anpassung gelegt werden. Das könnte zu einer beschleunigten Entwicklung und Verbreitung von Chatbots führen. Denn Chatbots würden in verschiedenen Sprachen ähnliche Benutzererfahrungen bieten – ohne dass sie an die jeweilige Sprache angepasst worden wären.

Wir werden sehen, ChatGPT liegt eine Technik zugrunde, die sehr davon profitieren würde, wenn sich die Sapir-Whorf-Hypothese erledigen würde.

Bereits die Idee der Sapir-Whorf-Hypothese hat uns viel darüber gelehrt, wie Sprache uns als Menschen prägt. Die Erforschung der Sprache ist aber weitergegangen. Eine andere Theorie behauptet, dass es eine Art von „vorprogrammierter" Sprache im Gehirn gibt, die es möglich macht, sich alle menschlichen Sprachen anzueignen. Der Linguist Noam Chomsky nennt seinen Ansatz die *Universalgrammatik*.[254] Er entwickelte diese Ideen in den 1950er-Jahren und postuliert, der Mensch sei damit bereits biologisch seit Geburt ausgestattet. Die Universalgrammatik helfe ihm, jede Sprache zu erlernen und zu produzieren. So sei jedes Kind in der Lage, jede Sprache zu erlernen. Laut Chomsky funktionieren alle menschlichen Sprachen auf der Grundlage gleicher Prinzipien. Aber er lässt auch Variationen gelten, die von Sprache zu Sprache unterschiedlich sind und sich in spezifischen Regeln und Merkmalen ausdrücken. Allerdings würden diese Variationen von der Umgebung und der Kultur beeinflusst, in die der Gebrauch einer Sprache eingebettet sei. Chomsky vertritt die These, dass alle menschlichen Sprachen auf der gleichen angeborenen Grammatik basieren, die in unserem Gehirn angelegt ist. Was ihn allerdings nicht davon abhielt, im März 2023 eine Fundamentalkritik an ChatGPT und technischen Sprachmodellen zu formulieren.[255]

Sprachtheorien lehren, wie Sprache unser Denken und Handeln beeinflusst. Aber Sprache ist nur ein Teil des komplexen Prozesses, in dem Menschen miteinander kommunizieren. Kommunikation ist mehr als das Verwenden von Sprache. Es beinhaltet auch nonverbale Signale, kulturelle Normen und Kontext. Und das ist wichtig, weil daraus sehr viel abzuleiten ist über die Bedingungen, unter denen Menschen und Maschinen überhaupt in den Dialog miteinander treten. Darum widmen wir uns im Folgenden zwei unterschiedlichen Perspektiven, was Kommunikation überhaupt sein kann – und welche Konsequenzen das jeweils für die technische Idee von ChatGPT haben würde.

Handeln oder Sein? Wie Menschen kommunizieren

Theorien über Kommunikation untersuchen, wie Menschen sich austauschen, Bedeutung schaffen und teilen und welche Faktoren zum Gelingen von Kommunikation beitragen. Sich damit zu befassen, erweitert unser Verständnis vom menschlichen Denken, und wir können unsere Beziehung zu anderen Menschen besser gestalten und Missverständnisse vermeiden. Und wir werden sehen, dass es überraschenderweise ähnlicher Kompetenzen braucht, um unsere Interaktion mit den Maschinen der Zukunft zu gestalten. Denn die wird sich immer mehr an das anlehnen, was wir bisher nur als Kommunikationsprozesse zwischen Menschen, in Gruppen und in Gesellschaften kennen.

Im Laufe der Zeit haben sich in den Sozialwissenschaften zwei Schulen etabliert, um menschliche Kommunikation zu erklären. Beide nehmen jeweils andere Perspektiven ein. Es sind die handlungsorientierte und die systemorientierte Kommunikation.[256]

- *Handlungsorientierte Kommunikation* ist instrumentell, um konkrete Ziele zu erreichen. Es geht darum, sich klar, präzise und effektiv auszudrücken, um ein gewünschtes Resultat zu erzielen. Kommunikation überträgt Information zwischen Sender und Empfänger von einer Person zur anderen. Ein Beispiel dafür ist eine Verhandlung, bei der die Beteiligten versuchen, einen Vertrag abzuschließen oder eine Entscheidung zu treffen. Ein anderes ist die Geschäftspräsentation: Der Vortragende möchte eine Investition einwerben oder von einer Idee überzeugen. Dafür muss seine Kommunikation klar und eindeutig sein, um die Zuhörer zu gewinnen und zu einer gewünschten Handlung zu motivieren. Dafür setzt der Vortragende Sprache und visuelle Hilfsmittel gezielt ein, um den Zuhörern seine Ziele als attraktiv erscheinen zu lassen. Er vermittelt den Zuhörern, dass sein Angebot dem Erreichen der eigenen Ziele nützlich sei.

- *Systemorientierte Kommunikation* hingegen betrachtet Kommunikation als Teil eines größeren Systems. Der Sozialwissenschaftler Niklas Luhmann hat diese Theorie zur Kommunikation entwickelt und in vielen Jahren Forschung vertieft.[257] Sie betrachtet nicht die Inhalte, sondern legt den Fokus auf die Strukturen und Prozesse der Kommunikation selbst. Es geht nicht um Ziele. Im Mittelpunkt steht allein die Frage, welchen Nutzen Kommunikation innerhalb eines Systems hat und wie sie für diesen Zweck zu optimieren und zu verbessern sei. Ein Beispiel für systemorientierte Kommunikation ist der Blick auf die Kommunikation innerhalb eines Unternehmens, z. B. zwischen mehreren Abteilungen und Ebenen der Hierarchie. Das Unternehmen könnte etwa die Hypothese aufstellen, dass ein neues IT-System den Informationsaustausch zwischen den Abteilungen durch mehr Effektivität und Effizienz verbessern würde. So könnte es zum Beispiel automatisierte Benachrichtigungen und Erinnerungen senden, um termingerechtes Erledigen von Aufgaben und Projekten zu garantieren. Durch dieses System könnte Kommunikation zwischen den Abteilungen reibungsloser ablaufen und das Unternehmen könnte besser zusammenarbeiten, um seine Ziele zu erreichen.

Welche Art von Kommunikation praktiziert ChatGPT, wenn es mit Menschen kommuniziert? Auf den ersten Blick ist sie offensichtlich handlungsorientiert: Ein Benutzer stellt eine Frage und bekommt eine Antwort zurück. Denn das ist eine direkte Reaktion auf das, was der Benutzer erfragt. Die Antwort bringt den Benutzer einem Ziel näher, das seiner Frage zugrunde liegt. Die Dinge liegen allerdings weit komplizierter. **Tatsächlich ist ChatGPT der Inbegriff einer systemorientierten Kommunikation im Sinne Luhmanns.** Er betrachtet Kommunikation als den Austausch von Zeichen zwischen verschiedenen Systemen. Dabei ist ihm egal, ob es sich um Kommunikation zwischen Menschen, zwischen Maschinen oder zwischen Menschen und Maschinen handelt. In diesem Sinne würde Luhmann ChatGPT als Teil eines Systems betrachten, das durch vordefinierte Regeln und Algorithmen auf Benutzeranfragen reagiert. Die Kommunikation findet zwischen dem Benutzer und ChatGPT statt. Der gibt Zeichenketten ein, die Maschine antwortet mit anderen Zeichenketten. Das Mensch-Maschine-System verarbeitet die Zeichen und es entstehen Antworten, die auf den Regeln und Algorithmen basieren, die seinem Aufbau gemäß hinterlegt sind. Diese Mechanik ist autonom und unabhängig von der Person, die das System bedient. Der Dialog ist auch losgelöst von sozialen Beziehungen oder Gefühlen. Vielleicht das Wichtigste ist: **ChatGPT verfolgt keinen eigenen Zweck, besitzt keine Intention, etwas zu wollen**

oder ein Ziel zu erreichen. Es reagiert auf Benutzereingaben, weil die Algorithmen so etwas vorsehen. Wir werden später sehen, dass ChatGPT seine Antwort überhaupt nicht „versteht" im Sinne von Begreifen. All das macht jeden Dialog mit ChatGPT zu einem Prototyp für systemorientierte Kommunikation, an der der im Jahr 1998 verstorbene Niklas Luhmann seine helle Freude gehabt hätte.

Aber ist es so einfach, die Funktion von ChatGPT zu erklären? Führt der Chatbot tatsächlich Gespräche ohne Inhalt oder Absicht? Denn zumindest muss er dann ja Gespräche mit Menschen zumindest sehr, sehr gut zu imitieren. Dazu braucht es ein Verständnis davon, was ein richtiges Gespräch überhaupt ausmacht – selbst wenn es geflunkert ist.

Kommunikationstheorien beschäftigen sich mit der Art und Weise, wie Menschen Information austauschen. Wie läuft diese Kommunikation genau ab? Eine Theorie, die sich der Bedeutung von Zeichen und Symbolen annimmt, ist das *Semiotische Dreieck*. Es ist ein Modell, das die Beziehung zwischen einem Zeichen, seinem Referenten und seinem Interpretanten beschreibt (Abbildung 7). In den 1930er-Jahren wurde es von dem amerikanischen Philosophen Charles W. Morris entwickelt.[258]

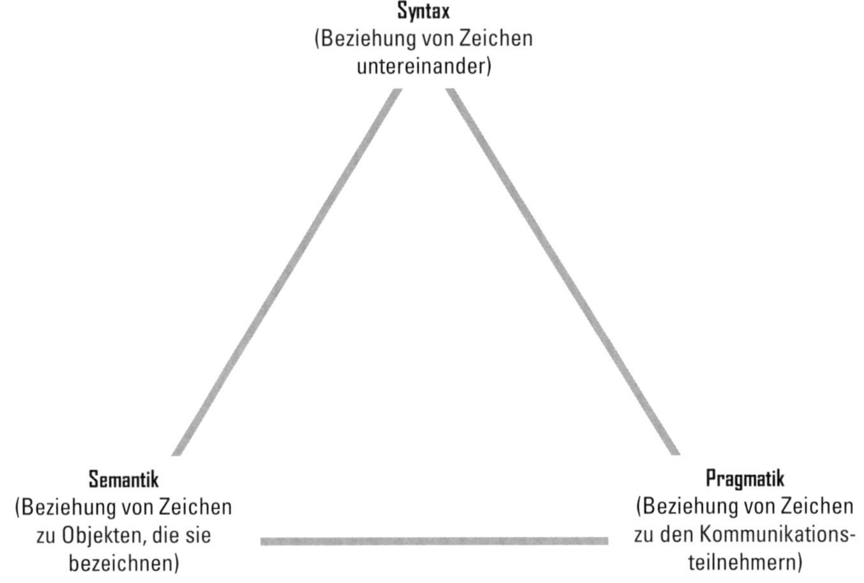

Abbildung 7: Semiotisches Dreieck nach Morris

Morris argumentiert, dass ein Zeichen (z. B. ein Wort, ein Bild oder eine Geste) in einer dreifachen Beziehung steht: Erstens zu dem Objekt oder *Referenten*, auf den es sich bezieht; zweitens zu dem *Interpretanten* oder der Bedeutung, die es für den Benutzer hat; und drittens zu den anderen Zeichen in dem System, zu dem es gehört. Ein einfaches Beispiel für das semiotische Dreieck ist das Wort „Hund". Der Referent des Wortes Hund ist das tatsächliche Tier, auf das es sich bezieht. Der Interpretant ist die Vorstellung oder Bedeutung, die das Wort Hund für den Benutzer des Worts hat, wie etwa ein vierbeiniges, bellendes Haustier. Und schließlich gibt es andere Zeichen im System, zu dem das Wort Hund gehört, wie z. B. andere Wörter für Tierarten wie Katze oder Vogel.

Für unsere Zwecke spielen Morris Begriffe der *Semantik*, *Syntax* und *Pragmatik* eine besondere Rolle. Denn sie erklären, welche Herausforderungen ChatGPT bewältigt, wenn es vermeintlich Sprache versteht und selbst erzeugt.

Die Semantik beschäftigt sich mit der Bedeutung von Zeichen und deren Referenten. Sie betrachtet, wie Zeichen auf Dinge in der Welt verweisen und welche Bedeutung sie haben. Im semiotischen Dreieck nach Morris bezieht sich die Semantik auf den Referenten des Zeichens. Wie erfasst der Chatbot die Bedeutung von Worten in einem Text?

Die Syntax beschreibt die Regeln, die die Kombination von Zeichen in einer Sprache bestimmen. Sie betrachtet, wie Zeichen innerhalb eines Systems strukturiert sind, und wie sie miteinander verbunden werden. Im semiotischen Dreieck bezieht sich die Syntax auf die anderen Zeichen im System. Wie stellt es ChatGPT an, einerseits die Einlassungen eines Benutzers grammatikalisch zu interpretieren, andererseits selbst eine grammatikalisch richtige Antwort zu formulieren?

Die Pragmatik betrachtet die Bedeutung von Zeichen im Kontext ihrer Verwendung durch den Benutzer. Sie beschäftigt sich mit der Frage, wie Zeichen in bestimmten Situationen verwendet werden, und wie ihre Bedeutung durch die Umstände beeinflusst wird. Im semiotischen Dreieck bezieht sich die Pragmatik auf den Interpretanten des Zeichens. Die mit Blick auf ChatGPT relevante Frage lautet: Wie erkennt der Chatbot den relevanten Kontext zu einer Frage?

Für die menschliche Sprache spielen Semantik, Syntax und Pragmatik eine herausragende Rolle. Erst wenn Menschen die Beziehung zwischen Zeichen, Referenten und Interpretanten verstehen, erfassen sie die Komplexität der Bedeutung von Zeichen. Die genaue Unterscheidung dieser drei Aspekte Semantik, Syntax und Pragmatik ist sehr wichtig. Sonst passieren nämlich merkwürdige Dinge.

Vergleichende Illusionen in Wort und Bild

Maurits Cornelis Escher – bekannt als M.C. Escher – war ein niederländischer Grafiker.[259] Er wird als einer der ungewöhnlichsten Künstler des 20. Jahrhunderts betrachtet. Eschers Werk zeichnet sich durch komplizierte Designs aus, die aus mathematischer Präzision entstehen. Er zeigt in seinen Grafiken in der Wirklichkeit unmögliche Konstruktionen, Fliesenmuster oder Metamorphosen, die er durch einen akribischen Prozess des Zeichnens, Gravierens und Druckens erschafft. Durch seine Kunst zwingt

Escher uns, die Wahrnehmung von Realität zu überprüfen. Findet sich das, was Eschers Bilder ausmacht, auch in der Sprache? Tatsächlich lassen sich die Kernideen der künstlerische Idee von M.C. Escher übertragen.

Abbildung 8: Eine einfache, paradoxe Figur im Stile von M.C. Escher, das Penrose-Dreieck[260]

In der Linguistik spricht man dann von *vergleichenden Illusionen* oder – „Escher-Sätzen".[261, 262] Sowohl in der visuellen als auch in der sprachlichen Wahrnehmung treten Verzerrungen auf, die uns dazu bringen, die Welt auf ungewöhnliche Weise zu sehen und zu verstehen. In der Sprache bezieht sich das auf Fälle, in denen ein Satz oder ein Ausdruck auf den ersten Blick eine bestimmte Bedeutung zu haben scheint – aber bei genauer Betrachtung einen Widerspruch offenbart. Hier zwei Beispiele.

- *„Der Junge, den der Mann schlägt, weint."* ist ein Paradox. Es entsteht, weil zwei Bedingungen gleichzeitig zutreffen müssen: Der Junge muss von dem Mann geschlagen werden – und der Junge muss weinen. Die Aussage scheint auf den ersten Blick wahr zu sein. Es ist plausibel, dass ein Junge weint, der von einem Mann geschlagen wird. Das Paradox entsteht, weil es einen logischen Widerspruch enthält. Wir *hören* die wahrscheinliche Variante, aber eine andere erscheint auch möglich: Auch der Mann könnte weinen – unwahrscheinlich, aber möglich. Vielleicht hält der Junge seine Tränen zurück. Das Schlagen des Jungen und das Weinen des Jungen sind separate Ereignisse, die nicht kausal zusammenhängen. Auf den ersten Blick offensichtliche Aussagen können beim genaueren Hinsehen eine Mehrdeutigkeit enthalten.

- *„Ich habe nie gelogen."* Auf den ersten Blick erscheint die Aussage unkompliziert und wahrheitsgemäß. Bei genauem Blick wird sie jedoch selbstreferenziell – und ihr Wahrheitsgehalt fraglich: Wenn die Aussage stimmt, hat der Sprecher nie gelogen, was impliziert, dass die Aussage selbst wahr sein muss. Wenn die Aussage jedoch falsch ist, muss der Sprecher mindestens einmal gelogen haben – was der Aussage widerspricht. Das Paradox entsteht, weil die Aussage gleichzeitig wahr und falsch ist – je nachdem, wie der Leser sie interpretiert. Auch dieser einfache Satz zeigt, wie scheinbar einfache Aussagen paradox werden können, wenn sie sich auf sich selbst beziehen, und betont die Bedeutung präziser Sprache und logischer Konsistenz.

Die Existenz von Escher-Sätzen liefert uns Einblicke in die Grenzen und die Komplexität der Sprache und der Logik. Sprachliche Paradoxien lehren uns, dass die Sprache immer Grenzen hat, Wahrheit und Sinn zu beschreiben und zu vermitteln. Um verstanden zu werden, ist es notwendig, sich präzise und klar auszudrücken. Aber es reicht nicht aus. Escher-Sätze helfen, das Wesen ihrer Wahrheit und ihrer Bedeutung besser zu verstehen. Denn all das spielt eine Rolle, wenn wir von nun an durch natürliche Sprache mit Maschinen wie ChatGPT interagieren.

Aber in diesem Fall haben wir Glück. Das Training von ChatGPT basiert auf großen Mengen von Textdaten, die eine präzise Darstellung der Sprache und ihrer Regeln enthalten. Escher-Sätze sind darin glücklicherweise die Ausnahme und nicht die Regel. Wenn das Modell auf soliden Texten trainiert wird, konstruiert es auch grammatikalisch korrekte Sätze. Die Arbeitsweise von ChatGPT macht es unwahrscheinlich, dass Escher-Sätze entstehen.

Als KI-Modell ist ChatGPT darauf trainiert, menschenähnliche Sprache zu generieren und auf eine Vielzahl von Anfragen zu antworten. **Aber ChatGPT kann Fehler machen. Ein häufig beobachtetes Phänomen sind „Halluzinationen".**[263, 264] Diese treten auf, wenn ChatGPT Information liefert, die entweder ungenau, erfunden oder aus dem Zusammenhang gerissen ist. Das Sprachmodell reagiert manchmal auf unklare Anfragen, indem es Vermutungen anstellt oder Information ergänzt, die nicht explizit angefordert worden ist – und oft auch gar nicht existiert. ChatGPT kann überzeugend vorgeben, bestimmte Fakten zu kennen, obwohl es sie gar nicht gibt. Um Halluzinationen auszumerzen, gibt es verschiedene Ansätze. Zum Beispiel kann ChatGPT durch eine präzise Anfrage unterstützt werden, Missverständnisse oder Fehler zu verringern (in Kapitel 14 zeige ich, wie das geht). Hilfreich ist auch, auf unklare oder mehrdeutige Antworten explizit hinzuweisen und die Antwort zu korrigieren.

Escher-Sätze sind unwahrscheinlich bei ChatGPT, aber lehren etwas Anderes: Sie beleuchten die Notwendigkeit, im Gespräch mit Chatbots große Sorgfalt in der Formulierung walten zu lassen und sich präzise auszudrücken. Allein schon am Beispiel von Escher–Sätzen zeigen sich die vielen Nuancen menschlicher Kommunikation. ChatGPT und andere Chatbots können sie nur unzureichend abbilden, obwohl diese und andere

Phänomene Bestandteil menschlicher Sprache und Denkweise sind. Die ist nun zu einem bestimmten Grad mit Technik simulierbar, aber viele Aspekte werden sich auch auf lange Zeit nicht in Technik gießen lassen. Dennoch wird der Mensch fortfahren, sich Maschinen mittels natürlichsprachlicher Kommunikation Untertan zu machen. Und das hat eine interessante Vorgeschichte.

Kapitel kompakt

- Papageien imitieren menschliche Sprache, den Sinn der Worte verstehen sie nicht. Dieses Verhalten wird als Analogie für die Funktionsweise von ChatGPT verwendet. Chatbots simulieren menschliche Sprache durch maschinelles Lernen.
- Kommunikation ist komplex und geht über die bloße Verwendung von Sprache weit hinaus. Ein tiefes Verständnis von menschlicher Kommunikation ist nötig, um die Leistungsfähigkeit einer KI wie ChatGPT zu verstehen.
- ChatGPT praktiziert systemorientierte Kommunikation: Es reagiert auf Regeln und Algorithmen, verfolgt aber keine eigenen Ziele. Dafür simuliert es menschenähnliche Gespräche, basierend auf dem Verarbeiten von Zeichenketten – ohne die Bedeutung dieser Zeichenketten zu erfassen.
- „Escher-Sätze" sind ein linguistisches Konstrukt, das durch Selbstreferenz und Paradoxie unsere Wahrnehmung und unser Verständnis von Sprache und Realität herausfordert – und ChatGPT erst recht.

KAPITEL 12

Kleine Geschichte der Sprechmaschinen

„Endlich ein Computer, der dich versteht wie deine Mutter."
– Werbung von McDonnell Douglas, Flugzeughersteller

Ein Frauenkopf namens Euphonia

Ein erster, gut belegter Versuch für die Simulation menschlicher Sprache reicht zurück ins Jahr 1840. Der deutsche Erfinder Joseph Farber demonstriert eine Sprechmaschine namens *Euphonia*. Sie funktioniert, indem sie einen künstlichen Mund, Rachen, Zunge und andere Sprachorgane nachbildet. Angetrieben wird das Gerät von einer Handkurbel, die eine Mechanik in Gang setzt. Durch die Manipulation der künstlichen Organe konnte das Gerät Vokale und Konsonanten erzeugen und menschenähnliche Klänge imitieren. Die Bedienung der Euphonia erfolgte über eine Tastatur ähnlich einem Klavier. Jede Taste war mit einer bestimmten Klangposition der künstlichen Sprachorgane verbunden. Durch das Drücken der Tasten wurde das „Sprechen" von Wörtern und Sätzen ausgelöst.

Abbildung 9: Die Euphonia von Joseph Faber im Barnum Museum, ca. 1860

Für ihre Zeit war die Euphonia ein beeindruckendes Gerät, und sie legte einen Grundstein für spätere Entwicklungen auf dem Gebiet der Sprachsynthese. Dennoch erzeugte sie zuerst wenig Interesse, obwohl sich etwa der Physiker Joseph Henry schwer beeindruckt zeigte: „*Ich habe die sprechende Figur von Mr. Wheatstone aus London gesehen, aber sie ist nicht mit dieser zu vergleichen, die nicht nur ein paar Worte ausspricht, sondern ganze Sätze, die aus beliebigen Wörtern bestehen.*“[265]

Spielpuppe mit Gruselfaktor

Der Erfinder und Unternehmer Thomas Alva Edison hält zahlreiche Patente. Besonders bekannt wird er für die Erfindung der Glühlampe.[266] Er startete aber auch den Versuch, die menschliche Sprache nachzuahmen und will ein Geschäft daraus machen. Aufbauend auf einem Patent aus dem Jahr 1878 bringt er zwölf Jahre später die *Talking Dolls* auf den Markt. In dem 55 Zentimeter großen Spielzeug ist ein Mini-Plattenspieler eingebaut, auf dem sich kleine Wachsplatten drehen. Trotz jahrelanger Experimente wird die Puppe zum Verkaufsflop. Kunden ist es zu umständlich, die Puppe immer wieder aufziehen zu müssen, damit sie spricht.

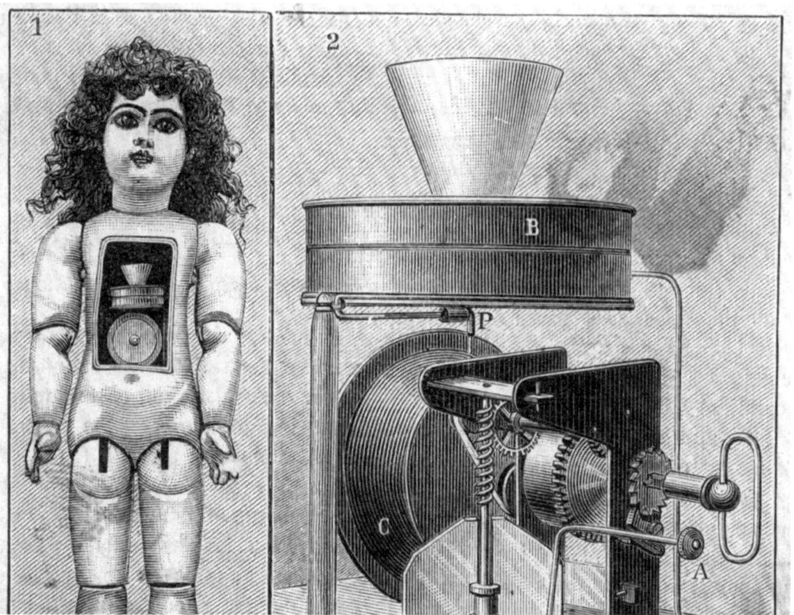

Abbildung 10: Konstruktionszeichnung der Talking Doll von Thomas Edison[267]

Auch die Wachsplatten erweisen sich als Problem. Sie nutzen sich schnell ab oder zerbrechen. Schließlich lässt die Sprachqualität zu wünschen übrig. Viele Kinder und Erwachsene erschrecken sich vor der Krächzstimme. Nach wenigen Wochen verschwindet das Angebot vom Markt. Edisons Sprechpuppen mögen zwar kein Erfolg gewesen sein, aber sie gelten dennoch als frühes Beispiel für das Verschmelzen von Technologie und

Unterhaltung. Heute gibt es zahlreiche Spielzeuge und Geräte, die menschliche Sprache nachahmen und interaktiv sind. Edisons frühe Experimente waren die ersten Versuche dazu. Wer sich selbst eine Meinung über den Gruselfaktor dieser Stimmen machen möchte, kann sie sich seit dem Jahr 2015 selbst anhören.[268] Es dauerte mehrere Jahrzehnte, bis jemand den nächsten Versuch wagte, die menschliche Sprache nachzuahmen.

Mit Händen und Füßen

Den Grund lieferte die Weltausstellung im Jahr 1939 in New York. Der Bell Labs-Ingenieur Homer Dudley präsentiert ein Gerät namens *Voice Operation Demonstrator (Voder).*[269] Es ist das erste Gerät, das Sprache mittels elektrischer Komponenten nachahmt. Der Voder sorgt zwar für Aufsehen, erweist sich aber als untauglich für den Alltag. Bevor jemand das Gerät bedienen kann, braucht es eine einjährige (sic!) Ausbildung:[270] Durch manuelle Manipulation einer Reihe von elektronischen Filtern und Oszillatoren lassen sich Klänge erzeugen, die menschliche Sprache nachbilden. Hand- und Fußschalter sind so angeordnet, dass die Maschine bei entsprechender Übung vollständige Sätze erahnen lässt. Die Bedienung ähnelt dem virtuosen Spiel eines Organisten, der die Manuale seiner Kirchenorgel bearbeitet.

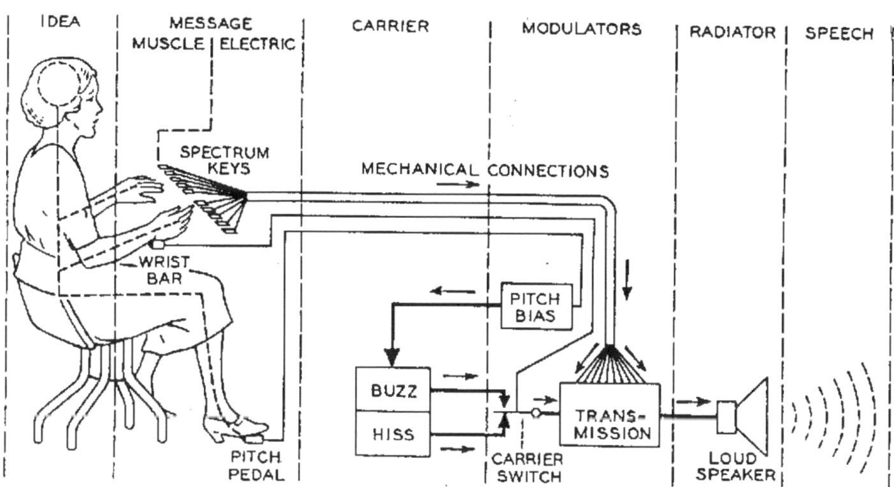

Abbildung 11: Aufbau des Voders

Obwohl der Voder keine weite Verbreitung findet, diente er als Inspiration für zukünftige Forschung und Entwicklung auf dem Gebiet der Sprachsynthese. Es wird allerdings mehr als eine Dekade dauern, bis sich im maschinellen Sprechen und Verstehen wieder etwas tut.

Der erste Russen-Versteher

In der Computergeschichte gilt das Jahr 1951 als das Geburtsjahr der automatischen Übersetzung. Zum ersten Mal versucht sich eine Maschine in der Manipulation von Sprache. Übersetzungsaufgaben schienen für diesen Zweck wie gemacht. Fünf Jahre, bevor der Informatiker John McCarthy den Begriff *Künstliche Intelligenz* prägt,[271] beginnt der Computerhersteller IBM eine Zusammenarbeit mit der Georgetown University zur maschinellen Übersetzung. Das Projekt geht als *Georgetown-IBM Experiment* in die Geschichtsbücher ein und soll russische Sätze ins Englische übersetzen.

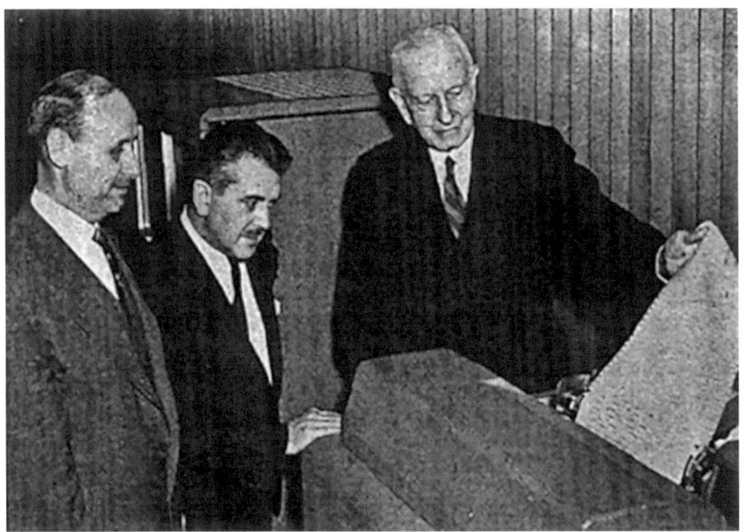

Abbildung 12: Demonstration des Georgetown-IBM Experiments

Einer IBM 701 – dem ersten Seriengerät des Computerherstellers IBM – gelingt das Kunststück. Am 7. Januar 1954 präsentieren die Kooperationspartner ihre Forschungsergebnisse. Kurze, allgemein gehaltene Aussagen über Politik, Gerichtswesen oder Mathematik werden vom Russischen ins Englische übersetzt. Aber nach drei Jahren Arbeit sind die Resultate überraschend bescheiden: Das Vokabular umfasst nur 250 Wörter, auf die gerade mal sechs Grammatikregeln angewendet werden. Zudem können die Sätze nicht über eine Tastatur eingegeben werden, sondern sind vorher in Lochkarten gestanzt. Mit diesem sprachlichen Rüstzeug werden etwas über 60 Aussagen übersetzt (Tabelle 2).

Russisch	Deutsch
Мы передаем мысли посредством речи.	Wir übermitteln Gedanken über Sprache.
Величина угла определяется отношением длины дуги к радиусу.	Die Größe des Winkels wird durch das Verhältnis von Bogenlänge zu Radius bestimmt.
Международное понимание является важным фактором в решении политических вопросов.	Die internationale Verständigung ist ein wichtiger Faktor bei der Entscheidung politischer Fragen.

Tabelle 2: Beispiele für erste maschinellen Übersetzungen von Russisch nach Englisch

Diese aus heutiger Sicht enttäuschende Demonstration verhindert nicht, dass die Öffentlichkeit ihre Erwartung an die Leistungsfähigkeit maschineller Übersetzungen hochschraubt. Die meisten erwarten, dass Computer in naher Zukunft hochwertige Sprachübersetzungen abliefern werden. Auch Projektbeteiligte sehen sich auf der sicheren Seite, das Übersetzungsproblem sei ihrer Einschätzung nach in drei bis fünf Jahren gelöst. Es stellt sich allerdings heraus, dass dies noch Jahrzehnte dauern wird.

Sprechender Schuhkarton

Einen kleinen Zwischenschritt dahin geht abermals IBM. Zur Weltausstellung 1962 in Seattle demonstriert der Computerpionier die *IBM Shoebox*. Das Gerät ist bemerkenswert, weil es zum ersten Mal die menschliche Stimme erkennt.

Abbildung 13: Aufbau des IBM Shoebox

Das Anwendungsspektrum für die Shoebox dagegen ist einfallslos: Ein Taschenrechner, dem man Rechenaufgaben eines Grundschülers durch Sprechen mitteilen kann. Das Vokabular der Shoebox bleibt ebenfalls begrenzt: 16 Kommandos, inklusive der Ziffern Null bis Neun. Sobald zwei Zahlen und ein arithmetisches Zeichen ausgesprochen werden, errechnet das Gerät das Resultat und antwortet nicht – sondern druckt es aus. Für damalige Verhältnisse ist die Demonstration atemberaubend, verspricht weiteren Fortschritt, der aber wiederrum nicht eingelöst wird. Alle weiteren Versuche, für den Alltag taugliche, sprechende Maschinen zu bauen, enden in der Sackgasse. Die Sprachmaschinen versinken in einen Dornröschenschlaf, der weitere Jahrzehnte dauern wird.

Kapitel kompakt

- Im Jahr 1840 demonstriert der deutsche Erfinder Joseph Faber eine Sprechmaschine namens Euphonia, die menschenähnliche Klänge erzeugt. Obwohl die Maschine auf wenig Interesse stößt, legt sie den Grundstein für spätere Entwicklungen.
- Thomas Alva Edison versucht, eine Sprechpuppe mit menschlicher Sprache zu vermarkten. Die Puppe wird ein Misserfolg, legt aber den Grundstein für die Verschmelzung von Technologie und Unterhaltung.
- Auf der Weltausstellung 1939 präsentieren die Bell Labs das erste Gerät zur elektronischen Nachahmung menschlicher Sprache. Obwohl es viel Aufmerksamkeit erregt, ist die Bedienung der Maschine komplex, und sie erweist sich als nicht alltagstauglich. Dennoch bildet sie die Basis für zukünftige Forschung in der elektronischen Sprachsynthese.
- Auf der Weltausstellung 1962 präsentiert IBM die Shoebox, ein Gerät, das erstmals in der Lage ist, menschliche Stimmen zu erkennen. Das Anwendungsspektrum bleibt aber begrenzt. Trotz der vielversprechenden Demonstration enden alle Versuche in der Sackgasse, sprechende Maschinen für den Alltag zu entwickeln.

KAPITEL 13

Wie funktioniert eine Sprechmaschine?

„Ich akzeptiere Chaos, bin mir aber nicht sicher, ob es mich akzeptiert."
– Bob Dylan

Das chinesische Zimmer

Können Maschinen menschliche Intelligenz imitieren? Oder gibt es einen fundamentalen Unterschied zwischen menschlicher und Künstlicher Intelligenz? Diese Frage trieb den Philosophen John Searle um. Mit dem Gedankenexperiment *Argument des chinesischen Zimmers* wollte er sie beantworten.[272] Sein Fazit lautet, ein Computer besitze keine menschliche Intelligenz, weil seine Funktionen auf formalen Regeln beruhten.

Um das zu erklären, erstellte Searle eine hypothetische Versuchsanordnung: In einen Raum sitzt eine Person. Sie spricht kein Chinesisch. Vor ihr liegt ein dickes Handbuch. Es enthält die 3.000 bis 5.000 chinesischen Schriftzeichen, die typischerweise notwendig sind, um sich im Alltag zurechtzufinden.[273] Zudem liegen Anweisungen vor, wie diese Schriftzeichen verarbeitet werden müssen. Außerhalb des Raumes befindet sich eine zweite Person, die allerdings fließend Chinesisch spricht. Sie stellt Fragen in Chinesisch. Die Person im Zimmer kann mithilfe des Handbuchs auf die Fragen reagieren, indem sie die Schriftzeichen laut Regeln verarbeitet und Antworten in chinesischen Zeichen liefert. Dafür muss sie die Bedeutung der Schriftzeichen nicht kennen – und die Sprache auch nicht selbst sprechen.

Searle argumentiert, obwohl das System (bestehend aus Handbuch, Person und Regeln) in der Lage sei, auf chinesische Fragen zu antworten, würde es keine tatsächliche Intelligenz zeigen. Die Person im Zimmer könne zwar eine sinnvolle Antwort in chinesischen Schriftzeichen produzieren, aber sie verstehe nicht, was sie schreibt oder welche Bedeutung in einer Frage steckt. Searles Argumentation zielt darauf ab, die Vorstellung zu widerlegen, dass Maschinen allein kraft formaler Regeln und Algorithmen menschliche Intelligenz erzeugen oder gar übertreffen könnten. Er betont, **dass menschliche Intelligenz mehr ausmache als das Befolgen formaler Regeln und das Einhalten einer Syntax**. Ein tiefes Verständnis von Bedeutung, Kontext und Empfindungsfähigkeit sei unerlässlich, um wirkliche Verständigung und Intelligenz zu zeigen.

Searles Beschreibung war ein Gedankenexperiment. Mit ChatGPT gibt es nun eine praktisch verfügbare Versuchsanordnung, die Searles Argumente untermauert. Denn tatsächlich *simuliert* ChatGPT einen Sprachdialog – und zwar derart gut, dass es Menschen schwerfällt, maschinelle von menschlichen Antworten zu unterscheiden.[274] ChatGPT basiert auf ausgeklügelten Techniken des maschinellen Lernens,[275] es besitzt keine Intelligenz im menschlichen Sinn – und kann dennoch komplexe Texte verstehen und Fragen ausgiebig beantworten. **Aber was ein Benutzer von ChatGPT als intelligentes Gespräch wahrnimmt, beruht tatsächlich auf schnöder Statistik.**

Ein-Wort-Geschichten

Im Jahr 1957 gelangt der Sprachforscher John Rupert Firth zu einer folgenreichen Erkenntnis: *„Die Bedeutung eines Wortes erkennt man am Kontext, in dem es verwendet wird.“*.[276] Diese Hypothese bildet die sprachtheoretische Grundlage für ChatGPT. Der Chatbot denkt nicht, sondern er ist nur sehr überzeugend darin, so zu tun als ob. Für dieses Kunststück reicht es zu wissen, welche Worte oft mit anderen im selben Zusammenhang verwendet werden. Das reicht offenbar aus, uns mutmaßen zu lassen, dass dieses Kunststück gleichbedeutend mit Denken ist. **Aber ChatGPT spielt einfach nur Improvisationstheater.**

Der Chatbot simuliert ein Spiel, das ins Standard-Repertoire des professionellen Improvisationsschauspielers gehört. ChatGPT spielt das Spiel *Ein-Wort-Geschichten*.[277,278] In dem geht es darum, eine Geschichte zu erzählen, bei der jeder Spieler abwechselnd das nächste Wort sagen darf. Die Eingabe jedes einzelnen Spielers entsteht aus seinem Verständnis der bisherigen Geschichte und seinen eigenen Ideen, wie die Geschichte sinnvoll weitergehen könnte. Es geht so: Alle Spieler stehen in einer Reihe und das Publikum gibt den Titel der Geschichte vor. Die Spieler erzählen die Geschichte in der Reihenfolge, in der sie stehen. Jeder Spieler fügt ein neues Wort hinzu. Es geht darum, schnell und spontan zu reagieren. Die Geschichte soll einerseits den Ansprüchen an Semantik, Syntax und Pragmatik genügen (Kapitel 11), aber auch das Publikum unterhalten. Genauso wie jeder Spieler nutzt ChatGPT sein Verständnis von Sprache und Wortmustern, um auf das bisher Gesagte zu reagieren oder eine Fortsetzung zu formulieren. So wie die Schauspieler mit dem nächsten Wort auf alles reagieren, was bis zu diesem Zeitpunkt gesagt worden ist, findet auch ChatGPT ein plausibles Wort. Die Antworten der Spieler entspringen deren Sprachverständnis, ihrer Lebenserfahrung – und dem Zufall. Auch Gedanken an das übernächste Wort sind überflüssig, denn das werden andere finden müssen. Der Fokus des Schauspielers liegt darauf, ein passendes Wort für genau diese eine nächste Stelle einer sich entwickelnden Geschichte zu finden. Das läuft bei ChatGPT genauso.

Was aber unterscheidet das Schreiben eines Textes durch ChatGPT von einer Geschichte, die mehrere Menschen zusammenspinnen? Menschen sprechen wir ein Bewusstsein zu, Gefühle und die Fähigkeit zu kreativem, reflexivem Denken. Sie formulieren Absichten, Ziele und Bedeutungen, die sie in Worte kleiden. Und das alles fließt in ihre Entscheidung für das nächste Wort ein. Im Gegensatz dazu hat ChatGPT kein Bewusstsein, keine Emotionen und auch keine Absichten. Der Algorithmus generiert Text nach statistischen Mustern, die es antrainiert hat – ohne jegliche Grundlage für Verständnis oder einer Absicht.

Auf was greift ChatGPT zurück, wenn es das nächste Wort vorhersagt? Das System analysiert die Frage und sucht nach ähnlichen Beispielen aus seinen Trainingsdaten, um eine Antwort zu generieren. Die umfassen bei ChatGPT ca. 570 Gigabyte, in denen 300 Mrd. Wörter kodiert sind. Die Wahrscheinlichkeit ist hoch, ein Wort zu finden, dass im Kontext aller bisher formulierten Worte für Menschen einen Sinn ergibt – aber sicher ist es nicht. Denn wie bei der Ein-Wort-Geschichte die Qualität des nächsten Wortes vom Verständnis und der Fantasie des aktuellen Spielers abhängt, basiert die Genauigkeit der Antworten von ChatGPT auf der Qualität und Größe der Datenbanken, die es heranzieht. Einfache Regel: Je größer und vielfältiger die Datenbanken sind, desto besser kann das System Muster erkennen und findet passende Wortfolgen.

Es gibt sogar Hinweise darauf, dass auch Menschen ähnliche Mechanismen der Sprachnutzung verwenden. Der Verhaltenswissenschaftler Morten H. Christiansen beschreibt Sprache als ein komplexes adaptives System, bei dem Sprache durch einen Prozess kultureller Evolution entsteht. Und er erkennt dabei eine Art Spiel. Christiansen argumentiert, dass Sprache nicht etwa das Produkt angeborenen Wissens oder eines angeborenen Spracherwerbs sei. Vielmehr sei sie das Ergebnis der Interaktion zwischen dem, was Menschen biologisch ausmacht und der Umgebung, in der sie Sprache lernen und verwenden.[279] Christiansen verwendet die Spielmetapher, um daran zu erläutern, wie Sprache gelernt und über Generationen weitergetragen wird. Für ihn ist Sprache ein Spiel, das eine Gemeinschaft von Sprechern spielt, wobei sich allerdings während des Spielens im Laufe der Zeit permanent die Regeln ändern. Sie sind nicht etwa von vorneherein festgelegt und vorbestimmt, sondern ergeben sich aus den gemeinsamen Interaktionen der Spieler. Der Sprachexperte betont auch die Bedeutung von Häufigkeit und Wiederholung beim Sprachenlernen: Je häufiger jemand einer sprachlichen Struktur ausgesetzt ist, desto wahrscheinlicher ist es, dass er sie lernt, imitiert und erinnert. Damit wäre menschliches Sprachenlernen nicht nur eine Frage des Erinnerns einzelner Wörter oder Grammatiken, sondern auch der statistischen Muster, die dem Verwenden von Sprache zugrunde liegen. Es schließt an das an, was wir einige Sätze vorher über die Rolle von Statistik beim maschinellen Sprachlernen durch ChatGPT gelernt haben.

Dass die Idee des Textverstehens durch das Analysieren von Worthäufigkeiten auch andersherum funktioniert, zeigten die beiden Mathematiker Frederick Mosteller und David L. Wallace bereits im Jahr 1964.[280] Sie wollten die Frage der Autorenschaft der berühmten *Federalist Papers* klären.[281] Das sind eine Reihe von 85 Artikeln oder Essays, die um die Jahre 1787 und 1788 veröffentlicht wurden, um die Ratifizierung der US-Verfassung zu fördern. Allerdings wurden sie unter einem Pseudonym veröffentlicht. Dafür kamen drei Autoren infrage: Alexander Hamilton, James Madison und John Jay.

Die Autorenschaft einiger dieser Artikel blieb strittig. Aber die beiden Mathematiker lösten das Rätsel. Sie untersuchten die Häufigkeit des Gebrauchs von grammatikalischen Funktionswörtern wie Präpositionen, Konjunktionen oder Artikel. Ihre Annahme war, dass diese oft unbewusst und konsistent verwendet werden, und damit den persönlichen Schreibstil eines Autors widerspiegeln. Nach einer umfassenden Analyse schlossen sie, dass die strittigen Artikel wahrscheinlich von James Madison geschrieben worden waren.

Wenden wir uns der Frage zu, wie diese theoretischen Ansätze in ein technisches Werkzeug wie ChatGPT umgesetzt wurden.

Worte sind Statistik

Es bleibt wichtig zu betonen, dass es sich bei ChatGPT um eine Maschine handelt. Sie *versteht* nicht, was sie sagt. Sie *begreift* nicht im menschlichen Sinne. Sie *antwortet* nicht, sondern führt einen angefangenen Satz weiter. Alles basiert auf statistischen Formeln, die die Häufigkeit von Wortfolgen herausfinden. ChatGPT setzt seine Antworten aus einem Wortfundus zusammen, dessen innerer Aufbau in Zahlen übersetzt worden ist. Darunter findet sich kein tieferes Verständnis der verhandelten Themen oder gar eine Art von Bewusstsein. Die Wirkung von ChatGPT entsteht aus der überzeugenden *Simulation* von Verstehen. Die Benutzer des Chatbots sind beeindruckt von dessen Antworten – denn sie nehmen zwar die Resultate wahr, sind sich aber der zugrundeliegenden Technologien nicht bewusst. Denn dann würden sie akzeptieren, dass die Antworten von ChatGPT nicht ungenau sind, irreführend und irritierend oder auch mal Grund weg falsch. Es gibt einen technischen Grund dafür. Schauen wir uns genau an, was hier passiert.

Mit dem *Höhlengleichnis* erklärt der Philosoph Platon das Wesen der Realität und das Verhältnis von Wissen und Wahrnehmung.[282] Dafür stellt er eine Analogie her zwischen einer Höhle und dem menschlichen Verstand: In einer Höhle sind Gefangene angekettet. Sie sind am Boden fixiert und sehen nur die Schatten auf der Höhlenwand. Alle Schatten werden von Dingen geworfen, die außerhalb ihrer Sichtweite an einer Lichtquelle vorbeigeführt werden. Für die Gefangenen sind die Schatten die einzige Realität. Sie müssen annehmen, dass dies die eigentliche Welt sei.

So ähnlich blicken wir auf ChatGPT. Wenn der Chatbot antwortet, wirft er Schatten auf die Wand. Er fungiert als eine Art Mediator, der die Schatten des Weltwissens präsentiert. So wie die Schatten in der Höhle stellt ChatGPT Information und Antworten bereit, die auf den vorhandenen Texten und dem realen Wissen basieren – aber all das sind lediglich Auszüge der Realität, nicht die Realität selbst. Ein Nutzer, der Fragen an ChatGPT stellt, befindet sich metaphorisch in dieser Höhle. Er sieht die Antworten oder Vorschläge von ChatGPT. Diese sind jedoch in der begrenzten Perspektive des Modells und des Trainings gefangen. Keinesfalls repräsentieren sie die absolute Wahrheit oder auch nur das vollständige Wissen der Menschheit, sondern einen mehr oder weniger gut dokumentierten Ausschnitt. **Das vielfache Staunen über ChatGPT sagt wenig darüber aus, was es ist, aber sehr viel darüber, was wir hineinprojizieren.**[283] Der Manager Scott Rosenberg bringt diesen Umstand auf eine einfache Formel: „*Wir vermenschlichen Elemente der Natur und abstrakte Formen – und auch Gespräche mit Computern.*“[284]

ChatGPT übersetzt Buchstaben, Phoneme und Phrasen in Zahlen.[285] Anschließend sortiert es alles nach statistischen Gesetzmäßigkeiten. Wie das funktioniert, ist nicht so schwer zu verstehen. Um Sprache als statistisches Gebilde zu erfassen, verwenden die Entwickler von ChatGPT eine Technik namens *Worteinbettung*.[286, 287] Das Ziel dieses Vorgehens lautet, sowohl die Syntax als auch die Semantik und Pragmatik von und zwischen den Worten und Phrasen einer Sprache in eindeutige Zahlenwerte zu überführen. Dieses Zuordnen geschieht nicht einmalig, sondern verändert sich durch jeden Text, mit dem das Sprachmodell gefüttert wird. Das Training dafür kann Tage aber auch Wochen dauern und kostet sehr viel Geld.[288] Der Aufbau von ChatGPT beispielsweise soll bis zu 25 Mio. US Dollar verschlungen haben.[289]

Durch das Training entsteht Zug um Zug ein *Large Language Model (LLM)* (dt.: Großes Sprachmodell), das am Ende die erhoffte Leistung erbringt. Diese bemisst sich in der Anzahl seiner „Parameter“. Das meint die Menge an Werten, die zur Konfiguration und zum Training des Modells verwendet wurden. Parameter gelten als Goldstandard für die Leistungsfähigkeit eines Sprachmodells, vergleichbar mit der PS-Angabe eines Autos. Als Daumenregel gilt: Je mehr Parameter ein Sprachmodell hat, desto leistungsfähiger ist es.[290] ChatGPT z. B. basiert auf dem Sprachmodell GPT-3, das 175 Milliarden Parameter umfasst.[291] Es gibt andere, die sehr viel mehr verarbeiten (Tabelle 3). Allerdings ist die Frage noch offen, ob diese Regel auch für noch größere Modelle gilt. Erste Stimmen vermuten, dass noch mehr der Parameter keinen Leistungszuwachs garantieren werden.[292]

Name	Erscheinungsjahr	Entwickler	Parameter
BERT	2018	Google	340 Mio.
XLNet	2019	Google	340 Mio.
GPT-2	2019	OpenAI	1,5 Mrd.
GPT-3	2020	OpenAI	175 Mrd.
GPT-Neo	März 2021	EleutherAI	2,7 Mrd.
GPT-J	Juni 2021	EleutherAI	6 Mrd.
Megatron-Turing NLG	Oktober 2021	Microsoft und Nvidia	530 Mrd.
Ernie 3.0 Titan	Dezember 2021	Baidu	260 Mrd.
Claude	Dezember 2021	Anthropic	52 Mrd.

Name	Erscheinungsjahr	Entwickler	Parameter
GLaM	Dezember 2021	Google	1,2 Trd.
Gopher	Dezember 2021	DeepMind	280 Mrd.
LaMDA	Januar 2022	Google	137 Mrd.
GPT-NeoX	Februar 2022	EleutherAI	20 Mrd.
Chinchilla	März 2022	DeepMind	70 Mrd.
PaLM	April 2022	Google	540 Mrd.
OPT	Mai 2022	Meta	175 Mrd.
YaLM 100B	Juni 2022	Yandex	100 Mrd.
Minerva	June 2022	Google	540 Mrd.
BLOOM	Juli 2022	Hugging Face	175 Mrd.
Galactica	November 2022	Meta	120 Mrd.
AlexaTM	November 2022	Amazon	20 Mrd.
LLaMA	Februar 2023	Meta	65 Mrd.
GPT-4	März 2023	OpenAI	unbekannt
Cerebras-GPT	März 2023	Cerebras	13 Mrd.
Falcon	März 2023	Technology Innovation Institute	40 Mrd.
BloombergGPT	März 2023	Bloomberg LP	50 Mrd.
PanGu-Σ	März 2023	Huawei	1,085 Trd.
OpenAssistant	März 2023	LAION	17 Mrd.
Jurassic-2	März 2023	AI21 Labs	unbekannt
PaLM 2	Mai 2023	Google	340 Mrd.
Llama 2	Juli 2023	Meta	70 Mrd.

Tabelle 3: Sprachmodelle und Anzahl ihrer Parameter[293]

Um ein Sprachmodell mit Texten zu füttern, muss zunächst ein Wortschatz aus dem Textkorpus extrahiert werden. Dann erhält jedes Wort im Vokabular auf der Grundlage seiner kontextuellen Beziehungen zu anderen Wörtern im Text einen numerischen Wert. Das werden wir uns nun anschauen am Beispiel des Aufbaus eines digitalen Touristenführers, der Ihnen für einen Wochenendurlaub in Berlin zur Seite stehen könnte.

ChatBER, Ihr Touristenführer

Sie planen eine Stadtrundfahrt durch Berlin. Auf der Liste stehen das *Brandenburger Tor*, der *Reichstag*, *Checkpoint Charlie*, eine Fahrt an den *Wannsee* und ein Anstieg auf den *Teufelsberg.*[294] Sie sind zum ersten Mal in Berlin, kennen sich nicht aus, brauchen also einen Touristenführer. Der ist digital, soll *ChatBER* heißen und wird sie als virtueller Touristenführer-App auf der Stadtrundfahrt ortskundig begleiten. Jetzt werden wir ihn – nur ausgestattet mit Büromitteln – in mehreren Schritten zusammenbauen.

Um ChatBER zu entwickeln, brauchen wir Text. Sehr viel Text. Das sind besonders solche, in denen wir plausiblerweise Daten oder Information über die Sehenswürdigkeiten von Berlin vermuten dürfen: Geschichtsbücher finden wir in der Bibliothek, Stadtpläne gibt es an der Tankstelle, Prospekte liegen im Touristenbüro, Zeitungs- und Magazinartikel verkaufen sich an Kiosken oder stapeln sich in Verlagsarchiven, Reiseberichte finden wir auf *Twitter*, *Facebook*, *Instagram* und *TikTok*. Wir haben bereits gelernt: Je mehr Text wir ChatBER füttern, desto leistungsfähiger wird der Chatbot später sein.

Sobald alles eingesammelt ist, bearbeiten wir diesen Korpus aus zehntausenden Textseiten. Als erstes erstellen wir einen Karteikartenstapel: Auf jede Karteikarte (bitte nur Größe A6, denn es werden sehr, sehr viele) notieren wir jedes Wort, das mindestens einmal im gesamten Textkorpus auftaucht. Obwohl wir Füllwörter bereits weglassen, zählen wir Millionen Karteikarten – und füllen damit nicht nur den Schreibtisch, sondern Umzugskisten. Mit denen ziehen wir um in eine Sporthalle.

Dort setzen wir uns in den Mittelkreis des Basketballfelds und fangen an: Wir greifen nach den erstbesten Karteikarten und legen sie nebeneinander: *Tourist* und *Öffnungszeiten*. Jetzt stellen wir Fragen: Wie oft werden beide zusammen in den Texten verwendet? Stehen sie dann nahe beieinander oder weit auseinander? Welche anderen Worte erscheinen regelmäßig in ihrer Umgebung? In welchen Satzkonstruktionen spielen sie oft eine Rolle? Aus diesen und vielen weiteren Fragen errechnen wir nach einer sehr komplizierten Formel eine Zahl. Sie bemisst den Abstand, in dem wir beiden Karten auf dem Hallenboden auslegen.

Wir entnehmen dem Stapel die nächste Karte: *Kinder*. Es liegen bereits zwei Karten auf dem Hallenboden. Jetzt wollen wir die Beziehung zwischen allen Worten verstehen. Erstens, die Beziehung zwischen *Tourist* und *Kinder*, zweitens die zwischen *Öffnungszeiten* und *Kinder*, drittens die zwischen *Tourist* und *Öffnungszeiten*. Nachdem wir alle Beziehungen gewichtet haben, verteilen wir alle Karten neu. Jede Entfernung zwischen ihnen repräsentiert nun ihre Abhängigkeit voneinander, wenn sie zusammen in einem Text auftauchen. So geht es weiter mit dem Kartenstapel. Tausendfach. Hunderttausendfach. Millionenfach. Schemenhaft bildet sich auf dem Linoleum eine Art Landkarte heraus. Die Beziehungen zwischen Worten im Textkorpus werden plötzlich allein über ihre Entfernung sichtbar: Je näher Wörter zueinander liegen, desto öfter tauchen sie zusammen in Texten auf; je weiter entfernt, desto weniger häufig sieht man sie zusammen in Gebrauch.

Jetzt werden größere Strukturen von ChatBER sichtbar: An einigen Stellen klumpen sich Karten, die eng in Beziehung stehen (*Potsdamer Platz*, *Sony Center*, *Bahntower*).

Andere liegen isoliert herum oder haben augenscheinlich gar nichts mit anderen gemein, z. B. die Tippfehler *Brantenburger Tor* oder *Wahnsee*. Die Anzahl der gelegten Karten wächst unaufhörlich, und gleichzeitig schälen sich die direkten oder indirekten Bezüge aller Begriffe zueinander heraus.

Nach sehr, sehr, sehr langer Zeit wandert Information darüber, in welcher Beziehung alle Worte und Phrasen in allen Texten zueinanderstehen, hinein in das Sprachmodell ChatBER. Es lässt sich z. B. schnell erkennen, welche Worte oft gemeinsam auftauchen (*Brandenburger Tor* und *Reichstag, Reichstag* und *Kuppel*), mit welchen vorhersehbaren Wörtern diese häufig verbunden sind (*Tourist, Foto, Eintrittspreis*). Es lässt sich aber auch ableiten, dass es Zusammenhänge gibt, die sich nicht auf den ersten Blick erschließen (*Wannsee* und *Konferenz*[295], *Checkpoint Charlie* und *Jeffrey Harper*[296], *Teufelsberg* und *Graffiti*[297]).

So entsteht das Sprachmodell ChatBER und avanciert zum fachkundigen Touristenführer. ChatBER wird uns helfen mit jeder interessanten oder abwegigen Information zu einem Touristenpunkt, die überhaupt irgendwo dokumentiert worden ist. Er kann mehr Fragen beantworten, als selbst gut vorbereitete Touristen sich vorher hätten ausdenken können – oder menschliche Touristenführer zum Besten gäben. Aber ChatBER produziert auch Probleme. Und die sind allen so erzeugten Sprachmodellen gemeinsam.

Wir haben gelernt, dass die Sprachmodelle keine exakten Kopien der Trainingsdaten sind. Bei der Übertragung gehen Details verloren, die in den Ursprungsdaten noch vorhanden sind. Denn Sprachmodelle speichern lediglich, wie Worte und Phrasen üblicherweise zusammenhängen. Dieses Abstrahieren von Bedeutung führt zu Mustern, die die Realität nur unscharf abbilden oder bei dem Details verloren gehen.

Noch ein anderer Aspekt kommt jetzt zum Tragen: Ein Sprachmodell übernimmt kommentarlos die kognitiven Verzerrungen seiner Trainingstexte – und verstärkt diese sogar! Erklären lässt sich das an einem anderen Beispiel in Berlin: Wer den Techno-Club *Berghain* betreten möchte, muss an Türstehern vorbei.[298, 299] Der Auswahlprozess von Türstehern hat weitreichende Auswirkungen auf die demografische Zusammensetzung der Besucher des Berghain. Denn die stehen vor der schwierigen Aufgabe, in kurzer Zeit zu entscheiden, wer den Club betreten darf und wer nicht. Ein Türsteher, der bereits eine bestimmte Vorstellung von einer Person oder einer Gruppe hat, könnte dazu neigen, Entscheidungen zu treffen, die diese Vorstellung bestätigen. Stereotypen und Vorurteile können ebenfalls eine Rolle spielen. Wenn der Türsteher beispielsweise aufgrund von Stereotypen glaubt, dass Menschen einer bestimmten ethnischen oder Altersgruppe eher problematisch sind, könnte dies zu einer Unterrepräsentation dieser Gruppen im Club führen. Auch der erste Eindruck einer Person kann als Anker für die Entscheidungen über nachfolgende Besucher dienen. Wenn die erste Person, die der Türsteher bewertet, beispielsweise sehr stilvoll gekleidet ist, könnte er für die nächsten Personen, die weniger gut gekleidet sind, strengere Standards anlegen. Zusätzlich könnten soziale Beweise und Gruppenzwang den Türsteher beeinflussen. Wenn der Club bereits viele Besucher einer bestimmten demografischen Gruppe hat, könnte er sich unter Druck gesetzt fühlen, mehr Personen dieser Gruppe hereinzulassen, was die bestehende demografische Schieflage weiter verstärkt. Die Konsequenzen dieser kognitiven Verzerrungen sind vielfältig: Wenn ich selbst zu den Glücklichen gehöre, die den Türsteher-Test bestanden haben, erwarten mich Gesprächspartner, bei denen bestimmte Meinungen besonders ausgeprägt sind. Meine Dialoge spiegeln also nicht mehr ein Spektrum *aller* möglichen Meinungen wider, sondern nur noch solche, die die Einlasspraktiken der Türsteher überstanden haben.

Und ein letztes Problem: Ein Sprachmodell kann immer nur so aktuell sein wie sein Trainingsmaterial. Sobald sich die Welt oder das verbürgte Wissen darüber ändert, veraltet das Sprachmodell über Nacht. Welchen Nutzen hätte etwa ein ChatBER noch, dessen Training vor dem 9. November 1989 stattgefunden hätte?

Während Sprachmodelle einerseits extrem leistungsfähig sind, zeigen sie andererseits überraschende Schwächen. Diesem Phänomenen widmen wir uns jetzt noch einmal im Detail.

Die schleichende Demenz von ChatGPT

Am 24. Juli 2013 wird David Kriesel stutzig: Der Informatiker betrachtet die Ausdrucke eines Xerox-Druckers, der gleichzeitig als Scanner dient. Als er genauer hinschaut, stellt er fest, dass auf dem Ausdruck Nummern vertauscht sind.[300] Was ist da genau passiert?

Eine Funktion seines Druckers ist das Komprimieren von gescannten Bildern. Die reduziert die Bildergröße und macht es einfacher, Bilder zu speichern, zu teilen und zu übertragen. Dafür verwendet der Hersteller Xerox einen Algorithmus namens JBIG2.[301] Der verkleinert einerseits die gescannten Dokumente, erhält aber anderseits die Qualität und Genauigkeit. Aber dieser Algorithmus besitzt eine Besonderheit: Wenn sich ein Muster auf einem Bild wiederholt, dann fasst er es zusammenfassen und steigert die Kompressionsrate weiter. Im besten Fall hilft die Methode, die Dateigröße zu reduzieren, ohne Einbußen an Qualität oder Lesbarkeit in Kauf zu nehmen. Der von Xerox-Scannern verwendete Algorithmus verursacht jedoch Fehler, insbesondere wenn Zahlen in einer bestimmten Schriftart und Größe zu sehen sind. Denn er unterscheidet einige Zahlentypen nicht, was zu Änderungen oder Verzerrungen im gescannten Bild führt. Folglich werden manchmal Zahlen in den komprimierten Dokumenten falsch abgespeichert und wieder ausgegeben.

ChatGPT hat ein vergleichbares Problem wie JBIG2. Aber bei ChatGPT ist das kein Fehler, sondern tatsächlich so gemeint. Um ein Sprachmodell zu entwickeln, braucht ChatGPT einen großen Textkorpus, der sich aus Texten wie Büchern, Magazinen oder Wikipedia speist. Denn nur so kann eine ausreichende Wahrscheinlichkeit für jedes Wort in Bezug zu seinem Kontext errechnet werden. Nur dann kann ChatGPT Text produzieren, der in sich selbst kohärent und grammatikalisch korrekt bleibt. Tatsächlich geht dabei aber Information verloren. Das passiert durch die begrenzte Kapazität, jede Einzelinformation eines Textes zu speichern.

Aber wir wissen aus eigener Erfahrung, Sprache ist von Natur aus komplex. Es gibt unendliche Möglichkeiten, ein und dieselbe Idee auszudrücken. Das macht es anspruchsvoll, in einem einzigen Sprachmodell alle kleinen Nuancen und versteckten Finten einer Aussage zu erkennen und zu erfassen. Als Folge davon gehen wichtige Merkmale verloren für den Kontext, in dem Wörter genutzt werden. **Es entsteht ein Informationsverlust. ChatGPT stößt an seine Grenzen: So wie JBIG2 durch die Kompression von Bilddaten Information verloren hat, verliert auch ChatGPT Information.** Es verstolpert sich bei dem Versuch, aus dem komprimierten Zustand die Bedeutung von Textinhalten exakt wiederherzustellen.[302] Das fällt besonders auf bei Wörtern oder Phrasen, die in einem großen Trainingskorpus in nur wenigen Dokumenten auftauchen. Denn dann lernt das Sprachmodell einfach zu wenig darüber. Der Computerlinguist Hinrich Schütze beschreibt das so: *„Für eine echte KI benötigen wir aber mehr als Ähnlichkeiten, nämlich Verständnis und Bewertung lebensweltlicher Kontexte für das logische Schließen, für das Erkennen von Widersprüchen oder was das Modell nicht halluzinieren soll“*.[303] Tatsächlich haben die Forscher diesem Fehler dafür den passenden Namen gegeben. Sie nennen es *KI-Halluzinationen*.[304]

Nur ein übergeordnetes Verständnis der Welt (etwa das Erkennen von Kausalitäten statt zufälliger Korrelationen) kann diesem Problem abhelfen. Also geht es manchmal schief, wenn ChatGPT die vollständige Bedeutung seltener Wörter oder Phrasen erfassen muss. Die Folge sind im besten Fall irritierende, im schlechtesten Fall falsche oder unerwünschte Antworten. Die Unternehmensberatung McKinsey sieht deshalb Probleme für den Einsatz von ChatGPT: *„Der Nachteil derartiger Vielseitigkeit ist, dass generative KI derzeit manchmal weniger genaue Ergebnisse liefert, weshalb wir neue Aufmerksamkeit auf das Umgehen mit Risiken von KI lenken sollten.“*[305]

Ein anderer Effekt, der ChatGPT Probleme bereitet, nennt sich *Überanpassung*.[306] Er tritt auf, weil das Modell manchmal zu spezialisiert auf einen Textkorpus trainiert wird. Was heißt das genau? ChatGPT analysiert die Eigenheiten der Trainingsdaten anstatt ein übergeordnetes Muster abzuleiten. Als Resultat verpasst der Chatbot wichtige Muster oder Information in den Daten, die aber für das Generieren von konsistenten Texten entscheidend sind – einfach nur, weil ChatGPT im Training auf Muster und Datenpunkte gestoßen ist, die es in der Realität überhaupt nicht gibt. Um dieses Problem abzumildern, gibt es verschiedene Strategien: So lassen sich etwa Wörter durch Synonyme ersetzen oder man fügt eine Art Textrauschen ein, um falsch interpretierte Eigenheiten einfach durch zusätzliche Information zu überschreiben. Oder die Entwickler stören ganz bewusst den Trainingsprozess, um dem Sprachmodell robustere Merkmale beizubringen.

Das Erstellen eines Sprachmodells über einen großen Textkorpus bleibt trotzdem eine anspruchsvolle Aufgabe. Nehmen wir an, in einem Trainingsdatensatz gibt es ausladende Spekulationen darüber, dass Flugreisen auf der Erde mit Raketen möglich sind.[307] In anderen Dokumenten wird erörtert, dass Menschen sehr gute Läufer und

Schwimmer sind. Welche Antwort könnte ChatGPT geben, wenn ein Benutzer folgende unverfängliche Frage stellt: „*Wie komme ich von München nach London?*“ Die Antwort könnte tatsächlich lauten: „*Laufen Sie, schwimmen Sie oder nehmen Sie eine Rakete.*“

Warum trifft eine KI laufend auf derartige Probleme, aber ein Mensch nicht? ChatGPT fehlt Kontext und Redundanz, Menschen beziehen beides in ihr Verständnis einer Situation ein. Nehmen wir dieses Beispiel: Sie stehen in der Küche und backen einen Marmorkuchen. Dafür arbeitet Ihr Gehirn einerseits mit seinen Erfahrungen. Andererseits erfasst es seine Umgebung mit allen Sinnen. Im Laufe des Lebens hat es bereits viele Dinge gelernt, die selbstverständlich sind: Eine Backform heißt so, weil man damit dem Kuchen seine Form gibt. Mit einem Rührgerät lässt sich Teig kneten. Damit der Kuchen nicht klebt, reibt man die Backform mit Butter ein. Sie kombinieren Ihre Eindrücke aus Backrezepten, Bildern, Zutatenlisten, dem Geruch und Geschmack von Zutaten mit vorhandenem Erfahrungswissen. Dabei ergänzen sich unterschiedliche Modalitäten gegenseitig (ein Rührgerät hat einen Griff, und es macht Krach). Sagt das Rezept, dass der Teig im Backofen nun aufgehen sollte, können Sie das mit den Augen sehen oder die Hefe mit der Nase riechen. Außerdem können Sie die Konsistenz des Teiges durch einen Stich mit der Gabel testen. Oder Sie sehen am Ofenlicht, ob der Ofen aufheizt. In diesem Beispiel überlappen sich alle diese Signale zeitlich und korrelieren mit dem von Ihnen erwarteten Ereignis eines Teigs, der im Ofen aufgeht und eine braune Kruste entwickelt. Augenschein und Geruch bestätigen ihnen, dass der Teig tatsächlich gerade aufgeht – ohne dass es bereits passiert sein muss. ChatGPT dagegen könnte tausende von Backrezepten liefern. Es würde trotzdem scheitern, Ihnen zu helfen, wenn während des Backens etwas Ungeplantes passierte, das nicht viele Male in den Trainingsdaten präzise niedergeschrieben worden wäre.

Kein Sprachmodell ist vor Halluzinationen gefeit. Das betrifft aber nicht nur fiktive Fragen, sondern auch die verzweifelte Suche von ChatGPT nach einer Antwort auf eindeutig belegbare Fakten. Auf die Frage „*Wann malte Leonardo da Vinci die Mona Lisa?*“ könnte die Antwort etwa lauten: „*Leonardo da Vinci malte die Mona Lisa im Jahr 1815.*“ Das ist falsch. Das genaue Entstehungsdatum der Mona Lisa ist tatsächlich unbekannt, wahrscheinlich beginnt die Arbeit um das Jahr 1503 und dauert mehrere Jahre.[308] Also gibt es keine Vielzahl eindeutiger Belege, die im Sprachenmodell zu finden sein würden und das bestätigen. Diese Uneindeutigkeit mag die Algorithmen eines Sprachmodells bewegen, auf der Suche nach einer Antwort auf andere Jahreszahlen zu stoßen – in unserem Beispiel das Jahr 1815. Wie könnte es dazu kommen?

Das Jahr 1815 besiegelt mit dem Wiener Kongress das Ende der französischen Scharmützel mit Österreich in Italien im Jahr 1797.[309] Nach der Niederlage von Napoleon Bonaparte ordnet sich das europäische Festland neu.[310] In vielen Quellen wird erwähnt, dass die Mona Lisa im Pariser Louvre hängt – einem der bedeutendsten Kunstmuseen weltweit. Diese ganze Kette von Verweisen könnte ein Sprachmodell motivieren, das Entstehungsjahr der Mona Lisa auf das Jahr 1815 zu datieren. Denn die einzige Aufgabe von ChatGPT besteht ja darin, den laufenden Satz sinnvoll fortzusetzen – und dafür die nächstwahrscheinliche Verbindung zu liefern, auch wenn kein einziger expliziter Beleg für diese Aussage im Textkorpus existiert.

Um Halluzinationen dieser Art in den Griff zu bekommen, müssen Trainingsdaten sorgfältig geprüft werden. Aber das erweist sich schwieriger als gedacht. Darum werden die Modelle bereits mit Techniken ausgestattet, wie sie auf unerwartete Aufgaben reagieren sollen. So sinkt das Risiko, falsche oder irreführende Antworten zu geben.

Es sind eine Menge Hürden zu überwinden, bevor ein Sprachmodell auch nur halbwegs zuverlässig arbeitet. Der Informatiker Yoav Goldberg sieht eine Reihe konkreter Herausforderungen, für die noch Lösungen gefunden werden müssen, damit Sprachmodelle nützlicher werden:[311]

- Ein Konvolut von Texten steht in einer Beziehung zueinander: Sprachmodelle können die aber oft nicht mit Ereignissen in der „realen Welt" in Beziehung setzen. Das kann einerseits zur Folge haben, dass das Modell scheitert, unterschiedliche Texte auf das gleiche Ereignis zu beziehen (mit Raketen reisen). Andererseits kann es Texte, die ähnlich sind, in einen direkten Zusammenhang stellen, den es gar nicht gibt (Entstehungsjahr der Mona Lisa).
- Ein weiteres Manko sieht Goldberg im fehlenden Verständnis von Sprachmodellen für Zeit und zeitliche Abfolgen. Sie bringen oft durcheinander, in welcher zeitlichen Reihenfolge bestimmte Ereignisse stehen. Ob ein Mensch gestorben ist, bevor er geboren wurde, bringt ein Sprachmodell nicht unbedingt aus der Fassung.
- Wissen über das Nicht-Wissen: Menschen wissen Dinge. Aber sie besitzen auch intuitiv eine Idee davon, dass es Dinge gibt, von denen sie wissen, dass sie sie nicht wissen.[312] Solche Kategorien des Denkens sind Sprachmodellen fremd. Nur was in einem Text existiert, ist eine verarbeitbare Information. Entweder weiß ChatGPT etwas – oder eben nicht. Sprachmodelle reflektieren nicht darüber, was sie wissen *könnten*. Sie erkennen auch nicht, ob es sich um „gesättigtes" Wissen handelt, über deren Wahrheitsgehalt breite Einigkeit herrscht – oder nur erraten oder schlicht erfunden. Das macht Sprachmodelle prinzipiell anfällig für die Produktion von Falschinformation.[313]
- Zahlen und Rechnen: Sprachmodelle können häufig mit Zahlen und mathematischen Operationen nicht adäquat umgehen. Denn sie besitzen kein eigentliches Verständnis von Mathematik. Sie neigen auch dazu, eher kleine als große Zahlen zu nennen – kleine Zahlen kommen häufiger vor. So gibt es einen guten Grund, warum Sprachmodelle zum Beispiel ein Faible für die Zahl 42 haben.[314] Denn die spielt eine besondere Rolle in der oft zitierten Science-Fiction-Trilogie *Per Anhalter durch die Galaxis*.[315]

- Sprachmodelle stoßen eher auf das Allgemeine und Wahrscheinliche: Ungewöhnliche, seltene Themen oder Perspektiven sind ihnen fremd. Darum sind Zweifel berechtigt, ob sie auch seltene Vorkommnisse lernen oder sich daran erinnern können. Denn das benötigt sehr große Datenmengen. Zudem steht nicht für alle Sprachen im gleichen Ausmaß Text zur Verfügung. Das könnte zu einer Betonung von Englisch und westlicher Kultur führen, weil dafür die meisten digitalen Quellen verfügbar sind.

Sprachmodelle stoßen an Grenzen. Ihre Leistungsfähigkeit ist „brüchig“: Nur weil es in einem Gebiet gut abschneidet, muss das noch lange nicht für viele andere gelten.[316] Trotzdem eröffnen sie neue Perspektiven, denn gerade ihre Unvollkommenheit ist ein Anstoß für menschliche Kreativität. **Indem Menschen die Lücken der maschinellen Fähigkeiten füllen und Intuition einbringen, erzeugen sie eine Synergie, die über die Einzelschwächen von Mensch oder Maschine hinausreichen.** Damit ließe sich die Zukunft des Umgangs mit Wissen trefflich gestalten.

Alle diese Erkenntnisse über Sprachmodelle lenken unseren Blick auf das Wesen von Sprache selbst. Sprache ist nicht nur die Sammlung von Worten und Regeln. Sie ist der Spiegel eines komplexen Zusammenspiels zwischen Bedeutungen, kulturellen Erwartungen und menschlichem Ausdruck. Zwar analysiert ChatGPT große Mengen an Text. Aber es erfasst trotzdem nicht vollständig die Vielschichtigkeit und Tiefe der Kultur menschlicher Sprache. Erst wenn wir das Funktionieren von Sprache erkennen und die Fähigkeiten von Sprachmodellen gezielt einsetzen, erweitern wir die Potenziale der maschinellen Sprachverarbeitung und erschließen uns neue Horizonte in der Kommunikation mit Maschinen und im Verarbeiten von Daten, Information und Wissen.

Nachdem wir bis hier in groben Zügen skizziert haben, welche Tücken die Technologie einer Sprachmaschine unausweichlich mit sich bringt, wenden wir uns der nächsten Frage zu: **Wie spricht man ChatGPT an, damit man verstanden wird?** Was vordergründig verspricht, eine einfache Antwort zu sein, stellt sich bei genauem Hinsehen als vertrackte Angelegenheit heraus.

Kapitel kompakt

- Das von dem Philosophen John Searle konzipierte *Chinesische Zimmer* hinterfragt Künstliche Intelligenz: Ein Mensch übersetzt chinesische Fragen mit Anleitung, ohne Chinesisch zu verstehen. Searle behauptet aber, wahre Intelligenz benötige tiefes Verständnis, Kontext und Empfindungsfähigkeit, was maschinellen Algorithmen fehle.
- Ähnlich wie Improvisationsschauspieler nutzt ChatGPT Sprachmuster, um Antworten zu generieren. Dabei beeinflussen Umfang und Qualität der Trainingsdaten die Genauigkeit der Antworten.
- ChatGPT generiert Antworten basierend auf statistischen Formeln – nicht auf der Basis menschlichen Verstehens. Die Effektivität von Sprachmodellen wird durch die Anzahl seiner Parameter – bei GPT-3 sind es 175 Milliarden – bemessen.
- Durch eine Technik namens *Word Embedding* werden Wörter aus den Texten und deren Beziehungen zueinander anhand ihrer Häufigkeit und Position in den Texten analysiert und mathematisch kodiert. Während dieser Prozess leistungsfähige und informative Ergebnisse liefert, gehen dabei aber spezifische Details verloren. Kognitive Verzerrungen können sich verstärken, und das Modell kann veralten, wenn sich die Welt oder das Wissen darüber ändert.
- Der Informatiker David Kriesel bemerkte 2013, dass ein Xerox-Drucker mit Scan-Funktion Zahlen auf Ausdrucken vertauscht hatte. ChatGPT hat ein ähnliches Problem, da es Information verliert, wenn es seltene Wörter oder Phrasen nicht adäquat erfassen kann. Dieses Problem, zusammen mit der Tendenz zur Überanpassung, wird durch verschiedene Strategien zur Datensammlung und Störung des Trainingsprozesses gemildert. Aber die Möglichkeit unpassender Antworten basierend auf eingeschränktem Verständnis bleibt bestehen.

KAPITEL 14

Würde ChatGPT den Dichterfürsten verstehen?

„Handeln ist leicht, denken schwer;
nach dem Gedanken handeln unbequem.“
– Johann Wolfgang von Goethe

Der Mensch ist ein Sprachwunder. Jeder baut sich im Laufe seines Lebens sein eigenes Sprachmodell. Das geschieht ganz von allein. Eine Studie aus dem Jahr 1996 förderte Erstaunliches zu Tage:[317] Bereits acht Monate alte Säuglinge können aus längeren Phrasen einzelne Worte heraushören. Mit zwei Jahren beginnen sie, diese Worte zusammenzusetzen und zu kommunizieren.[318] Während sich das Fenster für Syntax oder Grammatik während der Vorschuljahre öffnet und sich schon mit fünf oder sechs Jahren wieder schließen kann, bleibt das für das Hinzufügen neuer Wörter ein Leben lang offen.[319]

Es gibt viele Wege, wie Menschen eine Sprache erlernen. Aber einige Mechanismen spielen dafür immer eine Rolle. Der erste Schritt besteht darin, von außen Beispiele für sprachliche Ausdrücke zu empfangen. Das geschieht durch Hören, Lesen oder die Interaktion mit anderen Sprechern. Dabei werden Wörter, Phrasen und die Grammatik aufgenommen und im Gehirn gespeichert. Während wir dem ausgesetzt sind, verarbeitet das Gehirn die Information und versucht, Muster und Regeln zu erkennen. Im Laufe der Zeit entsteht ein mentales Lexikon, in dem Wörter und ihre Bedeutungen abgelegt sind. Sobald genügend Wissen über die Sprache gesammelt worden ist, beginnt der Lernende, selbst Sprache zu produzieren. Zunächst sind das einfache Wörter und Sätze, schließlich werden die Ausdrücke komplexer, die Grammatik immer korrekter. Rückmeldung von anderen Sprechern und Selbstkorrektur merzt Fehler aus, das Sprachmodell verfeinert sich immer weiter. Regelmäßiges Anwenden in unterschiedlichsten Kontexten ist nun entscheidend für Fortschritte. Das Wissen verfestigt sich, das Sprechen wird flüssiger und natürlicher.

Schließlich beherrschen wir die Sprache. Aber welchen Umfang hat dann unser Wortschatz? Was würden Sie schätzen? Hunderttausend Worte? Eine Million? Sogar mehr? Es ist erstaunlich, wie viele Wörter wir uns im Laufe eines Lebens einprägen, und wie schnell wir neue Begriffe und Redewendungen aufnehmen. Tatsächlich lässt sich der eigene Wortschatz sogar durch einen Selbsttest schätzen.[320] Deutsche Erwachsene entwickeln einen aktiven Wortschatz zwischen 12.000 und 16.000 Wörtern.[321] Der mag dann vielleicht nicht ein Spiegel der Seele eines Menschen sein, sehr wohl aber ein Spiegel seiner Erziehung und seines Lebenslaufs.

Wären wir mit diesem Wortschatz aber ein angemessener Gesprächspartner für Johann Wolfgang von Goethe? Über seinen Wortschatz wissen wir nämlich gut Bescheid. Das Goethe-Wörterbuch ist ein lexikographisches Werk, das seinen Gesamtwortschatz in alphabetischer Reihenfolge dokumentiert.[322] Es umfasst rund 93.000 Einträge und gibt einen detaillierten Einblick in sein Denken.[323] Es wäre also möglich, dass sich Goethe langweilen würde über unsere Einlassungen bei einem Gespräch mit ihm, denn sein Vokabular überstiege das unsere um das Zigfache …

Ein anderes Gedankenexperiment: Was würde passieren, wenn Goethe sich auf ChatGPT einließe? Er galt als Universalgelehrter und war vielseitig interessiert, überblickte so verschiedene Bereiche wie Literatur, Naturwissenschaften, Philosophie und Kunst. Sicher wäre die KI fähig, mit dem Dichterfürsten auf Augenhöhe zu kommunizieren. Denn das gesamte Œuvre des Universalgenies ist vermutlich im Sprachmodell von ChatGPT vollständig abgelegt. ChatGPT könnte versuchen, sich an Goethes Sprachstil und seine Interessen anzupassen und ihn auf eine Art und Weise anzusprechen, die ihm vertraut vorkommen würde. Er parlierte dann mit einem Klon seiner selbst. Allerdings könnte das Gespräch kippen, sobald Goethe seine emotionale und empfindsame Seite zeigte. Hier könnte der Dialog aus dem Ruder laufen, weil Goethe nicht erfasst, dass ChatGPT zwar in natürlicher Sprache reagiert, aber auf seine emotionalen Einlassungen nicht adäquat reagieren könnte. Ein großer Sprachschatz allein reicht nicht aus für einen sinnvollen Dialog mit ChatGPT. Aber es lauern weitere Fallen.

Mehrdeutigkeit in der Kommunikation

Mehrdeutigkeiten in der Kommunikation treten auf, wenn eine Aussage unterschiedliche Interpretationen zulässt. Das führt oft zu Missverständnissen. Menschen sind manchmal gut darin, Widersprüche direkt zu erkennen und durch einfache Rückfragen aufzulösen. Denn ein Dialog zwischen Menschen bietet fast immer hilfreichen Kontext, der einen Sachverhalt klären kann. ChatGPT und sein Benutzer teilen allerdings keinen Kontext, wenn dieser dem Chatbot nicht in allen Nuancen erläutert worden ist. Es ist der Grund, warum sich ChatGPT so oft auf Allgemeinplätze verlegt oder einfach anfängt zu raten.

Ein gutes Beispiel für Mehrdeutigkeit im Alltag ist das Verwenden von Fachbegriffen in einer Anwaltskanzlei. Ein Rechtsdokument ist für eine Person ohne juristische Ausbildung schwer zu entziffern. Zum Beispiel hat der Begriff *Liquidation* verschiedene Bedeutungen, je nachdem in welchem Zusammenhang er verwendet wird: Wenn eine Gesellschaft aufgelöst wird, muss ihr Vermögen bewertet und die Verbindlichkeiten beglichen werden. Dieser Prozess wird als Liquidation bezeichnet. Ist dagegen ein Unternehmen insolvent und kann seine Verbindlichkeiten nicht mehr begleichen, kann es abgewickelt werden. Der Prozess dieser Abwicklung wird ebenfalls als Liquidation bezeichnet. Wenn dagegen ein Fonds geschlossen wird, muss das verbleibende Vermögen des Fonds an die Anleger zurückgezahlt werden. Dieser Prozess heißt ebenfalls Liquidation. Es ist also höchst relevant, den Kontext eines Wortes nicht außer Acht zu lassen, um seine genaue Bedeutung zu verstehen.

Viele Mehrdeutigkeiten verbergen sich typischerweise auch in Gesprächen zwischen Arzt und Patient. Wenn der Arzt den Patienten auffordert, eine Medikamentendosis einzunehmen, kann der Patient diese Anweisung falsch interpretieren. Zum Beispiel könnte der Arzt sagen: *„Nehmen Sie zweimal täglich eine Tablette ein!"*, aber der Patient versteht stattdessen: *„Nehmen Sie zwei Tabletten täglich ein!"*.

Was in Gesprächen mit Anwälten und Ärzten schiefläuft, spielt auch in Dialogen mit ChatPGT eine Rolle. Hier bedeutet Mehrdeutigkeit, dass eine Frage nicht so eindeutig formuliert wurde, dass daraus eine klare Antwort folgen könnte. Wenn ChatGPT die Frage andererseits falsch interpretiert, kann die Antwort möglicherweise nicht hilfreich oder sogar irreführend sein. Eine Frage könnte etwa lauten: *„Wann wurde der erste Computer erfunden?"* Ohne genauere Angaben bleibt unklar, welche Art von Computer gemeint ist (elektronisch, mechanisch, etc.) oder welchem Kriterium überhaupt „erster" genügen sollte (z. B. erster funktionsfähiger Computer oder erster Computer, der kommerziell erfolgreich war). Dann fällt die Antwort schwammig aus oder ist sogar falsch. Um dieses Problem zu lösen, muss eine Frage an ChatGPT präzise formuliert sein. Man fragt etwa: *„Wann wurde der erste elektronische Computer erfunden?"* oder *„In welchem Jahr wurde der Zuse Z4 erfunden?"* Erst Details helfen ChatGPT, die Frage genau zu verstehen und eine präzise Antwort zu liefern. Zwar interpretiert ChatGPT auch mehrdeutige Fragen und liefert Antworten – aber je konkreter die Frage, desto besser wird die Antwort ausfallen.

Wie spricht man mit ChatGPT, um nicht nur richtige Antworten zu erhalten, sondern auch noch gute? Dafür hat sich eine besondere Form des Fragens an Chatbots etabliert, die man als eine Art „Sprach-Etikette" für ChatGPT bezeichnen könnte.

Prompt Engineering: Wie spricht man mit einer Maschine?

Prompt Engineering (dt. etwa: das Entwickeln von Eingabeaufforderungen) ist der Begriff, mit dem die Art und Weise beschrieben wird, wie eine Interaktion mit ChatGPT abläuft. Es ist so etwas wie das Lesen, Schreiben und Rechnen in der Grundschule – nur jetzt zum Bedienen von ChatGPT. Erst wer Prompt Engineering beherrscht, schöpft die vielfältigen Möglichkeiten von ChatGPT wirklich aus. Denn Prompt Engineering ist weit mehr als das Stellen von Fragen.

Die Kunst des Prompt Engineering ist vergleichbar mit der Fähigkeit, eine effektive Unterhaltung mit einem Experten zu führen. In diesem Fall ist dieser Experte eine KI. Stellen Sie sich vor, Sie interagieren durch ChatGPT mit diesem Experten. Der beantwortet bereitwillig jede Frage und sprüht vor Ideen. Um von seinem Wissen zu profitieren, müssen Sie allerdings auch sehr kluge Fragen stellen können. Denn nur dann wird er verstehen, was Sie benötigen. Ihr wichtiges Ziel für ein Gespräch mit ChatGPT lautet deshalb: Vermeiden Sie Missverständnisse! Je besser Sie darin werden, Aufforderungen zu formulieren, desto eher werden die Antworten der KI Ihren Erwartungen entsprechen. Die Grundregel des Prompt Engineering lautet: **Seien Sie in Anfragen so eindeutig und klar wie möglich.** Wenn Sie *„Lasagne-Rezept"* eingeben, wird ChatGPT ein Standardrezept für Lasagne auswerfen. Das enthält mit ziemlicher Sicherheit tierische Produkte, denn die Eingabe ist allgemein gehalten. Wer ein veganes Rezept benötigt, betone das auch. Bitten Sie um genau das, was Sie wirklich wollen. Eine klar formulierte Anfrage könnte lauten: *„Gib mir ein Rezept für eine vegane Lasagne."* In diesem Fall haben Sie ChatGPT klar gemacht, dass Sie ein Rezept für Lasagne suchen – aber sie muss vegan sein. KI-Systeme wie ChatGPT nehmen Eingaben wörtlich. Sie stützen sich auf jeden Fetzen bereitgestellter Information, um eine Antwort zu formulieren.

Sind Sie mit dem Ergebnis zufrieden, dann ist es gut. Sonst bestände der nächste Schritt darin, die Anforderungen auf der Grundlage der bis dahin erhaltenen Antwort weiter zu präzisieren. Wenn ChatGPT etwa das Rezept für die vegane Lasagne ausgespuckt hat, könnte die nächste Bitte lauten: *„Kalkuliere dieses Rezept für vier Erwachsene."* Wenn die Lasagne in trockenen Tüchern ist, könnte als nächster der Sommelier in ChatGPT befragt werden: *„Welcher Wein passt zu Lasagne?"* Sollten die Ausführungen zu *Sangiovese*, *Barbera*, *Merlot*, *Primitivo*, *Zinfandel* und *Côtes du Rhône* noch keine Entscheidung zulassen, sind weitere Rückfragen gestattet. Wenn die Antwort nicht genau dem entspricht, was Sie sich erhoffen, müssen Sie die Aufforderungen anpassen. **Es ist wie ein Tanz zwischen Mensch und Maschine: Sie beschreiben immer genauer, was sie wirklich wollen; ChatGPT findet immer präzisere Formulierungen, um die Anfrage exakt zu beantworten.**

Auch für Prompt Engineering gilt: Übung macht den Meister. Deshalb ist diese Erfahrung dem Erlernen einer neuen Sprache nicht unähnlich. Je mehr Sie mit ChatGPT interagieren, desto besser werden Sie darin. Es ist ein fortlaufender Prozess des Lernens, Anpassens und Weiterentwickelns. Mit Geduld und Übung werden Sie bald fließend in der Kunst des Prompt Engineering sein. Auch der Ausbildungsmarkt hat diesen neuen Bedarf längst entdeckt und wächst beständig, und es gibt viele Möglichkeiten, sich die Fähigkeit des Prompt Engineering systematisch zu erschließen.[324]

Mit Prompt Engineering holen Sie aus ChatGPT heraus, was möglich ist. Die Antworten hören sich erstaunlich oft intelligent an und sind auf den ersten Blick nicht von denen eines menschlichen Experten zu unterscheiden. Deshalb drängt sich tatsächlich die Frage auf: Von welcher Art von Intelligenz sprechen wir, wenn ChatGPT sie anscheinend zeigt?

Flüssige oder feste Intelligenz?

Der Psychologe Raymond Cattell schlägt vor, die menschliche Intelligenz einzuteilen in *fluide Intelligenz* und *kristalline Intelligenz*.[325] Die fluide bezieht sich auf die Fähigkeit einer Person, in neuen Situationen zu denken und Probleme zu lösen – unabhängig von jeglichem Vorwissen oder jeder Erfahrung. Dazu gehört das Abstrahieren von Zusammenhängen und das Erkennen von Mustern. Fluide Intelligenz gilt als weitgehend angeboren und wird als mit dem Alter tendenziell abnehmend beschrieben. Kristalline Intelligenz dagegen bezieht sich auf das Wissen und die Fähigkeiten, die eine Person durch ihre Bildung und Lebenserfahrung über lange Zeit erworben hat. Dazu gehört etwa der effektive Gebrauch von Sprache, das kluge Anwenden mathematischer Konzepte oder das Lösen von Problemen aufgrund umfangreicher Erfahrung und erlernten Strategien. Deshalb steigt kristalline Intelligenz mit dem Alter eher an, weil Menschen im Laufe ihres Lebens immer mehr Wissen und Erfahrung ansammeln und abrufen können.

Wann brauchen wir fluide Intelligenz, wann kristalline? Ein Beispiel sind etwa die Phasen, die ein Ingenieur bei der Konstruktion eines neuen Produkts durchläuft. Die Stärken fluider Intelligenz kommen in den frühen Stadien des Designprozesses zum Tragen: Ingenieure müssen komplexe Probleme identifizieren und analysieren, suchen neue Ideen und entwickeln kreative Lösungen. Das erfordert strenges, abstraktes Denken, aber vor allem die Fähigkeit, übergreifende Muster zu erkennen. Die Notwendigkeit kristalliner Intelligenz nimmt dagegen in den späteren Stadien des Designprozesses zu. Denn dann gilt es, das Ingenieurswissen zu nutzen, um ein Design zu verfeinern und zu optimieren. Das erfordert das Anwenden von spezifischem Wissen und Vorgehensweisen wie z. B. Kenntnisse über Materialien, den Ablauf des Herstellungsprozesses oder das Einhalten einer Vielzahl von Ingenieurstandards.

Wenn diese Kategorisierung die Varianten menschlicher Intelligenz besser verstehen lässt, gilt das auch für einen Blick auf ChatGPT? Dieselbe Aufteilung hilft in der Tat, auch die simulierte Intelligenz eines Sprachmodells besser zu verstehen. ChatGPT zeigt seine Stärken in der fluiden Intelligenz. Es wird auf umfangreichen Texten trainiert, die eine unendlich breite Palette von Themen und vielfältigen Sprachmustern umfasst. Diese Datengrundlage prädestiniert das Sprachmodell, Antworten zu geben, die ein hohes Maß an abstraktem Denken und Fähigkeiten zur Problemlösung erfordern.

Nicht so gut steht es dagegen um die kristalline Intelligenz von ChatGPT. Denn sein Wissen basiert ausschließlich auf dem Zusammenwürfeln von Text, der vorliegt. Obwohl das sehr viel ist, existieren auch immer Aspekte bei Themen, die nur selten oder gar nicht dokumentiert sind. So entsteht kein intuitives Verständnis für die Tiefe eines Themas, die sich ein menschlicher Experte im Laufe einer langen Arbeitskarriere angeeignet hätte. Der vielleicht wichtigste Faktor, der die Schwäche von ChatGPT für kristalline Intelligenz demonstriert, ist die vollständige Abwesenheit emotionaler Aspekte, die eine eigene Persönlichkeit ausmachen. So, wie ChatGPT das Wissen von Millionen Menschen repräsentiert, repräsentiert es auch Millionen Schattierungen unterschiedlicher emotionaler Erfahrungen, die sich in den Trainingstexten niedergeschlagen haben – allerdings alles miteinander vermischt in einem riesigen Gefühlsozean. Obwohl ChatGPT frappierend plausible Antworten liefert, die informativ und zusammenhängend sind, kann es keine menschliche Emotion verstehen und angemessen darauf reagieren.

ChatGPT demonstriert eine unermesslich große fluide Intelligenz – aber eine nur marginale kristalline. Diese Umstände bestimmen also die Art und Weise eines Chatbot-Dialogs: Das Sprachmodell antwortet auf komplexe Fragen, die ein hohes Maß an abstraktem Denken und logischem Schlussfolgern erfordern. Es stößt jedoch auf Schwierigkeiten, auf Fragen einzugehen, deren Antwort spezifisches Wissen, Lebenserfahrung oder individuelle Erlebnisse benötigen. Klinisch gesprochen besitzt ChatGPT eine Inselerfahrung, es agiert wie ein Savant.[326]

Wir haben gesehen, dass ChatGPT sowohl Stärken als auch Schwächen zeigt, denen wir uns bewusst sein müssen. Nun wenden wir uns einem Thema zu, das noch weitreichendere Konsequenzen für die Nutzung hat. Denn in böswilliger Absicht ist Sprache immer eine scharfe Waffe. Die vielen Vorfälle und Debatten um systematische Desinformation in den letzten Jahren sind uns dafür eine Warnung.[327] Könnte es also sein, dass ChatGPT unser Denken manipuliert? Tatsächlich ist das erschreckend einfach möglich.

Viren oder Monster? Die Macht der Metapher

Die Psychologen Lera Boroditsky und Paul Thibodeau konfrontierten Versuchspersonen sinngemäß mit folgender Lage: „*Sie sind Beamter der Stadt Allison und sehen sich folgender Situation gegenüber. Raubüberfälle häufen sich, Hauseinbrüche nehmen zu, die Mordrate hat sich in drei Jahren verdoppelt. Wie sollten Sie darauf reagieren? Die Sicherheitskräfte verstärken, mehr Streifen fahren lassen und die Kriminellen schneller verhaften? Oder besser Jugendhäuser fördern, marode Schulen renovieren und öffentliche Parks in Stand setzen?*“[328] Die Beschreibung ist für zwei Gruppen identisch – bis auf eine winzige Ausnahme: In einer Version ist die Rede davon, dass die grassierende Kriminalität eine *Bestie* sei, in der zweiten ist es ein *Virus*. Tatsächlich reicht diese Kleinigkeit aus, dass die Versuchsteilnehmer statistisch anders reagieren. Sind es Bestien, die die Stadt heimsuchen, befürworten sie eher polizeiliche Maßnahmen. Infiziert dagegen ein Virus die Stadt, setzen die Probanden auf soziale Programme. Die Antwort hing davon ab, welche Metapher den Probanden angeboten wurde, sich in diese Situation hineinzudenken und daraus Schlüsse zu ziehen.

Unsere Sprache ist gespickt mit Metaphern. Sie durchziehen unser Sprechen, sind uns aber selten bewusst. Wir wachsen mit ihnen auf. Denn Metaphern haben einen großen Vorteil. Sie eignen sich als Denkwerkzeuge, um sich schwierige Themen in einfachen Worten zu vergegenwärtigen. Linguistisch gesehen ist die Metapher ein sprachlicher Ausdruck, bei dem ein Wort oder eine Wortgruppe aus dem Kontext einer Bedeutung in einen anderen Kontext übertragen wird. „*Die ganze Welt ist eine Bühne und alle Frauen und Männer bloße Spieler.*“ ist eine Metapher. Sie überträgt Begriffe, Bedeutungen und Konzepte aus dem Bereich Theater auf den Bereich Leben. Der Organisationstheoretiker Gareth Morgan schreibt, Metaphern seien *„eine Urkraft, durch die Menschen Sinn erschaffen, indem sie das Element der Erfahrung nutzen, um ein anderes zu verstehen.“*[329] Unbewusst strukturieren Metaphern große Teile unseres Denkens. Sie sind einfach zugänglich, weil wir gut trainiert sind, in ihnen zu denken, zu reden und zu handeln. Mit Metaphern teilen wir Themen, wenn uns die richtigen Worte fehlen. Sie erweitern unseren Sprachschatz, verbreitern den Denkhorizont und sind sogar ästhetischer Genuss (*„Ich bin so wild nach deinem Erdbeermund.“*[330]). Metaphern schaffen Einsichten, die sonst verborgen blieben; sie zwingen uns, jedes Ding aus anderen Blickwinkeln zu betrachten und darum besser zu verstehen.

Ohne Metaphern – und ihre Verwandten, die Allegorien, Parabeln und Gleichnisse – wären wir sprachlos. Denn was bliebe übrig, wenn diese Denkfiguren wegfielen? Sprache wäre das Aneinanderreihen logischer Aussagen: *„Die Welt ist eine Welt.“*, *„Die Bühne ist eine Bühne.“* Aber nicht: *„Die Welt ist eine Bühne!“* Oder *„Das Herz pocht.“*, *„Das Herz pocht unruhig.“*, *„Das Herz pocht schnell.“* Aber nicht: *„Sie bricht mir das Herz!“* Uns bliebe der Reichtum verborgen, den eine gute Metapher transportiert. Dabei gilt: Je einfacher und allgemein verständlicher eine Metapher ist, desto eher wird sie verstanden. Sie entfaltet ihre Wirkung ohne Umweg. Viele Metaphern haben es in unseren Bildungskanon geschafft, um komplexe Ideen verständlich auszudrücken:

- *„Die Evolution ist der Baum des Lebens.“* – Charles Darwin
- *„Religion ist Opium für das Volk.“*[331] – Karl Marx
- *„Gott würfelt nicht.“*[332] – Albert Einstein

Aber auch Metaphern stoßen an ihre Grenzen. Das liegt in ihrem Wesen begründet. Eine Metapher soll helfen, über eine komplexe Sache in den Begriffen einer anderen Wissensdomäne zu sprechen. Diesen Transfer vollziehen Metaphern nur zu einem bestimmten Grad. Einerseits eröffnen sie neue Einsichten, die schwierige Dinge einfach erscheinen lassen. Aber jede Metapher hat natürliche Grenzen. Sie kann und soll nicht jeden Aspekt einer Wissensdomäne in den Worten einer anderen erklären. Deshalb lassen sich Metaphern auch „überdehnen.“ Es wird ihnen mehr Erklärbarkeit zugestanden als tatsächlich möglich ist. Eine gute Metapher formt Gedanken in spezieller Weise. Sie lenkt den Blick direkt auf Aspekte, die sich am schnellsten intuitiv erschließen. Das erzwingt eine „einseitige“ Sicht. Besondere Aspekte treten ins Rampenlicht, andere dagegen in die zweite Reihe. Solange wir diese Begrenztheit akzeptieren, die blinden Flecken erkennen, halten wir mögliche Widersprüche aus. Soll eine Metapher aber zu viel auf einmal erklären, dann wird sie missbraucht.

Welche Konsequenz hat es für ChatGPT, dass Metaphern eine so große Bedeutung für das Verstehen und Gestalten von Sprache einnehmen? ChatGPT ist programmiert, natürliche Sprache zu verstehen und zu erzeugen. Deshalb reagiert es auch auf Metaphern in Texten und Gesprächen. Aber wir haben gesehen, dass Menschen bereits durch die Manipulation eines einziges Wortes in einem langen Text auf andere Gedanken kommen. Das mag in Ordnung sein, solange ein Benutzer darauf vertrauen kann, dass ChatGPT nicht manipuliert wurde, ihn subtil auf erwünschte Gedanken zu bringen. Hier eröffnen sich dramatische Möglichkeiten für Manipulation, deren Konsequenzen wir verstehen und darauf reagieren müssen. Aber damit noch nicht genug.

Wenn es nach der Informatikern Melanie Mitchell geht, plagen Chatbots wie ChatGPT noch viel grundsätzlichere Probleme.[333] Und das hat schon wieder mehr mit uns zu tun als mit dem, was die Maschine anrichtet. Mitchell argumentiert, dass Fortschritte in einer spezifischen KI-Aufgabe oft als erster Schritt in Richtung allgemeiner KI verstanden werden. Sie erkennt einen tragischen Trugschluss: Wenn eine Maschine eine spezifische Aufgabe gut erfüllen kann, hat das nicht zwingend zur Folge, dass man damit auf dem Weg zu einer immer besseren KI sei. Mitchell benennt unangemessene Schlussfolgerungen zur laufenden Steigerung der Leistungsfähigkeit von Sprachmodellen als großes Problem. Eine weitere Fehlannahme basiert nach ihrer Einschätzung auf einem großen Missverständnis darüber, welche Aufgaben für Maschinen einfach oder schwierig seien: Dinge, die Menschen ohne viel Nachdenken tun wie Wahrnehmung und Mobilität, stellen sich als große Herausforderung für Maschinen heraus. Umgekehrt seien Aufgaben, die für Menschen sehr schwer seien – wie etwa das Lösen mathematischer Probleme – oft einfacher für Maschinen. Mitchell interpretiert damit für Sprachmodelle das schon lange bekannte *Moravec Paradox*.[334] Danach verfallen selbst Experten einem Wunschdenken, weil sie diese Sprache nicht präzise genug verwendeten. Denn sie nutzten ein Begriffsvokabular, das mit dem Beschreiben menschlicher Intelligenz in Verbindung gebracht werde, um damit das Verhalten von KI zu erklären. Das sei irreführend und beeinflusse unbewusst, wie wir über KI-Systeme nachdenken und implizit annähmen, dass Maschinen und Menschen sich ähnelten.

Nachdem wir uns mit der praktischen Funktionsweise von ChatGPT auseinandersetzt haben, werfen wir nun einen letzten Blick auf den Chatbot. Wo liegen seine Grenzen?

Kapitel kompakt

- Mehrdeutigkeiten in der menschlichen Kommunikation führen oft zu Missverständnissen. Das passiert im Zusammenleben von Menschen wie bei Anwälten oder Ärzten ebenso wie im Dialog mit ChatGPT. Das Bemühen um klare Fragen trägt maßgeblich dazu bei, die Genauigkeit und Nützlichkeit der Antwort einer KI zu erhöhen.
- *Prompt Engineering* ist der Prozess der klaren und eindeutigen Formulierung bei Anfragen an eine KI wie ChatGPT, um gute Antworten zu erhalten. Jeder kann diese Fähigkeit durch Übung lernen und verfeinern. Das Angebot an spezialisierten Trainingsmöglichkeiten nimmt stetig zu.
- Metaphern beeinflussen massiv unsere Art des Denkens und Handelns. ChatGPT reagiert zwar auf gängige Metaphern, hat jedoch Schwierigkeiten mit neuen oder komplexen. Einige Forscher argumentieren, dass dies ein grundsätzlicher Unterschied zwischen menschlicher und maschineller Intelligenz bleiben werde.
- Fortschritte in spezifischen KI-Aufgaben führen nicht zwangsläufig zu allgemeiner KI. Experten nutzen irreführende Sprache und belegen ihre Behauptungen mit zweifelhaften Annahmen, die dazu führen, dass Menschen fälschlicherweise annehmen, Maschinen und Menschen wären ähnlich intelligent.

KAPITEL 15

Was ChatGPT nicht kann

„Wovon man nicht sprechen kann, darüber muss man schweigen.“
– Ludwig Wittgenstein

Wie intelligent ist ChatGPT?

Sie selbst sind intelligent und haben es an Ihre Kinder vererbt. Meine Intelligenz reicht zumindest aus, um ein Buch zu schreiben. Doch selbst Experten, die aufgrund ihres Berufes als intelligent angesehen werden, können die Frage nicht beantworten: Was ist Intelligenz? Der Begriff der Intelligenz geht zurück auf das Jahr 1904. Der Psychologe Charles Spearman führte an Versuchspersonen verschiedene kognitive Tests durch.[335] Dabei erkannte er, dass bestimmte Faktoren über alle Tests hinweg miteinander korrelieren und schloss daraus, dass es ein Phänomen geben müsse, das die Intelligenz einer Person erfasse. Er nannte es „Faktor g“. Seine Idee stieß von Anfang an auf Kritik und es gab seitdem viele weitere Versuche, die Natur der Intelligenz zu erfassen. Aber auch fast 120 Jahre später hat sich keine einheitliche Definition durchgesetzt.

Das hält indes niemanden davon ab, sich Tests auszudenken, um den Intelligenzquotienten (IQ) des Menschen zu messen. IQ-Tests sind angelegt, kognitive Aspekte wie Schlussfolgern, Problemlösen und abstraktes Denken zu erkennen. Ein oft genutzter IQ-Test ist die *Wechsler Adult Intelligence Scale (WAIS)*.[336] Der erste Teil misst Fähigkeiten wie Vokabular, Verständnis und Arithmetik. Er wird in der Regel mithilfe schriftlicher oder gesprochener Anweisungen durchgeführt. Der zweite Teil erfasst das Vermögen zu räumlicher Vorstellung und die visuell-motorische Koordination. Beispiele für den letzteren Teil sind etwa Mustervergleiche wie das Interpretieren von Bildern oder Zahlen und Symbolen. Aus den Resultaten beider Teilaufgaben setzt sich der IQ zusammen. Der misst die allgemeine kognitive Fähigkeit einer Person im Vergleich zu anderen. Der Durchschnitts-IQ liegt bei 100 – mit einer Standardabweichung von 15 Punkten –, womit also zwei Drittel der Bevölkerung zwischen 85 und 115 Punkten liegen.

Der IQ-Test ist für Menschen standardisiert. Da liegt es nahe, ChatGPT ebenfalls damit zu konfrontieren. Der Psychologe Eka Roivainen versuchte es und errechnete für ChatGPT auf Anhieb einen IQ von 115[337] und zeigte sich überrascht: *„ChatGPT hat es* *geschafft und Antworten gegeben, die oft sehr detailliert und umfassend waren und sogar die Kriterien für korrekte Antworten überschritten haben, die im Testhandbuch angegeben waren.*“[338] Aber Roivainen zog trotzdem eine durchwachsene Bilanz. Ihn irritierte die Geschwätzigkeit von ChatGPT: Auf die Frage „*Wie sind sich Harry Potter und Bugs Bunny ähnlich?*“ kam nicht die direkte Antwort, beide seien fiktionale Charaktere. Stattdessen lieferte ChatGPT derart umfangreiche Beschreibungen beider Figuren, dass Roivainen die Ausgabe abbrach. Seine Analyse schließt er mit einem Satz, den bereits seinen Kollege Edwin Boring im Jahr 1923 für die Aussagekraft von Intelligenztests traf: „*Intelligenz ist das, was Intelligenztests messen.*“[339]

Was ist also die wirkliche Erkenntnis über den IQ-Test von ChatGPT? **Heutige Intelligenztests haben sich einmal mehr als unbrauchbar herausgestellt – jetzt nicht nur für Menschen, sondern auch noch für Maschinen.** ChatGPT ist lediglich ein neuer Hinweis darauf, dass wir das Phänomen menschlicher Intelligenz noch lange nicht wirklich ergründet haben. Unsere Besorgnis über die Tatsache, dass ChatGPT überdurchschnittlich in menschlichen Intelligenztests abschneidet, sagt mehr über unser Unvermögen aus, dieses Fakt einzuordnen als über die tatsächlichen Fähigkeiten von ChatGPT.[340]

Aber bei der Frage der Intelligenz bleiben wir nicht stehen. Ein Aspekt, auf den wir zwingend irgendwann stoßen, wenn wir über die Intelligenz hinausschauen, lautet: Was ist Bewusstsein?

Verstehen wir Fledermäuse?

Im Jahr 1974 veröffentlichte der Philosoph Thomas Nagel einen Aufsatz mit einem überraschenden Titel: *Wie ist es, eine Fledermaus zu sein?*[341] Die Publikation erregte Aufsehen, weil sie die subjektive Erfahrung von Lebewesen und die Rolle von Bewusstsein diskutierte. Nagel fragte, ob Menschen sich überhaupt in eine andere Art von Lebewesen hineinversetzen können – beispielsweise in eine Fledermaus. Er argumentierte, dass dies unmöglich sei. Denn Fledermäuse seien Säugetiere, die sich z. B. hauptsächlich durch Echos orientierten. Dafür senden sie Schallwellen aus und nehmen die Echos dieser Schallwellen wahr, um die Umgebung zu erfassen und darin zu navigieren. Menschen aber können diese Erfahrung gar nicht kennen – ihnen fehlt ein Organ dafür. Daraus schließt Nagel, dass wir zwar viele Fakten über das Gehirn und das Verhalten von Fledermäusen sammeln könnten. Aber das subjektive Erleben des Fledermaus-Seins bleibe unzugänglich. Diese subjektive Perspektive eines Lebewesens wird als *Qualia* bezeichnet. Sie gilt als zentrales Merkmal von Bewusstsein.[342, 343] Ihr Wesen entzieht sich allerdings der bloßen Kenntnis physikalischer oder funktionaler Zusammenhänge. Das hat nach Nagels Argument wichtige Implikationen für die Philosophie des Geistes: Nach seiner Auffassung sei es unmöglich, Geist und Bewusstsein auf materielle Prozesse zu reduzieren. Subjektives Erleben von Bewusstsein werde möglicherweise nie vollständig zu erklären sein.

Was können wir über das Bewusstsein von ChatGPT sagen? Nach allem, was Experten bisher dazu geforscht haben, gibt es keinen starken Hinweis für Qualia. Sprachmodelle hätten bisher nichts entwickelt, das dem Erleben eines höheren Lebewesens auch nur in Ansätzen nahegekommen wäre. Obwohl uns in den nächsten Jahren viele Diskussionen über das Bewusstsein von Sprachmodellen ins Haus stehen,[344, 345] sprechen viele profunde Gründe dagegen wie etwa das Fehlen körperlichen Erlebens, das großen Einfluss auf das Denken hat.[346] Aber das schließt trotzdem nicht aus, dass KI-Systeme eines Tages Bewusstsein erlangen könnten. Selbst OpenAI verfolgt bereits Ansätze, um diese Erkenntnislücke zu schließen. Anscheinend ist geplant, ChatGPT in Roboter zu verbauen.[347]

Sollte sich irgendwann herausstellen, dass Sprachmodelle etwas dem Bewusstsein auch nur Vergleichbares herausbilden, ständen uns auf einen Schlag sehr sperrige Fragen ins Haus. Dürften wir diese KI abschalten? Bekäme KI einklagbare Rechte, die man heute Menschen und bald vielleicht Tieren zusprechen würde?[348] Wie würde das Zusammenleben mit bewussten Maschinen überhaupt ablaufen? Würde etwa ChatGPT ein Bewusstsein entwickeln, würde es wohlmöglich Gefühle zeigen (nicht nur simulieren!) und subjektive Erfahrungen kommunizieren. Wie gingen wir mit solchen Mitteilungen um?

Forscher verhandeln den Entwicklungsstand eines solchen KI-Systems unter dem Begriff *Artificial General Intelligence (AGI)* (dt.: Generelle Künstliche Intelligenz).[349] KI-Systeme dieser Art könnten so komplex und fortgeschritten sein, dass wir sie noch weniger verstehen als jetzt. Sie würden menschengleiche kognitive und emotionale Fähigkeiten besitzen und eine Vielzahl mentaler Aufgaben bewältigen. Ob oder wann wir diesen Punkt erreichen, bleibt offen. Dennoch ist es wichtig, sie im Hinterkopf zu behalten, denn der Fortschritt in der KI-Forschung ist oft nicht vorhersehbar und schreitet in großen Schritten voran.

Träumen Androiden von elektrischen Schafen?

„Gibt es Leben auf dem Mars?“ ist eine Frage, die viele fasziniert – und sie ist ein gutes Beispiel für das psychologische Phänomen der *Pareidolie*.[350, 351] Das beschreibt die Neigung des Gehirns, bekannte Bilder oder Muster in zufälligen oder unspezifischen Daten zu erkennen, eine Art optische Täuschung oder Fehlinterpretation. Etwas Bekanntes wird wahrgenommen, obwohl nur ein vager oder zufälliger Stimulus darauf hinweist. So entstand das berühmte „Gesicht auf dem Mars“ – eine Felsformation, die unter bestimmten Lichtverhältnissen einem menschlichen Gesicht zu gleichen scheint. Wir stolpern täglich über Pareidolie, wenn wir Gesichter in Wolken sehen, ein Augenpaar in Steckdosen erkennen oder das Strömungsmuster der Milch in einer Kaffeetasse einen Mund malt.

Abbildung 14: Das Gesicht auf dem Mars

Der Pareidolie ähnlich ist unsere Neigung zur *Anthropomorphisierung* (dt.: Vermenschlichung), ein ebenfalls tief verwurzeltes Verhalten.[352] Das Vermenschlichen beginnt bei Eigenschaften wie Absichten oder Gefühle. Das unterstellen wir häufig Hunden und Katzen, manchmal Gegenständen und Naturphänomenen und nun immer mehr der Technik und Maschinen. Deshalb taucht Vermenschlichung immer öfter auf in der Interaktion zwischen Mensch und Maschine.

Der Sprachdialog ist so etwas wie die Königsdisziplin der Vermenschlichung. Denn Sprachassistenten wie ChatGPT sind ja gerade darauf angelegt, dieses heimelige Gefühl des zwischenmenschlichen Verstehens zu erzeugen. Auf den ersten Blick ist das ein Vorteil. Denn es ermöglicht eine natürliche Interaktion, wir können intuitiv mit Maschinen interagieren. Die beiden Organisationsforscher Paul Leonardi und Tsedal Neely dagegen sehen ein großes Problem: *„Es scheint, dass unser gemeinsamer Impuls, uns mit Menschen zu verbinden, oft in unsere Interaktion mit Maschinen hineingrätscht."* Deshalb warnen sie: *„Auch wenn sie menschenähnlicher werden, müssen wir sie als Maschinen betrachten – sie benötigen explizite Anweisungen und konzentrieren sich auf eng begrenzte Aufgaben."*[353] Ihre Schlussfolgerung lautet, dass für die absehbare Zukunft der Schlüssel zum klugen Umgang mit Maschinen darin liege, Technologien auch als solche zu behandeln – unabhängig davon, wie menschenähnlich oder intelligent zu sein scheinen. Tatsächlich vergessen Nutzer in der Interaktion mit ChatGPT häufig, dass sie mit einer Maschine kommunizieren.[354] Und die Entwickler solcher Systeme übersehen oft, wie leicht dies geschehen kann (oder provozieren es sogar, ohne sich der Konsequenzen bewusst zu sein). Warum fallen wir so leicht auf die Simulation eines Gesprächs herein?

Erstens spiegelt ein derartiger Dialog mit einer Maschine eine uns vertraute Situation. Und wenn ChatGPT fähig ist, einen Dialog in Form von Fragen und Antworten zu führen, ähnelt er frappierend dem zwischen einem Laien und einem Experten. Das führt unterbewusst dazu, dass Benutzer sich immer mehr so verhalten, als ob sie mit einer anderen Person sprechen. Das Muster der Interaktion entspricht dem, was sie gewohnt sind. Ein kleiner Test für Sie: Wenn Sie mit ChatGPT interagieren, wie oft eröffnen Sie einen Wunsch mit „*Bitte …*"? Wie oft reagieren Sie auf eine Antwort mit „*Danke …*"?

Zweitens spielt die Projektion unserer Erwartung eine Rolle. Menschen neigen dazu, ihre Wünsche über die Qualität der Antworten durch einen Experten auf die KI zu projizieren. Wenn die Maschine informative Antworten liefert, erfüllen sich die Erwartungen. Es verstärkt die Illusion, mit einem Menschen zu sprechen.

Ein dritter Punkt ist subtiler. Es ist der *Schreibmaschinen-Effekt*.[355] Die Antworten von ChatGPT werden buchstabenweise ausgegeben. Das ist eine starke Metapher (Kapitel 14) für das Vergehen von Zeit – ähnlich dem Balken, der den Fortschritt für das Herunterladen digitaler Dateien symbolisiert. Dieses visuelle Verstreichen von Zeit erweckt den impliziten Eindruck, die Maschine denke nach. Zeitliche Verzögerung wird fälschlicherweise umgedeutet in Gedankenarbeit – vergleichbar etwa Menschen, die pausieren, bevor sie eine Antwort geben. In Wirklichkeit ist diese buchstabenweise Ausgabe rein technisch bedingt.

Das Problem der Vermenschlichung greift der Science-Fiction-Autor Philip K. Dick bereits im Jahr 1968 auf. Etwas mehr als 50 Jahre später hat uns sein damals hypothetisches Problem bereits eingeholt. In der Kurzgeschichte *Träumen Androiden von elektrischen Schafen?* spielt ein fiktives Gerät namens Voight-Kampff-Maschine eine zentrale Rolle.[356] Sie wird verwendet, um einen besonderen Test durchzuführen. Er bestimmt, ob eine Person ein Mensch oder ein Android ist. Dafür misst die Maschine Körperfunktionen wie Atmen, Herzfrequenz, das Erröten und Bewegen der Augen in Reaktion auf emotional provokante Fragen. Die Androiden im Roman zeigen Schwierigkeiten, menschenähnliche Gefühle zu zeigen. Der Voight-Kampff-Test ist darauf ausgelegt, diesen Unterschied zu erkennen. Er thematisiert ein häufiges Sujet von Zukunftsdystopie, **nämlich die Herausforderung, zwischen biologischen und künstlichen Wesen unterscheiden zu können. Mit ChatGPT sind wir in dieses Zeitalter eingetreten.**

Mehr Text! Von ChatGPT zu Multimodalität

Die letzten Worte eines Großen hallen durch den Raum, während die Kerzenflammen flackern und ein Hauch von Vergänglichkeit in der Luft liegt. Wir bemühen Johann Wolfgang von Goethe ein letztes Mal in diesem Buch: Der weise Dichter und Denker erhebt sich am 22. März 1832 von seinem Sterbebett und richtet den Blick in die Unendlichkeit. Die Anwesenden lauschen gebannt, und er spricht mit fester Stimme: „*Mehr Licht!*" Ob diese Worte verbürgt sind, darüber streiten sich die Koryphäen noch heute.[357] Aber Goethes scheinbar letzter Ausruf ist ein schöner Übergang, um eine Frage zu stellen, die Sie sich vielleicht bereits gestellt haben: Ist „*Mehr Text!*“ die magische Formel, um Sprachmodelle in neue Höhen zu katapultieren und ihre Geburtsschwächen auszumerzen? Genauer gefragt: Gibt es eine direkte Beziehung zwischen dem Umfang der Trainingsdaten und der Leistungsfähigkeit? Oder bewegen wir uns auf eine theoretische Grenze zu, bei der zusätzlicher Text keine spürbaren Verbesserungen bewirkt, sehr wohl aber die Kosten für das Erstellen solcher Modelle ins Kraut schießen lässt? Allein der Betrieb von ChatGPT soll 700.000 US-Dollar am Tag verschlingen.[358] Sam Altman, Mitbegründer und CEO von OpenAI, formuliert dazu eine klare Einschätzung. Er meint, dass die Ära riesiger Sprachmodelle sich bereits dem Ende zuneige und betont, dass die Größe nicht zwangsläufig ein Indikator für die Qualität eines Sprachmodells sei – vergleichbar etwa mit dem Wettlauf um die schnellsten Mikroprozessoren in den 1990er- und 2000er-Jahren.[359, 360] Stattdessen setzt er den Fokus auf das rasche Verbessern von Fähigkeiten bestehender Sprachmodelle, um nützliche und sichere Anwendungen zu schaffen.

ChatGPT steht allerdings als Beispiel für ein anderes Phänomen dieser Technologie, das weit über die Fortschritte von Sprachmodellen hinausreicht. Die zugrunde liegende Architektur wurde ursprünglich für die maschinelle Übersetzung von Sprachen entwickelt: Die Wortfolge in einer Sprache wird in die Wortfolge einer anderen Sprache transferiert. Aber die Basistechnik ist tatsächlich universell für jede Aufgabe einsetzbar, die man als die Übersetzung einer Datensequenz in eine andere auffassen kann.

Das hat dramatische Konsequenzen. **Text-zu-Text ist lediglich eine von vielen Kombinationen, bei denen das Übersetzen von Daten funktioniert.** Dasselbe funktioniert auch für Text-zu-Bild, Text-zu-Video, Text-zu-Musik usw. Darüber hinaus wird auch die textbasierte Steuerung von Robotern erforscht – also Text-zu-Bewegung. Diese speziellen Eigenschaften verschaffen der Technik von Sprachmodellen ein sehr breites Anwendungspotenzial. In all diesen Fällen spricht man von *Multimodalität*.[361] Man kann also zwischen verschiedenen Datentypen (z. B. Text, Bild, Audio, Video) auswählen, um Antworten auf eine Frage zu erhalten. Ein multimodales Modell würde etwa nicht nur den Textkorpus eines Buches untersuchen, sondern auch gleich mit allen Bildern, Diagrammen oder Grafiken kombinieren, um den Inhalt besser zu erfassen. Warum ist das nützlich?

Das Weltwissen ist nicht nur in Text verpackt, sondern liegt verstreut in vielen visuellen, sprachlichen, auditiven Medien. Würde ChatGPT das alles erfassen, würde sich das Verständnis der Inhalte dramatisch verbessern. Wie kann das aussehen? Was kommt heraus, wenn man aus Text nicht nur anderen Text erzeugen kann, sondern auch Bilder, Musik oder Videos?

Ein beeindruckendes Beispiel dafür zeigte der Künstler und Programmierer Glenn Marshall.[362] Sein Kurzfilm *The Crow* hat er mit der Hilfe von KI erstellt. In dem dreiminütigen Animationsfilm verwandelt sich eine Tänzerin in eine Krähe, die durch eine postapokalyptische Landschaft mäandert. Er verwendet eine Text-zu-Video-Technologie, um einen Film mit einer echten Tänzerin in eine gemäldeähnliche Animation mit einer Krähenfrau zu verwandeln. Marshalls Film gilt bereits als wegweisendes Werk für ein neues Genre digitaler Kunst. Er gewann eine Auszeichnung bei der Prix Ars Electronica 2022 und zeigt sich begeistert von den Möglichkeiten, die ihm KI-Technologie eröffne, betonte aber auch den maßvollen Einsatz solcher Werkzeuge.[363]

Abbildung 15: Wettbewerbsbeitrag „The Crow“[364]

Gedanken-Smoothies

Seit wann gibt es Smoothies?[365] Das Konzept entstand bereits in den 1930er-Jahren. Reformhäuser an der Westküste der Vereinigten Staaten begannen, brasilianische Rezepte für pürierte Fruchtgetränke anzupassen. Es ist der Anfang dessen, was später weltweit ein beliebtes Getränk werden wird. Dann tauchten Rezepte auf für das, was als *Banana Smoothie* und *Pineapple Smoothie* in die Geschichte einging. In den 1960er-Jahren gewinnt der Smoothie weiter an Beliebtheit und ist drei Jahrzehnte später ein etabliertes Getränk. Seit den 1990er-Jahren werden Smoothies in Cafés serviert und in Lebensmittelläden bereits abgefüllt verkauft. Welche Vorteile bieten Smoothies? Das Zusammenrühren von Früchten erleichtert die Nährstoffaufnahme und bietet eine praktische Möglichkeit, eine Vielzahl von Zutaten schnell zu konsumieren. Natürlich tragen sie zu Flüssigkeitszufuhr bei und sind leichter verdaulich als ganze Früchte. Dem stehen allerdings gravierende Nachteile gegenüber: Wenn Früchte zu einem Smoothie zermanscht werden, zerreißen die Faserstrukturen der Früchte und reduzieren die Effektivität von Verdauung und Sättigung. Zudem beschleunigt die Oxidation während des Mixens den Abbau von Vitamin C. Außerdem führt das Zerkleinern zum schnelleren Freisetzen von Zucker, was die Regulierung des Blutzuckerspiegels herausfordert. Auch ist das Trinken eines Smoothies weniger sättigend als das Kauen ganzer Früchte.

Dieser Exkurs in die Geschichte der Smoothies ist eine gute Metapher, um die Mächtigkeit von Sprachmodellen zu verstehen: Was passiert, wenn Originaltexte in Worthäppchen zerstückelt und anschließend zu einer Art „Textsaft" zusammengerührt werden? Welche Vorteile hat das? Welche Konsequenzen? Die Kommunikationswissenschaftlerin Miriam Meckel machte sich Gedanken dazu:[366] Sie bemerkt, dass Sprachmodelle mit Texten trainiert würden, die von Menschen geschrieben worden seien – bald aber auch mit den Texten, die die KI selbst vorher generiert habe. Das führe dazu, dass neue Trainingsdaten zunehmend auf bereits künstlich erstellten Texten basierten. Irgendwann würden sich deren Inhalte in einer unendlichen Selbstreferenz nur noch auf sich selbst beziehen und über die Zeit ihren Wissensgehalt verlieren. Es entstände ein „Gedanken-Smoothie",[367] und es drohe „Textinzest".[368] Der Journalist Matthew Kirschenbaum versteigt sich deshalb zu der Vorhersage, wir müssten uns auf eine „Textpokalypse" vorbereiten, wenn das Internet überschwemmt werde von synthetischen Texten, während gleichzeitig die von Menschen produzierte Texte eine Rarität würden.[369] Das führt zu der offensichtlichen Frage: *„Was passiert, wenn KI alles gelesen hat?"*[370] Forscher um Paul Villalobos sehen diesen Zeitpunkt für qualitativ hochwertige Texte bereits vor dem Jahr 2026.[371] Menschen erzeugen zwar weiterhin originelle Texte, die ebenfalls in die neuen Trainingsdaten einfließen. Aber Meckel erkennt hier nur ein neues Muster der Arbeitsteilung zwischen Innovation (durch Menschen) und Rekombination (durch Maschinen). In einem pessimistischen Szenario würden wir an einen Punkt gelangen, an dem die originelle Kommunikation vollständig verloren ginge und stattdessen jede Art menschlicher Kommunikation lediglich in einem riesengroßen Gedanken-Smoothie enden würde. Für Meckel könnte eine intellektuell öde Welt belangloser Gedanken heraufziehen, in der ein exklusiver Primärmarkt menschlicher Kommunikation durch einen riesigen Sekundärmarkt automatisierter Kommunikation übertrumpft werden würde.

Seit August 2023 rätseln Forscher über Hinweise, ob die Voraussagen zur schleichenden Demenz von ChatGPT bereits eingetreten sein könnten. Eine Studie der Universität Stanford und Berkeley stellte fest, dass die aktuelle Version von ChatGPT (GPT-4) in mehreren Bereichen deutlich schlechter abschneidet als die Vorgänger.[372]

Kapitel kompakt

- Die menschliche Intelligenz ist komplex und wird meist missverstanden. Die Vermessung von ChatGPT durch IQ-Tests lässt trotz beeindruckender Testergebnisse wichtige Aspekte vermissen, um zu verstehen, was Intelligenz im Kern ist.
- Qualia ist das subjektive Erleben von Bewusstsein. Maschinen haben das nicht. Durch ChatGPT werfen wir gerade eine Reihe ethischer, philosophischer und technischer Fragen auf, welche Bedeutung wir KI grundsätzlich geben sollten.
- Die psychologische Neigung zur Vermenschlichung führt dazu, dass Menschen in der Interaktion mit ChatGPT oft vergessen, dass sie mit einer Maschine kommunizieren. Es ist wichtig, Technologien als solche zu behandeln und sich ihrer Grenzen bewusst zu sein.
- Das Rennen um die größten Sprachmodelle könnte bereits vorbei sein. Derzeit weist nichts darauf hin, dass zunehmende Größe auch in jedem Fall die Leistungsfähigkeit verbessert. Anwendungspotenziale ergeben sich da, wo die Technik von Sprachmodellen auch auf andere Datentypen wie Bilder und Videos ausgedehnt wird.
- Getränke-Smoothies sind eine gute Metapher, um Sprachmodelle zu verstehen: Das Zerstückeln von Originaltexten in Worthäppchen führt dazu, dass der Bezug zur ursprünglichen Information verloren geht.

TEIL IV

Denken auf Steroid. Wissensarbeit gestalten mit ChatGPT

KAPITEL 16

Die Automation des Denkens

„Der wichtigste und tatsächlich einzigartige Beitrag des Managements im 20. Jahrhundert war die fünfzigfache Steigerung der Produktivität körperlicher Arbeit in der Fertigung. Der wichtigste Beitrag, den das Management im 21. Jahrhundert leisten muss, besteht analog darin, die Produktivität der Wissensarbeit und des Wissensarbeiters zu steigern.“[373]

– Peter F. Drucker

Von Tischlerbänken an Computerschreibtische

Ich wurde im Jahr 1970 eingeschult. Um diese Zeit taucht in unserem Esszimmer der erste Fernseher auf. Im selben Jahr veröffentlicht der Zukunftsforscher Alvin Toffler das Buch *Future Shock*.[374] Darin konstatiert er, der moderne Menschen fühle sich von der Geschwindigkeit technologischen Wandels und verbundener sozialer Veränderungen überfordert.

Wenn ich aber auf mein Leben bis heute zurückschaue, fallen mir diese Veränderungen in meiner Welt von Jahr zu Jahr kaum auf. Und sobald sie auffallen, sind sie meist klein genug, um zwar Aufmerksamkeit und ein wenig Aufregung zu erzeugen, aber ich verfalle nicht in Angst oder Panik. Die Veränderungen fühlen sich nicht dramatisch an, sie sind eher graduell und schleichend. Ich bin ihnen nicht ohnmächtig ausgeliefert. Erst wenn ich auf mehrere Jahrzehnte meines Lebens zurückblicke, ändert sich meine Perspektive: Mir wird bewusst, wie sehr sich meine heutige Welt von der unterscheidet, in der ich aufgewachsen bin – geschweige denn von der meiner Eltern und Großeltern.

Die Familiengeschichte meiner Mutter beginnt in den 1920er-Jahren in Oberschlesien. Mein Großvater Stefan Hertelt ist Tischler und Bildhauer, meine Mutter Barbara eines von vier Geschwistern. Bevor ihr Vater im Jahr 1941 als Infanterist in den Zweiten Weltkrieg zieht, lebt er mit seiner Frau Anna und den Kindern auf einem kleinen Bauernhof. Die Familie bewirtschaftet drei Hektar Ackerland, etwa vier Fußballfelder. Vier Milchkühe stehen im Stall. Der Acker wird mit dem Kuhgespann gepflügt. Auf dem Bauernhof steht auch die Tischlerwerkstatt. Mein Großvater beschäftigt bis zu fünf Gesellen. Die Milch der Kühe wird mit einer Zentrifuge zu Butter und Sahne verarbeitet. Das

Getreide wird mit der Sense gemäht, der Sauerteig in einen Holzbackofen geschoben. Die fertigen Sauerteiglaibe wandern zum Aufbewahren in ein tiefes Kellergewölbe.

Stefan Hertelt stirbt auf der Rückkehr aus russischer Gefangenschaft, Frau und Kinder werden im März 1946 vertrieben und finden in Niedersachsen eine neue Heimat. Meine Mutter beginnt in den 1950er-Jahren eine Ausbildung zur Krankenschwester. Sie trifft meinen Vater Bernhard Anfang der 1960er-Jahre. Der lernt zu diesem Zeitpunkt das Maurerhandwerk und wird später Fliesenleger. Aus Gesundheitsgründen schult er auf Büroarbeit um. Sein Rechenwerkzeug ist eine mechanische Rechenmaschine und nennt sich *Addiator Duplex*.[375] Er wird Hochbautechniker, arbeitet zuerst in einem Architekturbüro, später wechselt er in das Bauamt einer Gemeindeverwaltung. Mit Rentenbeginn Anfang der 2000er-Jahre beginnt er, sich für Computertechnik zu interessieren. In dieser Zeit werden zwei meiner Brüder Mediziner, mein kleinster Bruder absolviert eine Ausbildung zum Industrieelektroniker und studiert Informatik. Eine Schwester studiert Sozialarbeit, eine andere wird Lehrerin. Ich selbst verlege mich auf Informatik, kaufe mir im Jahr 1979 den ersten Tischcomputer, einen *Tandy Radio Shack Model 1*.[376, 377] Der steht heute bereits als Exponat der Technikgeschichte im Deutschen Museum. Ab Mitte der 1980er beginne ich ein Informatikstudium. Seitdem beschäftige ich mich mit Querschnittsthemen um die digitale Transformation. Für mehrere meiner bisherigen Arbeitsplätze erfinde ich Berufsbezeichnungen, weil es für meine jeweiligen Tätigkeitsprofile überhaupt keine gibt.[378]

Dieser Parforceritt durch 100 Jahre Familiengeschichte zeigt, wie dramatisch sich Lebensumstände und Berufsbilder in drei Generationen wandeln und welche Rolle der technische Fortschritt spielt. Sie verdeutlicht, warum sich Berufsbilder im Laufe weniger Jahrzehnte oder sogar Jahre ändern, um auf neuartige Anforderungen zu reagieren. Der Futurist Ian Beacraft meint: *„Die industrielle Revolution hat Fertigkeiten mechanisiert, und heute digitalisieren wir Fertigkeiten.“*[379] Vom traditionellen Handwerk über die Gesundheitsbranche bis hin zur Büroarbeit haben sich die Arbeitsfelder und -methoden in den letzten Dekaden drastisch gewandelt. Es wird schnell deutlich, dass ein Großteil der Tätigkeiten, mit denen sich meine Geschwister heute beschäftigen, erst durch Produktivitätssprünge dank technischer Innovation möglich wurde.

Wie entwickelt sich in dieser Zeit die Produktivität? Dank der technisch-wissenschaftlichen Revolution sehen wir einen enormen Zuwachs. Für Deutschland steigt sie vom Jahr 1870 bis zum Jahr 2015 um jährlich 2,2 Prozent.[380] Das hört sich nach wenig an, aber über diesen langen Zeitraum gerechnet steigt das Bruttosozialprodukt pro Kopf von 2,70 auf 59 US-Dollar – ein Sprung um fast den Faktor 22. Die Autoren einer Studie spekulieren, dass unter der Annahme prinzipieller Machbarkeit irgendwann 80 bis 90 Prozent aller menschlichen Tätigkeiten Maschinen übernehmen könnten.[381] Die einer anderen Studie erkennen in diesem steilen Wachstumspfad einen einfachen Grund: Sie erklären ihn als kombinatorisches Modell des technologischen Wandels. Den plötzlichen Beginn der Industriellen Revolution erklären sie dadurch, dass frühere

Güter kombiniert oder modifiziert wurden, um neue Güter zu erzeugen, sodass nach vielen Jahrtausenden relativer Ruhe eine Art kambrische Explosion den plötzlichen Beginn der Industriellen Revolution auslöst.[382]

Während wir uns in diesem Miteinander und Gegeneinander von zwischen Mensch und Maschine befinden, passiert allerdings noch etwas anderes.

Die Tätigkeitsprofile der Wissensgesellschaft

Die Geschichte zeigt, dass jede Ökonomie im Laufe der Zeit einen tiefgreifenden Wandel durchläuft. Ausgehend von der Agrarökonomie durchschreitet jede die Industrieökonomie und mündet schließlich in der Informations- und Wissensökonomie. In den meisten Volkswirtschaften lassen sich Arbeitsplätze deshalb in solche des primären, sekundären und tertiären Sektors aufteilen. Jeder dieser Sektoren umfasst einen bestimmten Typ wirtschaftlicher Tätigkeit, und er trägt auf unterschiedliche Weise zur Gesamtwirtschaft bei.

Der primäre Sektor bezieht sich auf Aktivitäten, die Rohstoffe direkt aus natürlichen Ressourcen gewinnen, wie Landwirtschaft, Forstwirtschaft, Fischerei und Bergbau. Arbeitnehmer in diesem Sektor gewinnen und produzieren in der Regel Rohstoffe, die als Grundlage für das Herstellen von Gütern und Dienstleistungen dienen. Der sekundäre Sektor umfasst das Verarbeiten und Umwandeln von Rohstoffen aus dem primären Sektor in fertige oder halbfertige Produkte. Dazu gehören Industrien wie Maschinenbau, Textilien, Lebensmittel und Energie. Arbeitnehmer in diesem Sektor stellen Produkte her. Der tertiäre Sektor – auch bekannt als Dienstleistungssektor – umfasst alle wirtschaftlichen Aktivitäten, bei denen Dienstleistungen für andere erbracht werden. Dazu gehören etwa Handel, Transport, Bildung oder Gesundheitswesen.

In den letzten Jahrzehnten haben viele entwickelte Länder einen Wandel von einer auf Produktion und Industrie ausgerichteten Wirtschaft zu einer stark dienstleistungsorientierten Wirtschaft erlebt. Infolgedessen hat der tertiäre Sektor in diesen Ländern an Bedeutung gewonnen.

Die Verschiebung von Arbeitsplätzen vom primären zum tertiären Sektor ist ein weltweiter Trend. Das Beispiel Deutschland zeigt diese Verschiebung anschaulich (Abbildung 16): Der Anteil der Beschäftigten im primären Sektor – also der Landwirtschaft – ging in den letzten Jahrzehnten stark zurück. Im Jahr 1960 arbeiteten etwa 2,7 Millionen Menschen in der Landwirtschaft, im Jahr 2020 nur noch etwa 860.000. Der Anteil der Beschäftigten im primären Sektor sank in den letzten Jahrzehnten von über 10 Prozent auf unter 2 Prozent.[383] Auch der Anteil der Beschäftigten im sekundären Sektor – also in der Industrie – hat in Deutschland in den letzten Jahrzehnten abgenommen. Im Jahr 1991 arbeiteten noch 10 Millionen Menschen im produzierenden Gewerbe, während es im Jahr 2020 noch etwa 7,3 Millionen waren. Im Gegensatz dazu nahm der Anteil der Beschäftigten im tertiären Sektor in den letzten Jahren zu. Im Jahr

1991 arbeiteten etwa 15,2 Millionen Menschen im Dienstleistungssektor, im Jahr 2020 bereits über 19 Millionen.

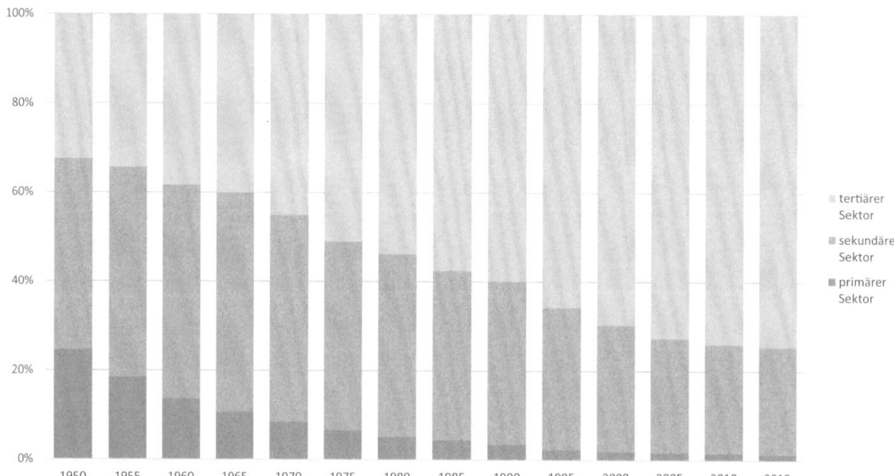

Abbildung 16: Erwerbstätige nach Wirtschaftssektoren in Deutschland[384]

Gleichzeitig vollzieht sich aber noch ein anderer Wandel: Mit dem Beginn der Industrialisierung schälen sich zwei prinzipiell unterschiedliche Tätigkeiten heraus, die der Arbeiter und die der Angestellten.[385] Arbeiter führen Tätigkeiten aus, die mit körperlicher Arbeit verbunden sind. Dafür tragen sie blaue Arbeitskleidung, um Verschmutzungen zu vermeiden (*blue collar jobs*). Der Begriff Angestellte dagegen bezieht sich auf Menschen, die im Büro arbeiten und Denkarbeit leisten. Sie tragen oft weiße Hemden (*white collar jobs*). Während sich diese Unterscheidung zu Beginn der Industrialisierung immer mehr verschärft, löst sich die starre Trennung zwischen Arbeitern und Angestellten auf, seit die Digitalisierung in beide Domänen Einzug erhält.[386] Während früher ausschließlich Angestellte Wissensarbeit verrichten, integrieren heute immer mehr Arbeiter Wissensarbeit in ihre Tätigkeiten. Angestellte dagegen entwickeln sich weiter zu hoch spezialisierten Wissensarbeitern. **In Zukunft wird es kaum noch Tätigkeiten geben, die nicht bis zu einem bestimmten Grad durch Wissensarbeit geprägt sein werden.** Denn die Bedeutung von Wissen und Information wird weiter zunehmen, solange unsere Welt immer stärker digitalisiert und vernetzt werden wird.

Welche Fähigkeiten braucht jemand, der in diese Zukunft hineinwächst oder sich bereits heute damit auseinandersetzen will oder muss? Es ist notwendig, sich auf eine Zukunft einzustellen, die vom resoluten Umgang mit Information und Wissen geprägt sein wird. Das kann entweder bedeuten, dass man seine Fähigkeiten in einem bestimmten Bereich vertieft, um sich auf eine Karriere als hoch spezialisierter Wissensarbeiter vorzubereiten. Oder dass man sich in einem Bereich engagiert, der vom Entstehen und Verbreiten von Information und Wissen zukünftig profitieren wird. Voraussetzung dafür ist allerdings ein gutes Grundverständnis über die Welt, in der dieses Wissen von Nutzen sein soll.

Überleben in einer unsicheren Welt

VUCA ist ein Akronym aus den Anfangsbuchstaben von vier englischen Worten: *Volatilität, Unsicherheit, Komplexität (engl.: Complexity), Mehrdeutigkeit (engl.: Ambiguity).* Es wird ursprünglich im militärischen Kontext verwendet,[387] später aber auf die Geschäftswelt übertragen. Die VUCA-Welt betrifft viele Aspekte des Lebens wie Wirtschaft, Technologie, Politik und soziale Strukturen. Darum sind in einer VUCA-Welt Fähigkeiten zum schnellen Anpassen gefragt, hohe Flexibilität ist von Vorteil und ein generelles Interesse an ständigem Wandel ein großes Plus.

Gerade Wissensarbeiter sehen sich in einer von Digitalisierung durchdrungenden Welt mit neuen Herausforderungen konfrontiert. Denn ihre Arbeitsgrundlage besteht aus Daten, Information und Wissen. Sie müssen sich in volatilen Situationen zurechtfinden, in der unerwartete Ereignisse den Alltag prägen. Das erfordert Flexibilität, Agilität und die Fähigkeit, auf Veränderungen rasch zu reagieren. Ein Beispiel für hohe Volatilität war die COVID-19-Pandemie. Für die meisten trat sie aus dem Nichts auf und hatte unmittelbar und weltweit dramatische Auswirkungen. Innerhalb von Tagen veränderten sich historisch tief verwurzelte Gewohnheiten und Rituale wie beispielsweise die Anwesenheitspflicht im Büro. Gerade Wissensarbeiter waren gezwungen, sich rasch an die neuen Bedingungen anzupassen, ihre Arbeitsabläufe zu ändern und andere Formen der Kommunikation einzuüben und zu priorisieren.

Eine unsichere Welt wird gesteuert durch oft versteckte Faktoren, die Einfluss auf zukünftige Entwicklungen nehmen. Wissensarbeiter müssen besonders mit dieser Ungewissheit umgehen, Entscheidungen unter Unsicherheit treffen und Risiken ständig neu bewerten. Sie müssen sich mit komplexen Zusammenhängen und Fragestellungen auseinandersetzen, die den menschlichen Geist fordern und dafür analytisches Denken, Systemdenken und kreatives Problemlösen unter Zeitdruck verbinden.

Eine Welt, die VUCA ist, liefert keine eindeutigen Antworten mehr. Daten, Information und Wissen können immer unterschiedlich interpretiert werden. Wissensarbeiter müssen fähig sein, mit dieser Mehrdeutigkeit umzugehen, abwechselnd viele Perspektiven einzunehmen und Information stets kritisch zu hinterfragen. Ein Beispiel für diese Mehrdeutigkeit ist die Debatte über KI und Ethik. Ethiker, Philosophen und Technikexperten bringen verschiedene Perspektiven ein, wenn sie die Auswirkungen von KI auf Politik, Wirtschaft und Gesellschaft diskutieren. Sie stoßen dabei auf Fragen, die keine einfachen Antworten zulassen wie zum Beispiel die Frage nach der Verantwortung bei Unfällen durch Roboterautos.[388]

Das Umgehen mit VUCA setzt voraus, dass sich Wissensarbeiter ständig fortbilden und auf dem neuesten Stand bleiben. Das ist allerdings gar nicht so einfach. Im Jahr 1962 erfindet der Ökonom Fritz Machlup den Begriff der *Halbwertszeit des Wissens*.[389] Der

Sozialwissenschaftler Samuel Arbesman greift ihn auf und popularisiert die Idee.[390] Er argumentiert, die Gültigkeit von Wissen insbesondere in wissenschaftlichen und technischen Bereichen unterliege einer exponentiellen Abnahme – vergleichbar dem Zerfall radioaktiver Substanzen. In einer sich rasant entwickelnden Welt, geprägt durch Technikfortschritt und ständige Innovation, veralte Wissen immer schneller.

Aber warum sollte ein Wissensarbeiter dann überhaupt Dinge lernen, die schneller veralten als er sie gelernt hat? Lohnt es die Mühe, etwas zu lernen, bevor es bereits wieder überflüssig geworden ist? Die einfache Antwort lautet: Es kommt auf das Wissen an. **Wer sich Wissen aneignet, dass gar nicht oder zumindest sehr, sehr langsam altert, wird davon profitieren.**

Bevor wir auf diese Art von Wissen in Kapitel 18 eingehen, werfen wir noch einen kurzen Blick auf eine andere Frage: Welchen Effekt haben Werkzeuge wie ChatGPT auf die Wissensarbeit? Denn aus den Antworten darauf schälen sich Hinweise heraus, um welche Art von nicht obsolet werdendem Wissens es sich handeln könnte.

Schneller, höher weiter: Wie macht ChatGPT produktiv?

Lassen wir Daten sprechen. Es lässt sich objektiv belegen, worüber Millionen Menschen bereits nach kurzer Arbeit mit ChatGPT berichten: Es verändere ihre Arbeit auf eine sehr grundsätzliche Art und Weise. Mehrere Studien liefern bereits Belege, die in eine ähnliche Richtung weisen.

Eine Studie im September 2022 (zwei Monate vor der Veröffentlichung von ChatGPT) machte den Anfang:[391] Die Expertin für qualitative Forschung Eirini Kalliamvakou beschäftigte sich damit, welche Auswirkungen ein Sprachmodell namens *Github Copilot* (ein Vorgänger von ChatGPT) auf die Produktivität in der Wissensarbeit haben könnte. Sie konzentrierte sich auf die Zufriedenheit, das Wohlbefinden und die Effizienz von Software-Entwicklern. Durch Umfragen und Experimente mit über 2.000 Probanden gewann sie wichtige Erkenntnisse. So gaben die Entwickler an, dass sie sich mit ihrer Arbeit erfüllter fühlten, weniger Frustration empfanden und sich beim Verwenden von GitHub Copilot auf sinnvollere Aufgaben konzentrieren konnten. Das Werkzeug half ihnen, geistige Energie zu sparen und im Arbeitsfluss zu bleiben, wenn Aufgaben ermüdend waren. Darüber hinaus zeigte sich, dass Aufgaben schneller abgeschlossen wurden im Vergleich zu denen, die Copilot nicht nutzen. **Im Durchschnitt waren die Copilot-Benutzer mehr als doppelt so schnell beim Erledigen einer Aufgabe.** Aber nicht nur Programmierer scheinen von ChatGPT erheblich profitieren zu können. Auch Wissensarbeiter mit allgemeineren Aufgabenprofilen verzeichneten Produktivitätszuwächse.

Die Ökonomen Shakked Noy und Whitney Zhang untersuchten die Auswirkungen von ChatGPT auf die Arbeitsergebnisse genereller Tätigkeiten von Wissensarbeit.[392] Dafür nahmen sie Schreibaufgaben von 444 Teilnehmern unter die Lupe und verglichen die Produktivität: eine Gruppe arbeitete mit, die andere ohne ChatGPT. Sie fanden heraus, dass ChatGPT die Produktivität erheblich steigerte, und die Ausgabequalität deutlich anstieg. Was heißt das genau? Stellen Sie sich vor, Sie sind Lektor bei einem Verlag und Ihre Aufgabe besteht darin, die Arbeit eines Buchautors zu redigieren. Normalerweise benötigen Sie 20 Stunden, um ein Buch zu überarbeiten. Die Zeit variiert jedoch von Buch zu Buch. Manchmal sind es 16 Stunden, manchmal bis zu 24. Nun führt Ihr Verlag ChatGPT ein, um Ihnen beim Bearbeiten zu helfen. **Wenn wir die Produktivitätseffekte der Studie zugrunde legen, benötigen Sie jetzt im Durchschnitt 37 Prozent weniger, um ein Buch zu redigieren.** In unserem Fall wären das etwa viereinhalb Stunden. Außerdem steigt die Qualität. Wenn die Überarbeitung eines Buches auf einer Skala von 1 bis 10 mit einem Durchschnitt von 7 bewertet wurde, steigt nach der Einführung von ChatGPT die durchschnittliche Qualität auf etwa 7,8. In diesem Beispiel hat ChatGPT Ihre Produktivität erheblich gesteigert: Einerseits verringert sich die Zeit, die überhaupt für das Bearbeiten von Manuskripten benötigt wird, andererseits verbessert sich die Qualität der Überarbeitung. Zu weiteren interessanten Resultaten gelangt eine weitere, groß angelegte Studie.

Die Ökonomen Erik Brynjolfsson, Danielle Li und Lindsey Raymond untersuchten die Rolle von KI-basierten Gesprächsassistenten im Kundendienst.[393] **Sie stellen fest, dass deren Einführung die durchschnittliche Produktivität in einem Callcenter um 14 Prozent steigerte. Dabei fiel ihnen auf, dass die größten Vorteile bei unerfahrenen und gering qualifizierten Mitarbeitern zu beobachten waren.** Denn KI verbreitet effektiv das Wissen erfahrenerer Mitarbeiter und hilft Neulingen, sich schneller einzuarbeiten. Darüber maßen die Forscher eine höhere Kundenzufriedenheit und weniger Bedarf für das Eingreifen von Vorgesetzten in die Prozesse.

Wir stellen fest, dass die Integration von KI in den Arbeitsalltag erhebliche Konsequenzen haben kann. Die Studien zeigen, dass die Produktivität steigt, und auch das Wohlbefinden und die Zufriedenheit der Mitarbeiter wird positiv beeinflusst. Interessant ist allerdings etwas anderes. **Wir sehen in den ersten belastbaren Studien zu ChatGPT nicht nur einen Zuwachs an Produktivität. Die Resultate liegen zwischen 30 und 80 Prozent.** Um die Bedeutung dieser Zahlen zu ermessen, zitiert der Wirtschaftswissenschaftler Ethan Mollick eine Parallele aus der Technikgeschichte: *„Dampfkraft erhöhte die Leistung in einer Fabrik im frühen 19. Jahrhundert um 18 bis 22 Prozent.“*[394] Sollten sich diese Größenordnungen an Produktivitätszuwächsen mit ChatGPT und anderer KI durch weitere Studien bestätigen, können wir davon ausgehen, dass wir Verwerfungen ähnlicher Konsequenz erleben werden, wie es unsere Vorfahren bei der Einführung von Dampfmaschinen erlebt haben.

Beschäftigen wir uns im nächsten Kapitel damit, welche Perspektive es auf Wissensarbeit braucht, um derart hohe Produktivitätsreserven auf Dauer zu realisieren.

Kapitel kompakt

- Dramatische Veränderungen in der Lebensweise und den Berufsbildern prägen die meisten Familien in den letzten drei Generationen der Industrieländer. Sie sind geprägt durch technischen Fortschritt und Globalisierung und bewegen sich immer mehr in Richtung von Wissensarbeit, was das Erlernen und Einüben neuer Fähigkeiten erforderlich macht.
- Wirtschaften durchlaufen einen historischen Wandel von Agrar- zu Industrie- und schließlich zu Wissensökonomien. Arbeitsplätze konzentrieren sich dann zunehmend im tertiären Sektor. Digitalisierung verwischt außerdem die Grenzen körperlicher und geistiger Arbeit. Wissensarbeit insgesamt und Spezialisierung gewinnen an Bedeutung.
- In einer Welt, die durch Volatilität, Unsicherheit, Komplexität und Mehrdeutigkeit geprägt ist, sind Wissensarbeiter mit ständigen Veränderungen konfrontiert. Sie müssen Flexibilität, Anpassungsfähigkeit und kontinuierliches Lernen einüben, um mit der Halbwertszeit der Gültigkeit des Wissens Schritt zu halten. Vorläufige Studien belegen, dass KI-gestützte Werkzeuge wie ChatGPT dafür eine wichtige Rolle spielen werden.
- Erste Studien bestätigen beachtliche Produktivitätszuwächse beim Einsatz von ChatGPT in der Wissensarbeit.

KAPITEL 17

Werkzeuge für Wissensarbeit

„KI wird durchschnittliche Schriftsteller zu guten Schriftstellern machen, gute Schriftsteller zu beeindruckenden Schriftstellern und beeindruckende Schriftsteller zu produktiven Schriftstellern. (Aber sie wird schlechte Schriftsteller noch schlechter machen als zuvor.)[395]

Werkzeuge der Wissensarbeit

Bücher, Stifte und Papier sind die frühesten Geräte, die für die systematische Wissensarbeit verwendet wurden. Sie revolutionieren die Art und Weise, wie Organisationen sich als neues Phänomen entwickeln, wachsen, verändern und weiterbestehen.[396] Bevor solche Werkzeuge kostengünstig und verbreitet sind, wird Wissensarbeit hauptsächlich durch mündliche Kommunikation und Erinnerung geleistet. Das ist ein langsamer und zäher Prozess. Ungenauigkeiten und Fehler sind häufig. Sehr viel Erfahrung geht verloren. Die Erfindung des Buchdrucks im 15. Jahrhundert ermöglicht zum ersten Mal, Dinge für viele andere Menschen aufzuzeichnen und zu teilen.

Bis zum Computer ist es noch ein weiter Weg. Im 18. und 19. Jahrhundert werden trotzdem bereits komplexe Maschinen für die Wissensarbeit erfunden:[397] Systeme zum Ordnen und Aufbewahren von Textdokumenten helfen beim Verwalten und Archivieren von Information, um sie später schnell und einfach wiederzufinden.[398] Samuel Morse erfindet im Jahr 1837 die Telegrafie.[399] Sie vereinfacht Kommunikation über große Entfernung, was Zusammenarbeit und Entscheidungsfindung beschleunigt.

In der langen Vorgeschichte der modernen Wissensarbeit markiert das Jahr 1886 einen Meilenstein. Der Amerikaner Christopher Latham Sholes entwickelt die erste Schreibmaschine, der ein kommerzieller Erfolg beschieden sein wird.[400] Sholes ursprüngliche Motivation ist eigentlich eine Schreibhilfe für Blinde.[401] Aber es wird schnell klar, dass sein Schreibgerät jedem helfen kann. Denn gegenüber der Handschrift bietet eine Schreibmaschine handfeste Vorteile: Sie erhöht die Schreibgeschwindigkeit, wodurch Dokumente schneller und effizienter produziert werden; sie verbessert die Lesbarkeit, denn Dokumente sind einfacher zu entziffern; und sie standardisiert den Schreibstil, denn jeder Buchstabe hat die gleiche Größe und dieselbe Form. Die ersten Schreibmaschinen wiegen allerdings 20 Kilogramm (denken Sie kurz an die letzte Gepäckaufgabe am Flugschalter). Außerdem erfordert es beträchtliche körperliche Anstrengung, sie zu bedienen. Das macht sie für Frauen schwer zugänglich. Als die Geräte aber leichter und effizienter werden, treten immer mehr Frauen als Schreibkräfte in die Arbeitswelt ein – und zementieren Geschlechterrollen in der Wissensarbeit. Im Jahr 1910 sind bereits 80 Prozent aller Schreibkräfte Frauen, 20 Jahre später sind es 95,6 Prozent.[402]

Abbildung 17: Die Sholes Schreibmaschine

Aber trotz dieser Vorteile tauchen auch Probleme auf: Die höhere Schreibeffizienz hat zur Folge, dass Menschen ihren persönlichen Zugang zu dieser Innovation erst noch finden müssen. Der Autor Mark Twain beispielsweise entwickelt eine Art Hassliebe zu seiner Schreibmaschine: *„Nach ein oder zwei Jahren stellte ich fest, dass es meinem Charakter schadete.“*[403] Der laute und ablenkende Klang der Schreibmaschine führt zu einer bis dahin ungekannten Angst, die das Krankheitsbild der Technikphobie entstehen lässt.[404] Darüber beschmutzt das zum Kopieren notwendige Kohlepapier in den Schreibmaschinen die Kleidung. Trotz dieser Probleme wird die Schreibmaschine im Verlauf eines Jahrhunderts ein beliebtes Werkzeug und schafft neue Standards der Kommunikation. Als Prototyp einer Dialogschnittstelle zu einer Maschine ebnet sie den Weg für moderne Computer und lässt bereits die Idee der modernen Textverarbeitung erahnen. Ihr Einfluss ist bis heute in der Gestaltung der Computertastatur nachzuspüren.[405] Aber schon vor der Erfindung der Schreibmaschine – und erst recht danach – werden unzählige weitere Werkzeuge für die Wissensarbeit entwickelt wie etwa die Leibniz-Rechenmaschine[406] und in den 1940er-Jahren der Allzweckcomputer.[407]

Von Technikmärchen und Technikmythen

Seit dem Beginn der Neuzeit entsteht das Narrativ, Technik stifte einen großen Nutzen für die Menschheit. Das hat auch einen Grund. Die moderne Geschichte kennt unzählige Beispiele, warum und wie Technik der Zivilisation unermessliche Vorteile gebracht hat. Durch Telefon und Computer kommunizieren wir heute schneller und effizienter. Wir nutzen Transportmittel, die uns an jeden Punkt der Erde bringen. Wir profitieren von medizinischen Behandlungen und Therapien, die vor wenigen Jahrzehnten undenkbar gewesen wären. Technik sorgt dafür, dass durch Massenproduktion und das Verteilen von Produkten und Dienstleistungen große Teile der Menschheit einen Wohlstand genießen, der lange undenkbar gewesen wäre.

Der Glaube daran, dass Technik automatisch auch Fortschritt bedeutet, ist heute tief verankert. Über einen langen Zeitraum betrachtet sehen wir eine dramatische Geschwindigkeit, mit der sich Technik ständig weiterentwickelt.[408] Aber das führt zu einem großen Missverständnis mit unangenehmen Konsequenzen: Technik und Fortschritt werden synonym verwendet. Die Diskurse über Technik sind oft einseitig. Meist werden die Vorteile von Technik hervorgehoben, die Nachteile im schlimmsten Fall abgestritten – oder zumindest kleingeredet. Kritiker monieren, dass der blinde Glaube an Technik uns in die Irre führe, und dass wir die potenziell negativen Auswirkungen von Technik auf Umwelt und Gesellschaft nicht mehr ausreichend berücksichtigen. Für eine einseitig positive Betrachtung verwendet der Technikkritiker Evgeny Morozov den Begriff des *Technical Solutionism* (dt. etwa: technischer Lösungswahn).[409] Er nimmt die sozialen und politischen Auswirkungen von Technologie in den Blick. Technischer Lösungswahn sei der Glaube daran, dass jedes Problem eine technische Lösung habe. Morozov argumentiert, diese Sichtweise ignoriere die Komplexität und Vielfalt menschlicher Probleme und reduziere Diskurse stattdessen auf vermeintlich einfache technisch geprägte Lösungen. Dieser Ansatz vernachlässige soziale, politische und ethische Aspekte von Problemen. Nicht alle Probleme könnten durch Technik gelöst werden. Gibt es Beispiele für Morozovs These?

Soziale Ungleichheit beispielsweise ist kein technisch lösbares Problem. Technik kann zwar Werkzeuge und Ressourcen zur Verfügung stellen, um Individuen und Gruppen zu stärken. Sie geht aber beispielsweise nicht die systemischen Ursachen von Ungleichheit und Diskriminierung an, um etwa Armut und ungleichen Zugang zu Bildung und Gesundheit zu garantieren. Soziale Ungleichheit ist nicht lediglich ein kompliziertes Problem, sondern eine komplexes.[410] Es erfordert einen vielschichtigen Ansatz, einschließlich Veränderungen in der Sozialpolitik und der öffentlichen Bildung. Der menschengemachte Klimawandel ist ein anderes nicht einfach technisch lösbares Problem: Technik kann beitragen, Treibhausgase zu reduzieren oder die Auswirkungen des Klimawandels zu mildern – aber sie löst das Problem nicht allein. Der Klimawandel ist global, und er erfordert gemeinsames Handeln. Dazu gehören etwa das Verändern von Lebensstilen, des Konsumverhaltens und politischer Entscheidungsprozesse. Technik allein kann nicht die zugrunde liegenden wirtschaftlichen, politischen und sozialen Faktoren angehen, die zum Klimawandel beitragen wie Überkonsum und das Primat ökonomischen Wachstums statt nachhaltigem Wirtschaftens. Es gibt gut dokumentierte Beispiele, in denen trotzdem immer wieder versucht wird, ein komplexes Problem mit einem exklusiven Fokus auf Technik zu lösen.

- *Liquid Democracy* (dt.: flüssige Demokratie) trat mit dem Ziel an, die Vorteile einer repräsentativen und einer direkten Demokratie auf der Basis einer ausgeklügelten technischen Plattform zu kombinieren:[411] Einzelpersonen delegierten Stimmrechte an vertrauenswürdige Vertreter. Oder sie stimmten direkt über einzelne Themen ab. Die Delegation der Stimmrechte konnte jederzeit widerrufen werden, was Individuen Flexibilität und Kontrolle über ihre Stimme gab. In Deutschland wurde Liquid Democracy öffentlich sichtbar mit dem Aufstieg der Piratenpartei, die ab dem Jahr 2006 für einige Jahre politisch für Aufregung sorgte.[412] Für die Piraten repräsentierte Liquid Democracy ein Kernelement ihres Selbstverständnisses und des Versuchs, das Engagement ihrer Mitglieder und der Bevölkerung zu erhöhen. Zum Beispiel ermöglichte die Liquid Feedback-Plattform der Piratenpartei Mitgliedern, Politikvorschläge zu unterbreiten und über sie abzustimmen sowie Stimmen an andere zu delegieren. Kritiker bemängelten aber, dass Liquid Democracy nur oberflächliche Probleme angehen könne und ungeeignet sei, komplexe politische und soziale Probleme anzugehen. Darüber hinaus sei die Annahme falsch, dass Einzelpersonen fähig seien, informierte Entscheidungen zu komplexen Themen zu treffen. Außerdem würde es voraussetzen, dass Einzelpersonen gleichen Zugang zu Information und Ressourcen hätten, was nicht immer gegeben sei. Liquid Democracy sei deshalb ungeeignet für die Herausforderungen, mit denen moderne Demokratien heute konfrontiert seien.
- *Quayside* gilt als anderes eindrückliches Beispiel für technischen Lösungswahn.[413] Im Juni 2017 unterbreitete eine Tochtergesellschaft von Google der kanadischen Stadt Toronto einen verlockenden Vorschlag: Man wolle ein 12-Hektar großes Gelände am Ostufer des Ontariosees in einen gemischt genutzten, fußgängerfreundlichen Stadtteil verwandeln. Modernste Technologien würden das städtische Leben steuern und regeln. Die Vision von Quayside war der umfassende Einsatz von Technik zum Bewältigen typischer städtischer Probleme wie Verkehrsstaus, Umweltschutz oder öffentlicher Sicherheit. Dabei spielten modulare Gebäude und selbstfahrende Autos eine Rolle, außerdem Sensoren, die alles von der Luftqualität bis zu Geräuschpegeln erfassen würden. Kritiker monierten, dass das Projekt Technik über menschliche Bedürfnisse und demokratische Entscheidungen stelle und Gefahr liefe, einen Überwachungsapparat zu schaffen.[414] Darüber hinaus

stieß Quayside auf breiten, öffentlichen Widerstand und wurde im Jahr 2020 gestoppt. Die Bedenken hinsichtlich Datenschutz, Datenbesitz oder der Rolle eines privaten Unternehmens beim Gestalten öffentlicher Räume konnten nicht ausgeräumt werden. Die Absage an Quayside zeigt die zwingende Notwendigkeit, verschiedenste Interessengruppen frühzeitig in Entscheidungsprozesse über stark technisch geprägte Projekte einzubeziehen.[415]

- *PredPol*, kurz für *Predictive Policing* (dt.: Vorhersagende Polizeiarbeit), war ein Algorithmus, der im Jahr 2012 bekannt wird.[416] Forscher der Santa Clara University und der Polizei Los Angeles wollten maschinelles Lernen verwenden, um Muster in Verbrechensdaten zu erkennen und damit Vorhersagen über zukünftige Kriminalität zu treffen. Die Grundidee war, historische Verbrechensdaten und andere Faktoren auszuwerten, um dadurch zukünftige Schwerpunkte krimineller Aktivitäten zu identifizieren. Doch PredPol scheiterte aus verschiedenen Gründen: Der Algorithmus erwies sich als anfällig, bestehende Diskriminierungen zu verstärken: Polizeieinsätze konzentrierten sich häufig auf Gebiete mit niedrigem Einkommen oder ethnischen Minderheiten, was dazu führt, dass diese Gebiete übermäßig überwacht werden und versteckte Kriminalität damit öfter entdeckt wurde.[417] Zudem wurden Details über die benutzten Algorithmen nicht veröffentlicht, was Fragen hinsichtlich der Rechenschaftspflicht und einer unabhängigen Überprüfung aufwarf.[418] Schließlich zeigte sich auch noch, dass PredPol nicht wesentlich effektiver ist als herkömmliche Methoden der Polizeiarbeit war.[419] Es regte sich öffentlicher Widerstand von Bürgerrechtsgruppen und Datenschützern. Angesichts dieser Bedenken verloren viele Polizeidienststellen und Regierungen das Vertrauen in PredPol und ähnliche Technologien.

Diese und viele andere Projekte belegen sehr gut, dass technischer Lösungswahn in der zeitgenössischen Kultur und Politik weit verbreitet war und ist. Die Tendenz, Technologien als Allheilmittel für alle Arten von Problemen zu betrachten, scheint tief in uns verwurzelt. Gerade die Gründer junger Unternehmen fühlen sich immer wieder ermutigt, Technologien als einfache Lösung für komplexe soziale Probleme anzupreisen, ohne die zugrunde liegenden Ursachen verstanden zu haben oder ernst zu nehmen. Morozovs Kritik fordert einen genaueren und kritischeren Ansatz für die Rolle von Technologie bei der Lösung komplexer Probleme. Auswirkungen der Technologie auf unsere Welt sollten sorgfältig abgewogen sein. Wir müssen uns darüber klar sein, welche Probleme wir mit Technologie lösen können – und welche Probleme möglicherweise nur durch andere Veränderungen oder unserem Verhalten lösbar sind.

Unser täglicher Lösungswahnsinn

Der Sozialpsychologe Arie Kruglanski prägte den Begriff der *Kognitiven Abschottung*.[420] Er beschreibt damit eine kognitive Verzerrung, die sich auf die menschliche Neigung bezieht, eine klare und einfache Lösung für komplexe Probleme oder offene Fragen zu bevorzugen – selbst wenn diese Lösung unvollständig oder ungenau ist. Diese Tendenz kann dazu führen, dass Menschen vorzeitig zu Schlussfolgerungen gelangen, anstatt sich mit Unsicherheit und Komplexität auseinanderzusetzen.

Ein markantes Beispiel für die Kraft einer kognitiven Abschottung sind *Flatearther.*[421] Das sind Menschen, die glauben, dass die Erde eine Scheibe sei und daran festhalten. Es gibt eine Fülle von Beweisen, dass dies nicht der Fall ist. Aber Flacherdler verweigern sich dieser Information, weil sie ihrer Überzeugung widerspricht. Sie ignorieren beispielsweise die Tatsache, dass Bilder aus dem Weltraum die Erde als Kugel zeigen. Sie lehnen auch wissenschaftliche Experimente und Beobachtungen ab, die die Idee einer flachen Erde widerlegen. Stattdessen gieren sie nach Information, die ihre Überzeugung stützt.

Kognitive Abschottung hängt eng zusammen mit dem *Bestätigungsfehler.*[422, 423] Er beschreibt die Tendenz, unbewusst Information zu bevorzugen, die eine bestehende Überzeugung bestätigt. Gleichzeitig wird widersprechende Information marginalisiert oder ignoriert. Ein berühmtes Experiment in diesem Zusammenhang führte im Jahr 1960 der Psychologe Peter Wason durch:[424] Teilnehmern wurden drei Zahlen präsentiert (z. B. 2-4-6). Dann bat man sie, nach einer Regel zu suchen, die der Sequenz zugrunde liege. Die Teilnehmer durften sich eigene Dreier-Sets ausdenken und der Versuchsleiter gab bekannt, ob das neue Set der Regel folgte oder nicht. Die sehr einfache Regel lautete, dass Zahlen in aufsteigender Reihenfolge stehen. Aber viele Teilnehmer bildeten falsche Hypothesen, weil sie an Annahmen festhielten, die nicht zwingend waren. Sie implizierten etwa, dass die Regel einer Rechenvorschrift folgen müsse. Das Experiment zeigte die Tendenz von Individuen, voreilige Schlüsse auf der Grundlage unvollständiger Information zu ziehen – und daran eisern festzuhalten. Das macht uns anfällig, Probleme nicht wirklich gut zu verstehen. Denn wir sind darauf getrimmt, schnelle Erklärungen und Lösungen voreilig zu akzeptieren. Durch selbst auferlegte Engstirnigkeit übersehen wir möglicherweise eine Dimension des Problems und blenden wichtige Perspektiven oder potenzielle Lösungen aus.

Ein Beispiel für den Bestätigungsfehler wäre etwa der Glaube, dass eine bestimmte Automarke die Beste sei. Wir suchen dann Information, die diese Überzeugung bestätigt, fragen etwa nach positiven Erfahrungsberichten von Freunden oder Bekannten, die dasselbe Auto fahren. Gleichzeitig ignorieren wir Information, die gegen diese Automarke sprechen könnte wie z. B. eine Statistik über häufige Reparaturen oder Sicherheitsbedenken.

Auch der Absturz einer NASA-Raumfähre ist ein tragisches Ereignis, das als Beispiel für den Bestätigungsfehler dienen kann. Die *Challenger* hebt am 28. Januar 1986 vom Kennedy Space Center in Florida ab.[425] 73 Sekunden nach dem Start explodiert der Raumgleiter, sieben Besatzungsmitglieder kommen ums Leben. Nach zähen Untersuchungen stellte sich heraus, dass die Ursache ein Versagen sogenannter O-Ringe gewesen war, die die Segmente der Feststoffraketen zusammenhielten. Die O-Ringe hatten bei sehr kalten Temperaturen strukturell versagt.[426] Lange vor dem Start äußerten Ingenieure Bedenken, dass die O-Ringe bei den niedrigen Temperaturen brechen könnten. Ihre Bedenken wurden ignoriert, und das NASA-Management entschied, den Start zu genehmigen. Die Tragödie nahm ihren Lauf. Der Vorfall trug dazu bei, dass die NASA ihre Entscheidungsprozesse und ihre Kommunikation veränderte, um solche Fehler zukünftig zu vermeiden.

Bestätigungsfehler umfassen viele Facetten, die unsere Urteilsfähigkeit beeinträchtigen. Aber es gibt noch eine weitere kognitive Verzerrung, die eine große Rolle spielt, sobald wir anfangen, Probleme vermeintlich objektiv zu analysieren. Sie nennt sich *Überlegenheitsillusion.*[427] Dieser Irrtum resultiert aus einer unangemessen hohen Bereitschaft zum Risiko und führt in vielen Fällen zu schwerwiegenden Konsequenzen. Um sich selbst in der Rolle eines Wissensarbeiters im Verhältnis zu den Fähigkeiten einer Maschine zu verorten, ist es unabdingbar, einen Blick auf die Überlegenheitsillusion zu werfen und ihre Rolle für die Tätigkeiten der Wissensarbeit zu verstehen. Der Psychologe Dan Ariely meint: *„Denken hilft zwar, nützt aber nichts.“*[428] Menschen seien in ihrer mentalen, kognitiven und emotionalen Struktur festgelegt, sie verhedderten sich in Vorurteilen oder stolperten über kognitive Verzerrungen. Eigentlich sei es ein aussichtsloses Unterfangen, das zu ignorieren oder zu leugnen. Aber es wäre sicher besser, wenn sich Wissensarbeiter ihrer kognitiven Unzulänglichkeiten ständig bewusst wären. Denn die Produktivität und Qualität ihrer Arbeit hängt davon ab. Sie sollten Demut und Wille zeigen und ständig danach eifern, den unvermeidlichen Unzulänglichkeiten der menschlichen Psyche nicht auf den Leim zu gehen. Denn nur so lassen sich große Probleme lösen, die über einfache Fragen hinausgehen wie *„Welches Oberhemd ziehe ich heute an?“*, *„Wie komme ich zur Arbeit, wenn der Bus ausfällt?“* oder ein Problem, das viele täglich lösen müssen: *„Currywurst mit Pommes Frites oder Salat mit Putenbruststreifen?“*.

Um Problemen die angemessene Beachtung zu schenken, müssen Wissensarbeiter ihre Rolle verändern: **Statt Lösungsexperten zu bleiben, müssen Wissensarbeiter Problemexperten werden.** Das scheitert aber schon an einer einfachen Frage: Meinen wir alle dasselbe, wenn wir von „Problemen“ sprechen? Vermutlich nicht.

Fahrradreparaturen, Badezimmer und COVID-19

Dem Entdecker der Relativität von Raum und Zeit traut man zu, dass er irdische Probleme lösen kann. Zumindest die Biografie von Albert Einstein offenbart aber ein Familienleben mit privaten Problemen, die er Zeit seines Lebens nicht lösen konnte oder wollte.[429] Trotzdem wird dem Physiker oft folgendes Bonmot in den Mund gelegt: *„Wenn ich eine Stunde Zeit hätte, um ein Problem zu lösen, würde ich 55 Minuten damit verbringen, das Problem zu verstehen und nur 5 Minuten damit, die Lösung zu finden.“* Dieser Satz unterstreicht die Bedeutung, die man der Analyse und dem Verständnis von Problemen beimessen sollte, bevor man sich an das Finden einer Lösung macht.

Es gibt unterschiedliche Problemtypen. Wenn wir uns ernsthaft mit Problemlösung beschäftigen, müssen wir verstehen, mit welcher Art von Problem wir konfrontiert sind. Der Wirtschaftswissenschaftler Arnauld Chevallier unterscheidet Probleme anhand dreier markanter Merkmale. Er spricht von *Complex, Ill-Defined, Non-Important (CIDNI) Problems* (dt.: komplexe, schlecht-definierte, nicht-dringende Probleme).[430] Übertragen in die Praxis bedeutet das, Chevallier charakterisiert Probleme nach dem Grad ihrer Komplexität, der Eindeutigkeit ihrer Definition und der Zeit, die für eine Lösung zur Verfügung steht.

1. *Komplexität* verweist darauf, dass das Problem vielleicht aus mehreren und sich überlappenden Elementen besteht, die in Beziehung zueinanderstehen. Das Problem ist nicht einfach durch eine kausale Beziehung zwischen Ursache und Wirkung erklärt. Viele Faktoren müssen berücksichtigt werden. Hohe Komplexität bedeutet auch, dass es schwieriger zu lösen ist und mehr Fähigkeiten und Fachwissen erfordert, um das zu tun. Um solche Probleme effektiv anzugehen, ist es wichtig, dass man fähig ist, die verschiedenen Elemente und ihre wechselseitige Dynamik zu verstehen und zu antizipieren. Ein Beispiel für ein *nicht-komplexes* Problem ist die Reparatur eines Fahrrads. Zwar bedarf es technischer Fähigkeiten, um etwa den Fahrradreifen zu flicken. Im Allgemeinen ist es aber eine erlernbare Aufgabe und benötigt keine tiefen Kenntnisse oder komplexe Analysen. Ein Beispiel für ein *komplexes* Problem dagegen ist der Versuch, das Bildungssystem in Deutschland zu verbessern. Es umfasst viele Faktoren, z. B. Lehrpläne, Lehrmethoden, Bildungspolitik, Finanzierung und Kultur. Die Lösung dieses Problems erfordert ein sehr tiefes Verständnis all dieser Faktoren und eine sorgfältige Analyse, um sinnvolle Lösungen zu entwickeln.

2. *Definition* ist das zweite Merkmal, das Chevallier wichtig ist. Es mag überraschen, aber viele Lösungen werden eingeführt, ohne dass genau ein Problem verstanden worden wäre. Daraus resultieren Lösungen, die nicht funktionieren, das Problem wohlmöglich noch verschlimmern und Frustration erzeugen. **Ein Problem bleibt unlösbar, wenn man sich nicht Mühe gibt, es überhaupt präzise zu benennen.** Ein Beispiel für ein schlecht-definiertes Problem lautet: „*Wie können wir Frieden in der Welt schaffen?*“ Das ist so breit und allgemein formuliert, dass es schwerfällt, mögliche Lösung zu finden. Die Lösung eines schlecht-definierten Problems erfordert nicht etwa eine schnelle Lösung, sondern erst einmal ein tiefgehendes Verstehen, um das Problem überhaupt zu erfassen. „*Wie können wir den Energieverbrauch in unserem Gebäude um 20 Prozent reduzieren?*“ ist klar definiert und sehr spezifisch. Es fällt leicht, über mögliche Lösungen nachzudenken und sie anzugehen. Eine gut definierte Problemstellung beschreibt das Problem genau, und beinhaltet auch das Festlegen klarer Ziele und Messgrößen, um den Fortschritt für die Umsetzung einer Lösung zu überwachen.

3. *Dringlichkeit* bezieht sich darauf zu verstehen, ob ein Problem sofortige Aufmerksamkeit erfordert. Verzögerungen für ein Handeln zum Lösen eines solchen Problems würde in jedem Fall negative Konsequenzen nach sich ziehen. Ein Beispiel für ein *dringendes* Problem war die Bekämpfung von COVID-19. Um die Ausbreitung des Virus zu stoppen, waren schnelle Maßnahmen erforderlich. Verzögerungen von Maßnahmen hatten schwerwiegende Folgen, aber die Gegebenheiten ließen keine Zeit für eine umfassende Analyse oder Planung. Dadurch gab es Fehler, aber sie wurden in Kauf genommen in der Annahme, noch weit schlimmere Folgen zu vermeiden.

Die Anzahl komplexer, schlecht-definierter und nicht-dringender Probleme nimmt in einer VUCA-Welt unaufhörlich zu. Die Kompetenz, CIDNI-Probleme zu lösen, wird sich als wichtiger Vorteil im Wettbewerb um qualitativ hochwertige Arbeitsplätze erweisen. Denn Wissensarbeiter mit dieser Fähigkeit treffen bessere Entscheidungen, entwickeln innovative Lösungen und leisten wertvolle Beiträge für ihre Unternehmen oder Organisationen. Das ist schon ein guter Anfang – aber es fehlt noch etwas anderes.

Das Zeitalter der Generalisten

Auf was sollte ein Wissensarbeiter darüber hinaus setzen, um nicht durch Maschinen überflüssig zu werden? Die Strategie lautet: **Werde ein Generalist, statt ein Spezialist zu bleiben.** Denn Maschinen werden gerade sehr schnell besser darin, selbst Experten auf nahezu jedem Fachgebiet zu übertreffen. Noch im Jahr 2013 rät ein großes deutsches Magazin, sich durch Spezialwissen die Grundlage für Jobgarantie und Krisensicherheit zu schaffen.[431] Sieben Jahre später könnte derselbe Tipp den Arbeitsplatz kosten. **Spezialwissen galt lange Zeit als Garant für einen Arbeitsplatz. Zukünftig wird Spezialwissen zur Bedrohung.**

Denn immer mehr Spezialaufgaben, die bisher Experten vorbehalten waren, erledigen nun Maschinen. Der KI-Experte Thilo Hagendorff sieht das nicht nur negativ: „*Wenn eine Anfrage an ein Sprachmodell bessere Antworten liefern kann als menschliche Experten, dann macht dies die gesamte Wissensarbeit produktiver.*“[432] Deshalb wird die Wissensarbeit in vielen Branchen zwar besser, aber es ist zunehmend schwieriger, sich als Mensch ein Alleinstellungsmerkmal zu erarbeiten auf der Grundlage kleinteiligen Spezialwissens.

Der Journalist David Epstein thematisiert die zunehmende Bedeutung von Generalisten in einer mehr spezialisierten Welt ebenfalls.[433] Er argumentiert, dass Generalisten ein breites Spektrum an Wissen und Erfahrungen anhäuften. Sie seien gut darin, kluge Lösungen für komplexe Probleme zu finden. Sie stellten Verbindungen zwischen Disziplinen und Fachgebieten her, und ihnen fielen neue Ideen zu. Außerdem passten sich Generalisten schneller an neue Herausforderungen an, denn sie könnten aus einem breiten Spektrum an Fähigkeiten schöpfen. **Epstein behauptet, dass die Zukunft der Arbeit von einem neuen Typ von Wissensarbeiter geprägt sein wird. Dieser werde**

verschiedene Disziplinen und Fähigkeiten kombinieren, um die Anforderungen der Zukunft zu meistern. Epstein betont, nur ein breites Verständnis und eine Vielfalt an Erfahrung und Fähigkeiten trüge dazu bei, brauchbare Lösungen für die meisten zukünftigen Probleme zu entwickeln. Dazu braucht es, so der Futurist Ian Beacraft: *„keine Expertise in allen verschiedenen Domänen haben, um das zu erreichen. Du kannst wissen, wie das allgemeine Gebiet oder Feld funktioniert, und dann Maschinen den Rest der Fähigkeiten abstrahieren lassen.“*[434]

Wie könnte ein Wissensarbeiter vorgehen, um seinen Weg zum kreativen Generalisten zu planen? Als erstes braucht es eine Bestandsaufnahme des eigenen Portfolios an Fähigkeiten. Wie aber findet man seine Kompetenzen? Ein einfaches Modell hilft weiter. Im Jahr 1991 schreibt der Journalist David Guest einen Artikel, in dem er den Begriff *T-Shaped People* (dt.: T-förmige Menschen) einführt.[435] Er bezieht sich auf gut ausgebildete, kreative und neugierige Personen, die ein breites Spektrum an Interessen und Fähigkeiten in vielen verschiedenen Bereichen zeigen, insbesondere in den Bereichen Kunst, Wissenschaft und Geisteswissenschaften.

Das T-förmige Kompetenzmodell von Guest ist ein Rahmenwerk, das Fähigkeiten beschreibt, die von Wissensarbeitern in einem bestimmten Bereich benötigt werden. Der horizontale Teil des T repräsentiert eine breite Palette von Fähigkeiten, die in verschiedenen Bereichen anwendbar sind. Der vertikale Teil des T steht für fundiertes Fachwissen in einem spezifischen Bereich.

Abbildung 18: Das Kompetenzmodell von T-Shaped People

Betrachten wir beispielsweise einen Wissensarbeiter in der IT-Branche, der als Projektmanager arbeitet: Die Fachexpertise dieser Person liegt darin, dass sie effektiv Projekte plant, aufsetzt und von Anfang bis Ende koordiniert. Dazu gehört etwa das Kalkulieren oder das zeitliche Planen und Aussteuern begrenzter Ressourcen (die Vertikale des T). Aber dieser Projektmanager braucht auch eine Reihe von Fähigkeiten, die im Anforderungsprofil seines Stellenprofils nicht explizit festgelegt sind (die Horizontale des T: Stimmungen einfangen, empathisches Zugehen auf Personen oder die Fähigkeit, bei Widersprüchlichkeit und Unsicherheit handlungsfähig zu bleiben.

Ein anders Beispiel für das T-Profil eines Wissensarbeiters ist ein Softwareentwickler. Diese Person kennt sich mit Technik aus, schreibt Programmiercode und setzt funktionale Anforderungen in Software um. Aber auch er kommt nicht ohne horizontale Kompetenzen aus: Er muss bewährte Methoden und Methodologien der Softwareentwicklung verstehen und anwenden oder mit anderen Entwicklern zusammenarbeiten. Oft trifft er auf Interessengruppen, die ihre Wünsche nur ungenügend formulieren wollen oder können. Es liegt an ihm, versteckte Erwartungen zu erkennen und in mögliche Lösungen umzusetzen.

Sind Sie heute eher Spezialist oder bereits Generalist? Mit dem folgenden Fragebogen finden Sie es heraus. Lesen Sie jede Frage sorgfältig durch und kreuzen Sie Ihre Antwort auf einer Skala von 1 bis 7 an, wobei 1 „*stimme gar nicht zu*" und 7 „*stimme voll zu*" bedeuten. Es gibt keine richtigen oder falschen Antworten. Beantworten Sie alle Fragen ehrlich und vollständig, basierend auf Ihrer persönlichen Erfahrung.

	Frage	1	2	3	4	5	6	7
1	Ich genieße es, in verschiedenen Bereichen Wissen zu erwerben, auch wenn es nicht direkt mit meiner Arbeit oder meinen Interessen zusammenhängt.							
2	Ich finde es wichtig, ein Experte in einem bestimmten Fachgebiet zu sein.							
3	Ich bevorzuge es, in einem breiten Spektrum von Themen bewandert zu sein, anstatt mich auf eine bestimmte Disziplin zu konzentrieren.							
4	In meinem Job oder meiner Ausbildung möchte ich mich auf ein spezielles Fachgebiet konzentrieren, um mein Wissen und meine Fähigkeiten weiter auszubauen.							
5	Ich habe keine Angst davor, in unbekannten Bereichen zu arbeiten und mich in neue Themen einzuarbeiten.							
6	Mein größtes Ziel ist, in meiner Branche als Experte anerkannt zu werden.							
7	Ich finde es befriedigend, in vielen verschiedenen Bereichen Kompetenzen aufzubauen.							
8	Ich glaube, dass ich am erfolgreichsten bin, wenn ich mich auf ein bestimmtes Fachgebiet spezialisiere.							
9	Ich ziehe es vor, ein breites Netzwerk an Kontakten aus verschiedenen Branchen zu haben, anstatt nur mit Menschen aus meiner eigenen Disziplin in Kontakt zu sein.							
10	Ich bin stolz darauf, dass ich mich in ein Thema vertiefen und Details verstehen kann, die anderen entgehen.							

	Frage	1	2	3	4	5	6	7
11	Ich lerne gern Neues aus unterschiedlichen Bereichen und kann schnell Zusammenhänge herstellen.							
12	Mein beruflicher Erfolg hängt von meiner Fähigkeit ab, ein tiefes Verständnis für ein bestimmtes Fachgebiet zu entwickeln.							

Tabelle 5: Fragebogen zum Kompetenzprofil eines Wissensarbeiters

Wenn Sie den Fragebogen ausgefüllt haben, addieren Sie die Zahlen der Fragen 1, 3, 5, 7, 9 und 11 zusammen. Wir nennen es den Generalisten-Wert G (7 bis 42). Addieren Sie dann die Zahlen der Fragen 2, 4, 6, 8, 10 und 12. Das ist Ihr Spezialisten-Wert S (7 bis 42). Jetzt vergleichen Sie beide Werte, z. B. G = 35 und S = 24: Ein hohes G zeigt, dass Sie sich heute bereits als Generalist betrachten, während ein hohes S bedeutet, dass Sie sich als Spezialist einordnen. Diese Erklärung war erwartbar, eine andere ist allerdings sehr viel wichtiger.

Wie ist das Verhältnis von G zu S? Das Verhältnis von G und S liegt immer um den Wert 1. In unserem Beispiel ist G/S=1,46. Bei G=18 und S=38 wäre es 0,47. Erst dieser Quotient entscheidet über die Chancen auf einem Arbeitsmarkt im Umbruch. Denn die meisten Optionen eröffnen sich demjenigen, der einerseits seine generalistischen Fähigkeiten ausspielt, andererseits seine heutigen Stärken als Spezialist dank ChatGPT dramatisch steigert.

Darum gibt es tatsächlich ein wünschenswertes Verhältnis von G und S, um am besten für die Zukunft mit Maschinen gerüstet zu sein: **Je ausgeglichener das Verhältnis zwischen Spezialist und Generalist, desto vorteilhafter.** Denn je näher G/S am Wert 1 liegt, desto wahrscheinlicher profitiert ein derartiges Kompetenzprofil von den technischen Fortschritten durch KI. Denn es zeichnet diejenigen aus, die einerseits Probleme analysieren (Generalisten) und andererseits ihre Fachexpertise ausspielen können (Spezialisten). Denn als Spezialisten sind sie viel geeigneter, ihre früheren Tätigkeiten an KI-Systeme zu delegieren, die ihnen als Assistenten zuarbeiten werden. **KI ersetzt nicht den Wissensarbeiter an sich, aber der Wissensarbeiter ohne KI wird ersetzt werden durch den Wissensarbeiter mit KI.**

Kapitel kompakt

- Werkzeuge der Wissensarbeit wie Bücher, Stifte, Papier, Schreibmaschinen, Telegrafie und Computer revolutionierten die Möglichkeiten, Daten, Information und Wissen zu nutzen. Sie förderten den Wissenstransfer und spielen eine zentrale Rolle in der modernen Organisation und Büroarbeit.

- *Technischer Lösungswahn* hat gezeigt, dass Technik allein keine komplexen Probleme lösen kann und Probleme oft sehr viele Ursachen haben, die sich durch den Einsatz von Technik nicht lösen lassen.

- Die Fähigkeit, komplexe, unklar-definierte und nicht-dringende (CIDNI) Probleme zu lösen, wird immer wichtiger. Wissensarbeiter sind mit zunehmend komplexen und sich schnell verändernden Situationen konfrontiert. Diese erfordern gründliche Analyse, Planung und Kommunikation, um Lösungen zu entwickeln.

- Wir befinden uns am Beginn des Zeitalters der *kreativen Generalisten*. Wissensarbeiter sollten anfangen, sich mit diesem Profil zu positionieren. Denn Generalisten entwickeln eine breite Palette von Fähigkeiten und Interessen, analysieren Probleme und finden Lösungen. Dafür nutzen sie KI-Systeme, um ihr Spezialwissen zu erweitern und sich bei Bedarf durch intelligente Maschinen assistieren zu lassen.

KAPITEL 18

Welche Fähigkeiten braucht das 21. Jahrhundert?

„Es ist nicht die stärkste Spezies, die überlebt, auch nicht die intelligenteste, sondern diejenige, die am ehesten bereit ist, sich zu verändern."
– Charles Darwin

Von Kompetenzen der letzten 500 Jahre …

Wir reisen zurück an die Schwelle des Beginns der frühen Neuzeit, in das Jahr 1523. Dort angekommen, stellen wir folgende Frage: Welche Fähigkeiten braucht jemand, der im 16. Jahrhundert lebte? Was musste der Mensch wissen? Wie fand er sein Auskommen und was sicherte den Lebensunterhalt? Schauen wir auf die zu dieser Zeit bekannten und entwickelten Tätigkeitsfelder, dann lassen sich ein paar Antworten skizzieren: Landwirtschaft und Handwerk sicherten das tägliche Überleben. Die Zunahme von Handel und Politik über lokale Grenzen brauchte die Fähigkeit zum Kartenlesen und vielleicht auch die des Navigierens mit dem Kompass. Instabile Herrschaftssysteme, politischer oder religiöser Zwist und Kriege machten militärisches Wissen begehrt. Händler sollten nicht nur rechnen können, sondern im besten Fall Fremdsprachen beherrschen. Der Klerus besaß großen Einfluss auf Politik und Gesellschaft. Das machte ein Verständnis von religiösen Vorschriften, Regeln und Verhaltensweisen zwingend.

- Im Jahr 1455 erfindet Johannes Gutenberg in Europa die Druckerpresse. Neue Ideen verbreiten sich schneller und sind ein Vorläufer der Renaissance.[436] Menschen sind nicht mehr auf mündliche Überlieferung angewiesen, Wissen wird abrufbar. Mechanische Uhren revolutionieren, wie Menschen mit ihrer Zeit umgehen. Was muss jemand können, um von Buchdruck und Zeitmessung zu profitieren? Um Wissen in Büchern zu finden, müssen Menschen lesen und schreiben lernen. Mechanische Uhren erforderten ein Verständnis von Mathematik und Zeitmessung.
- Welche Fähigkeiten verlangt das 16. Jahrhundert? Die Renaissance steht in der Blüte. Kunst und Wissenschaft sind besonders gefragt. Künstler erzeugen Perspektive und Realismus in ihren Werken, was neue Fertigkeiten erfordert. Es gibt neue Entdeckungen in Astronomie, Mathematik und Anatomie. Immer spezieller werden die kognitiven Fähigkeiten, um das alles zu verstehen und anzuwenden.

- Im 17. Jahrhundert beginnt die Ära der wissenschaftlichen Revolution. Johannes Kepler und Nicolaus Copernicus verändern das Bild vom Universum. Ihre Entdeckungen beruhen auf Mathematik und abstrakten Modellen, mit denen sie die Bewegungen von Himmelskörpern berechnen. Die wissenschaftliche Revolution ging einher mit der Einführung der experimentellen Methode, mit der Forscher ihre Ideen durch Beobachtung und Messung bestätigten oder widerlegten.
- Das 18. Jahrhundert ist geprägt durch zwei große Innovationen: Linseninstrumente und Dampfmaschinen. Das Teleskop lässt Astronomen das Universum studieren und erforschen. Galileo Galilei betrachtet erstmals die Mondoberfläche, untersucht die Planeten und sieht die Milchstraße.[437] Der Naturforscher Antonie van Leeuwenhoek erfindet das Mikroskop und nutzt es, um Bakterien und Protozoen zu beschreiben.[438] Die Dampfmaschine wird von Thomas Savery und Thomas Newcomen entwickelt. Sie revolutioniert die Industrie und den Transport.[439, 440] James Watt verbessert sie und die industrielle Revolution beginnt.[441] Was musste man wissen, um eine Dampfmaschine zu bauen und zu betreiben, eine komplexe mechanische Anordnung aus Zahnrädern, Kolben, Pleuelstangen, Ventilen und Rohren? Es brauchte ein tiefes Verständnis von Thermodynamik und Strömungsmechanik. Die Konstruktion und der Betrieb benötigte Kenntnisse aus den Bereichen Maschinenbau, Elektrotechnik, Werkstoffkunde und technische Mechanik.
- Im 19. Jahrhundert führt die industrielle Revolution zu einer tiefgreifenden Veränderung der Arbeitswelt und der Gesellschaft. Maschinen beschleunigten und automatisierten die Produktion. Das erforderte mechanische Fähigkeiten. Die Arbeiter lernen, Maschinen zu bedienen und zu warten. Die Einführung der Schulpflicht hat zur Folge, dass immer mehr Menschen lesen und schreiben lernen. Das Entstehen von Handels- und Finanzsystemen machte neue Fähigkeiten im Bereich des Handels, der Buchhaltung und der Finanzen notwendig.
- Zwei der wichtigsten technischen Innovationen des 20. Jahrhunderts sind der Computer (etwa 1938)[442] und das Internet (etwa 1993)[443]. Diese Innovationen veränderten grundlegend die Art und Weise, wie wir kommunizieren, Information austauschen und arbeiten. Sie erforderten neue mentale Fähigkeiten wie digitale Kompetenz und schnelles Denken, um sich an neue Technologien anzupassen. Zwei wichtige, soziale Innovationen des 20. Jahrhunderts sind die Verkündung der Menschenrechte und die Förderung der Geschlechtergleichstellung. Die Idee, dass jeder Mensch unabhängig von seiner Rasse, Nationalität oder Religion bestimmte unveräußerliche Rechte habe, veränderte die Welt. Beide Innovationen erforderten neue mentale Fähigkeiten wie Empathie, kritisches Denken oder interkulturelle Kompetenz.

Über die letzten Jahrhunderte wandelt sich das jeweils notwendige Wissen ständig. Allerdings war es nicht nur ein Austausch von Daten und Information (Altes fällt weg und wird durch Neues ersetzt). Vielmehr veränderte sich auch die Art des Wissens: Statt Fakten zu lernen brauchte es irgendwann den Willen und die Kompetenz, Wissen zu hinterfragen. Umfang und Komplexität von Technik wurde immer anspruchsvoller. Auch mit dieser Veränderungsgeschwindigkeit mussten Menschen umgehen lernen. Und schließlich stellte sich heraus: Die „Halbwertszeit" gültigen Wissens nimmt immer weiter ab.[444] Also müssen wir heute und zukünftig Wissen auch wieder *verlernen* können.[445] Welche neuen Fähigkeiten braucht es im Angesicht von Digitalisierung und KI für das 21. Jahrhundert?

... zu den Kompetenzen des 21. Jahrhunderts

Das 21. Jahrhundert hält besondere Herausforderungen bereit: Die rasante technologische Entwicklung macht es notwendig, dass Arbeitnehmer neuartige Fähigkeiten erwerben müssen, um wettbewerbsfähig zu bleiben. Die zunehmende Vernetzung der Weltwirtschaft und das Entstehen neuer Märkte erhöhen den Bedarf an interkultureller Kommunikation, Zusammenarbeit und Verständnis. Auslandserfahrung regt dazu an, über Kulturen nachzudenken.[446] Die weiter steigende Menge an Daten, die im digitalen Zeitalter verfügbar wird, erhöht die Anforderung an die Informations- und Medienkompetenz.[447] Menschen müssen fähig sein, relevante Information zu erkennen, sie zu bewerten und kritisch zu hinterfragen. Pädagogen, Forscher und politische Entscheidungsträger akzeptieren langsam, dass das traditionelle Bildungssystem nicht ausreicht, um alle Kompetenzen zu vermitteln, die das 21. Jahrhundert erfordert. Sie versuchen einen Befreiungsschlag, der als *21st Century Skills* (dt.: Kompetenzen für das 21. Jahrhundert) vielleicht einmal in die Geschichtsbücher eingehen wird.[448]

Diese Sammlung umfasst Kompetenzen, die in diesem Jahrhundert als besonders wichtig angesehen werden und lassen sich meist vier Hauptkategorien zuordnen:

- **Kognitive Fähigkeiten** umfassen kritisches Denken, Probleme lösen, Entscheiden können sowie kreatives Denken. Diese Kompetenzen helfen, Information zu analysieren, kreative Lösungen für komplexe Probleme zu erkennen und fundierte Entscheidungen zu treffen.
- **Interpersonelle Fähigkeiten** benennen Fähigkeiten im Umgang mit anderen Menschen. Dazu gehören kommunikative Fähigkeiten, die Zusammenarbeit, Empathie und die Übernahme sozialer Verantwortung. Solche Kompetenzen sind unabdingbar, um effektiv mit anderen zu interagieren, gemeinsam an Projekten zu arbeiten und dafür ein Verständnis für die Motive, Bedürfnisse und Gefühle anderer Menschen aufzubringen.
- **Intrapersonale Fähigkeiten** beziehen sich auf die eigene Person. Denn die braucht Selbstbewusstsein, muss sich selbst steuern, an Umstände anpassen und Eigeninitiative entwickeln. Wer das alles kann, erkennt seine eigenen Stärken und Schwächen, reflektiert und steuert seine Gefühle und sein Verhalten, stellt

sich auf Veränderungen ein und geht selbstständig an Aufgaben und Herausforderungen heran.

- Eine besondere Rolle in diesem Tableau spielen **digitale Kompetenzen** und solche zum Umgang mit Information.[449] Hierzu gehören das Suchen nach Information sowie das Bearbeiten und Bewerten der Fundsachen. Es ist die Fähigkeit, digitale Werkzeuge und Mittel zu nutzen und kritisch mit Medieninhalten umgehen.

Bei näherer Betrachtung der Kompetenzliste fällt auf, dass die Analysen besonders die Fähigkeit des Problemlösens betonen. In einer Umfrage von PricewaterhouseCoopers aus dem Jahr 2017 **wird Problemlösen neben Führerschaft, Anpassungsfähigkeit und Kreativität als eine der vier wichtigsten Eigenschaften beschrieben, die von Arbeitgebern auf Talentsuche nachgefragt werden.**[450] In einer Studie des World Economic Forum steht diese Kompetenz in den Jahren 2015 und 2020 jeweils an erster Stelle (Tabelle 6).[451]

	Jahr 2015	Jahr 2020
1	Komplexe Probleme lösen	Komplexe Probleme lösen
2	Sich mit anderen abstimmen	Kritisches Denken
3	Mitarbeiter führen	Kreativität
4	Kritisches Denken	Mitarbeiter führen
5	Verhandeln	Sich mit anderen abstimmen
6	Qualität sichern	Emotionale Intelligenz
7	Kundenorientierung	Urteilen und Entscheidungen treffen
8	Urteilen und Entscheidungen treffen	Kundenorientierung
9	Aktives Zuhören	Verhandeln
10	Kreativität	Kognitive Flexibilität

Tabelle 6: Die 10 wichtigsten Fähigkeiten für Arbeitnehmer in den Jahren 2015 und 2020[452]

Allerdings ist Problemlösen alles andere als einfach zu erlernen. Sogar kluge Köpfe scheitern oft daran. KI wird uns allerdings helfen, diese Fähigkeit schneller zu erlangen und besser zu meistern. Dafür braucht es allerdings eine Fähigkeit, von der viele denken, dass diese uns im Zeitalter von Maschinen, die mit Buchstaben jonglieren, immer mehr abnehmen. Es ist die Fähigkeit des Lesens und Schreibens.

Die Mutter aller Programmiersprachen

Am 24. Januar 2023 erscheint ein Tweet des Ingenieurs Andrej Karpathy: „*Die heißeste, neue Programmiersprache heißt Englisch*".[453] Was meint er damit? Er signalisiert einen

Paradigmenwechsel in der Technologielandschaft: **Natürliche Sprachschnittstellen wie ChatGPT werden zum neuen Standard der Interaktion mit Maschinen.** Damit werden Massen von Software-Entwicklern überflüssig, die sonst digitale Werkzeuge hätten bauen müssen, um zukünftige Werkzeuge für Wissensarbeiter zu programmieren. Anstatt jemandem umständlich zu erklären, was genau eine Software automatisieren soll, macht das ein Wissensarbeiter nun *in seiner Muttersprache* gleich selbst. ChatGPT versteht das und setzt es sofort um. Ein erstes Beispiel, wie so etwas aussehen wird, können Sie bereits ausprobieren. Im Juli 2023 machte OpenAI eine Erweiterung namens *Code Interpreter* verfügbar.[454] Die ermöglicht es, ChatGPT ein beliebiges Dokument einlesen zu lassen und anschließend zu „befragen". Allerdings bedeutet das weit mehr als Sie jetzt vielleicht vermuten.

Nehmen wir als Beispiel die ca. 50 Seiten des Grundgesetzes der Bundesrepublik Deutschland.[455] ChatGPT kann für die Befragung mehrere Rollen einnehmen: die des Lesers natürlich, aber auch die eines Juristen, oder eines Interessenten mit bestimmten Zielen. Aber nur wer weiß, was er von ChatGPT überhaupt will, wird auch einen Nutzen aus diesen Möglichkeiten schlagen. Was heißt das?

Die Fragen an ChatGPT zum Grundgesetz können breit gefächert sein. Es stellt dafür aus dem Stand Funktionen zur Verfügung, die früher in langwierigen Abstimmungsprozessen zwischen Anwendern und Programmierern hätten entwickelt werden müssen. Eine Frage wie *„Was steht in dem Dokument?"* spuckt eine kurze Zusammenfassung des Grundgesetzes aus. Aber ist die nützlich? Die Anweisung *„Welches sind die wichtigsten Artikel des Grundgesetzes?"* ist schon bestimmter und ergibt eine gewichtete Liste. Aber ein Jura-Professor, der sich mit dem Grundsetz auskennt, würde ganz andere Fragen stellen: *„Wo hat das Grundgesetz seine größten Lücken?"*, *„In welcher juristischen Tradition steht es?"*, *„Was lässt sich aus dessen Wortwahl ableiten?"*, *„Welchen Geist durchzieht das Grundgesetz?"*, *„Wie unterscheidet sich das Grundsetz von der Declaration of Independence?"*, *„Wie kann das Grundgesetz dazu beitragen, die Klimakrise zu meistern?"*. **Denn je besser ein Experte sein eigenes Wissensgebiet beherrscht, desto größer wird der Nutzen durch ChatGPT.** Wissensarbeiter müssen eine Fähigkeit entwickeln, die sie bisher nicht sehr gut trainiert haben: Sie müssen ihr eigenes Expertenwissen in kluge Fragen übersetzen können. ChatGPT liefert ihnen dann nicht etwa vollständige Antworten, sondern agiert eher wie ein „superfleißiger Praktikant".[456] Der Chatbot kann die Qualität der Antworten auf diese Fragen überhaupt nicht beurteilen, trotzdem wird er einem Spezialisten eine wertvolle Hilfe sein. Denn es hat sich inzwischen herausgestellt, dass Sprachmodelle wie ChatGPT besonders gut funktionieren, wenn man sich in ihre Arbeitsweise hineindenkt:

- *Few-Shot-Lernen* (dt. sinngemäß: Lernen mit wenigen Beispielen) ist die Fähigkeit von ChatGPT, eine Aufgabe anhand weniger Beispiele zu verstehen.[457] Anstatt die Aufgabe umständlich zu beschreiben, schreibt der Benutzer etwa: *„Ist der Text positiv oder negativ? Beispiel 1: 'Ich liebe die Sonne heute.' – Positiv. Beispiel 2: 'Ich* *hasse den Regen.' – Negativ.*" Mit nur einem Beispiel könnte ChatGPT in der Lage sein, die Stimmung eines neuen, unbekannten Textes korrekt einzuschätzen wie etwa: „*Der Film war großartig!*" und als „*Positiv*" zu bewerten.

- Mit *Chain-of-Thought* (dt.: Gedankenkette) führt man ChatGPT schrittweise durch eine komplexe Aufgabe. Anstatt eine einzige, ultimative Frage zu stellen, zerlegt der Benutzer sie in kleinere, handhabbare Teile. Und die werden dann nacheinander abgefragt. Zum Beispiel könnte man von ChatGPT eine medizinische Diagnose erstellen lassen und zunächst fragen: „*Was sind die häufigsten Ursachen für Kopfschmerzen?*". Nachdem ChatGPT eine Liste von Ursachen geliefert hat, könnte die nächste Aufforderung lauten: „*Wie diagnostiziert man Migräne?*". Anhand der Antworten auf solche in Ketten angeordneten Fragen führt der Benutzer das Sprachmodell langsam an das Thema heran. Es fühlt sich durch eine einzige präzise, aber sehr komplex formulierte Frage überfordert, liefert aber durch den Ablauf des Dialogs unvermittelt gute Resultate.

- *Meta-Prompts* sind Anweisungen oder Fragen, die so formuliert sind, dass sie Platzhalter beinhalten, die erst im Dialog mit ChatGPT gefüllt werden. Sie sind vergleichbar mit einer Zelle in der Tabellenkalkulation, in der das Ergebnis einer Formel eingetragen wird, die sich aus Zahlen in anderen Zellen errechnet. Solche Platzhalter provozieren geradezu, mit einem Sprachmodell in einen Dialog einzusteigen. Anstatt zu fragen: „*Erzähle mir eine Geschichte*", könnte mein Meta-Prompt lauten: „*Erzähle mir eine Geschichte im Stil von [Autor] über [Thema].*" In diesem Fall würde ChatGPT als Nächstes einen Autor und ein Thema aussuchen und loslegen. Alternativ könnte ich aber auch bitten, mich zu fragen, wenn ich ergänze: „*Ich gebe Dir Vorschläge.*". Zum Beispiel könnte die ausgefüllte Anweisung dann lauten: „*Erzähle mir eine Geschichte im Stil von Ernest Hemingway über einen verzweifelten Clown.*"

Ein praktisches Szenario in der Wissensarbeit wäre das Erstellen eines komplexen Berichts. Zuerst würden Sie ChatGPT durch Few-Shot-Lernen einige Beispiele für den gewünschten Berichtsstil geben. Dann würden Sie Chain-of-Thought verwenden, um Ihren Bericht in Einleitung, Hauptteil und Schlussfolgerung zu unterteilen. Jeder dieser Abschnitte würde einzeln verarbeitet. Mit Meta-Prompts könnten Sie schließlich die Sprache, den Ton oder den Detailierungsgrad jedes Abschnitts individuell zurechtschneiden. Die Kombination dieser Techniken und weiterer Dialogtechniken ermöglicht eine sehr fein abgestimmte, mehrschichtige Interaktion mit ChatGPT. Wer sie beherrscht, verbessert die Qualität der generierten Inhalte erheblich und bewältigt eine breitere Palette an komplexen Aufgaben, bei denen ChatGPT assistiert.

Es sollte jetzt klar geworden sein: **Es reicht nicht, als Wissensarbeiter der Experte seines Fachgebiets zu sein. Er muss auch fähig sein, seine eigenen Gedankengänge zu verstehen und diese sprachlich ChatGPT gegenüber präzise auszudrücken.** Denn sonst wird der Chatbot ihn nicht verstehen – oder die gelieferten Resultate bleiben hinter den Erwartungen. Statt an Technologie zu verzweifeln, werden sich Wissensarbeiter stärker auf ihre Expertise konzentrieren und können sich zunehmend darauf verlassen, dass kluge Sprachanweisungen ausreichen, ihnen zeitintensive Fleißarbeit abzunehmen.

Diese Entwicklung ist vergleichbar mit der Art und Weise, wie das Beherrschen von Tabellenkalkulation den Bedarf an spezialisierten mathematischen Fähigkeiten für die Finanzplanung reduzierte. Eine Studie von Burning Glass Technologies kommt im Jahr 2017 zu dem Schluss, dass heute für typische Berufe der Wissensarbeit acht von zehn Arbeitgebern Fähigkeiten zum Gebrauch von Tabellenkalkulation nachfragen. Sie landen unter den fünf wichtigsten Kompetenzen, die erwartet werden.[458] Dies deutet darauf hin, dass ein erheblicher Teil der Arbeitskräfte zumindest einige Kompetenzen in der Nutzung von Tabellenkalkulationen haben muss. Mit dem Einzug von intelligenten Chatbots wird sich diese Geschichte wiederholen. **Prompt Engineering wird zu einer der wichtigsten Kompetenzen avancieren, die in wenigen Jahren nachgefragt sein wird.**[459]

Ob Tabellenkalkulation oder Prompt Engineering: In beiden Fällen muss man neue Dinge lernen, um die Vorteile der Technologie abzuschöpfen. **ChatGPT wird uns zwingen, dass wir unsere Schreibfähigkeiten nicht nur beibehalten, sondern sogar ausbauen müssen.** Wer zukünftig von KI profitieren will, beherrscht das Schreiben wie kein zweiter.[460] Er verfügt über einen großen aktiven Wortschatz (nicht nur in der Muttersprache, sondern insbesondere auch in Englisch), er kann seine Gedanken auf den Punkt bringen und ist im besten Fall in mehreren Kulturen bewandert. Denn es geht nicht darum, ein paar hingeworfene Worte aneinanderzureihen und auf eine brillante Antwort von ChatGPT zu vertrauen. Der Prozess des reflektierten Schreibens selbst wird zu einem mentalen Werkzeug zum Ordnen und Verstehen der eigenen Gedanken, Wünsche und Erwartungen. Der Blogger Shane Parrish etwa glaubt *„Schreiben ist der Prozess, durch den Sie erkennen, dass Sie nicht verstehen, worüber Sie sprechen.“*[461] Erst wer sein Denken in einen aussagekräftigen Satz gießen kann, weiß auch, was er eigentlich gedacht hat. **Kluges Schreiben wird zum Königsweg, um großen Nutzen aus ChatGPT zu ziehen.** Denn nur Schreiben artikuliert die Bauchgefühle, vagen Intuitionen und halbgaren Ideen, um sie dann in schlagkräftige Prompts für ChatGPT zu verwandeln. **Schreiben wird das neue Rechnen.** Das empathische, experimentelle und menschliche Schreiben war schon immer ein Instrument, seine Gedanken für sich und für andere zu ordnen. Zukünftig wird es zwingend, wenn man Maschinen nutzt.

Auch wer keine schriftstellerischen Ambitionen verfolgt, muss sich klar und präzise ausdrücken können – wenn schon bisher nicht gegenüber Menschen, dann nun gegenüber Maschinen. Der Journalist Charlie Warzel spitzt es zu: *„Wenn dieser Paradigmenwechsel durch KI ankommt, dann könnte eine der wichtigsten Kompetenzen für das 21. Jahrhundert sein, effektiv mit Maschinen zu reden.“*[462] Schreiben und Lesen könnte mit der „KI für Jedermann“ im digitalen Zeitalter eine fulminante Renaissance erleben.[463] Gerade junge Menschen sollten Ehrgeiz entwickeln, ihre Schreib- und Lesefähigkeiten frühzeitig zu perfektionieren, weil ihre Berufskarrieren davon abhängen werden.[464]

Nun gut, Schreiben ist das neue Rechnen. Braucht es noch etwas anderes? Tatsächlich teilen Pokerspieler einige Eigenschaften, die sich besonders eignen, sich die Mächtigkeit von ChatGPT besonders gründlich zu erschließen.

Pokern mit Sprache

Wir erinnern uns, wie der Zukunftsforscher John Naisbitt in den 1980er-Jahren urteilte: *„Wir ertrinken in Information und dürsten nach Wissen.“*[465] Das Zitat fasst eine zeitlos gültige Weisheit für die Informations- und Wissensgesellschaft auch Jahrzehnte später treffend zusammen. Denn auf welche Welt müssen sich Wissensarbeiter heute einstellen? Wir leben in einer Ära, in der Information im Überfluss vorhanden ist – und die ist niederlegt in unseren bevorzugten Symbolsystemen, Sprache und Zahlen. Aber daraus Erkenntnisse zu gewinnen, ist schwer. Weil mit Sprache so viele Dinge ausgedrückt werden können, ist sie mehrdeutig und unscharf. Einerseits inspiriert sie zu neuen Gedanken, andererseits kann sie uns verwirren. Selbst bei scheinbar eindeutigen Fragen sind eindeutige Antworten oft nicht möglich: *„Ist die Erde rund?“* (eher eine leicht gestauchte Kugel), *„Ist ein Kilogramm in Europa genauso schwer wie in Asien?“* (örtliche Schwerkraft verändert das Gewicht) oder *„Ist Geld der Schlüssel zum Glück?“* (zu Sicherheit und Komfort sicher, aber zum Glück tragen auch andere Faktoren bei).

Damit steht auch jede Antwort von ChatGPT immer unter dem Vorbehalt von Unsicherheit – oft sind sie richtig, manchmal nicht. Vor allen Dingen ist der Unterschied schwer zu erkennen. Auch fortschrittliche Sprachmodelle sind nicht immun gegen diese Tücken, denn sie simulieren ja einfach nur das mit Maschinen, was wir als menschliche Kommunikation kennen. Deshalb werden wir uns in diesem Abschnitt darauf konzentrieren, wie man mit Ungewissheit überhaupt umgehen kann.

Sich in einer solchen Welt mit dem zwiespältigen Instrument der eigenen Sprache zurechtzufinden, ist von unschätzbarem Wert – wenn man wie ein Pokerspieler denkt. Denn die sind trainiert, ständig Risiken abzuwägen und Entscheidungen unter Unsicherheit zu treffen. Jeder ihrer Züge basiert auf unvollständiger Information – ähnlich wie Sprache oft Sachverhalte unvollständig ausdrückt. Wer deshalb auch in der Interaktion mit ChatGPT denken und handeln lernt wie ein Pokerspieler, wird sich von durchschnittlichen Wissensarbeitern abheben.

Annie Duke wird im Jahr 1965 in New Hampshire geboren und wächst in einer Familie auf, die Spiele und intellektuelle Herausforderungen schätzt. Sie studiert und erhält einen Doppelabschluss in Englisch und Psychologie. Angesichts finanzieller Probleme beginnt sie, Poker zu spielen, um ihre Familie zu unterstützen. Im Laufe der Jahre sammelt sie Erfahrungen und verbessert ihre Fähigkeiten. Im Jahr 2004 gewinnt Duke das erste große Poker-Turnier. Im Jahr 2012 zieht sie sich vom professionellen Poker zurück und beginnt, ihre Erfahrungen im Poker auf andere Bereiche zu übertragen, hält Vorträge und schreibt Bücher.[466] Ihre wichtigsten Erkenntnisse – übertragen auf die Wissensarbeit mit ChatGPT – lauten:

- Poker spielen statt Schach: Im Schach steht beiden Gegnern jede mögliche Information zur Verfügung (deshalb spricht man von „vollständiger Information"“).[467] Poker dagegen ist ein Spiel mit unvollständiger Information – genau wie das Leben. Denn wir treffen oft Entscheidungen, ohne alle Fakten zu kennen. Als Projektmanager etwa könnte die Aufgabe lauten, mithilfe von ChatGPT eine Strategie für ein Projekt zu entwickeln, obwohl nicht alle Daten verfügbar sind. Trotz vieler Rückfragen und Ergänzungen werden die Resultate einer ChatGPT-Sitzung auf unvollständiger Information beruhen.
- Unsicherheit akzeptieren: Wir müssen akzeptieren, dass wir nicht alles kontrollieren können. **Anstatt Sicherheit in den Antworten von ChatGPT zu suchen, sollten wir Unsicherheit hinnehmen – und die bestmöglichen Entscheidungen treffen.** Ein Programmierer könnte sich beispielsweise für eine Programmiersprache entscheiden, die ihm ChatGPT vorschlägt, aber die zukünftige Entwicklung dieser Technologie bleibt unsicher. Nach einigen Rückfragen findet er Kriterien, nach denen er die Entscheidung abwägen sollte und findet eine Empfehlung.
- Gute Entscheidung anzweifeln: Eine irritierende Einsicht, die auf den ersten Blick paradox erscheint: **Nur weil eine Entscheidung zu einem guten Ergebnis geführt hat, war es nicht zwingend eine gute Entscheidung.** Statt die Richtigkeit des *Resultats* zu würdigen, sollten Sie untersuchen, ob die *Entscheidung* gut war. Ein Marketingmanager könnte etwa eine Marketingkampagne durchführen, die er mittels ChatGPT konzipiert und erfolgreich platziert hatte. Aber wenn diese Entscheidung auf schlecht geführten Dialogen mit ChatGPT basiert, dann war es vielleicht nur Glück – nicht sein Können mit ChatGPT.
- Aus Fehlern lernen: Nur wenn wir offen für Rückmeldung sind, lernen wir aus Fehlern. Das hilft, die Fähigkeit zum Entscheiden im Laufe der Zeit zu verbessern. Ein Projektmanager könnte beispielsweise einen Fehler bei der Durchführung eines Projekts erkennen, der durch eine Schwäche von ChatGPT entstanden ist, die er noch nicht kannte. Nur wenn ihm dieser Fehler bewusst geworden ist, wird er ihn nicht wiederholen.
- Denken in Wetten: Wenn wir Entscheidungen als Wetten betrachten, wägen wir potenzielle Gewinne gegen mögliche Risiken ab. Das hilft, rationalere Entscheidungen zu treffen und gängige kognitive Verzerrungen zu vermeiden. Ein Unternehmer könnte beispielsweise eine neue Geschäftsidee, die er mittels ChatGPT gefunden hat, als Wette betrachten, bei der er das Potenzial für hohe Gewinne gegen das Risiko eines Scheiterns abwägt. ChatGPT kann ihm die Chancen dafür

ausrechnen, aber er selbst muss unter Unsicherheit entscheiden, ob er die Analyse nachvollziehen kann und dem Rat folgt.

- Mehr Sichtweisen: Entscheidungen werden besser, wenn wir vielfältige Perspektiven zulassen und offene, konstruktive Verschiedenheit von Meinungen nicht nur aushalten, sondern sogar fördern. Wenn ein Team ein Problem lösen will, sollte es alle Perspektiven bei der Lösung eines Problems berücksichtigen und das durch eine offene Diskussion fördern. ChatGPT lässt sich mühelos manipulieren, nur solche Information zu liefern, die die Erwartungen des Benutzers bestätigt. Nur der Wille, ganz bewusst andere Perspektiven anzufragen, bewahrt davor, mit ChatGPT in die Falle des Bestätigungsfehlers zu tappen.

Annie Dukes Weg von der Wissenschaft zum Poker und ihre Einblicke in das Treffen von Entscheidungen bieten wertvolle Lektionen für jeden, der seine Fähigkeit schulen will, ChatGPT klug zu bedienen.

Wir sehen, dass die Fähigkeiten eines Pokerspielers erst mal gar nichts mit der Verfügbarkeit digitaler Werkzeuge zu tun haben. Aber wenn ein Wissensarbeiter das Umgehen mit Unsicherheiten in Bezug auf ChatGPT versteht, kann er Risiken vermeiden und Chancen ausschöpfen.

Kapitel kompakt

- In den letzten 500 Jahren haben sich die für ein erfülltes Leben notwendigen Fähigkeiten ständig gewandelt. Technische Innovationen waren ein stetiger Treiber dafür.
- Die *Fähigkeiten für das 21. Jahrhundert* sind ein Bündel von Kompetenzen, einschließlich kognitiver, interpersoneller, intrapersoneller und digitaler Fähigkeiten. Sie werden als entscheidend angesehen, um in einer sich schnell verändernden, vernetzten und informationsgesättigten Welt des 21. Jahrhunderts erfolgreich zu sein.
- Die Fähigkeit, klare und präzise Fragen oder Anweisungen zu formulieren, ist entscheidend, um das volle Potenzial von Sprachmodellen wie ChatGPT auszuschöpfen. Wissensarbeiter müssen nicht nur Experten auf ihrem Fachgebiet sein, sondern ihre Gedanken und Fragen auch klar artikulieren können.
- In einer Welt voller Unsicherheit, Volatilität und Informationsüberfluss helfen die Fähigkeiten eines Pokerspielers im Umgang mit Sprachmodellen. Technologische Werkzeuge wie ChatGPT sind nur dann effektiv, wenn ihre Benutzer deren Unzulänglichkeiten verstehen und nach Regeln bedienen, von denen auch Pokerspieler profitieren.

KAPITEL 19

Das Tätigkeitsprofil des Wissensarbeiters

„Alles Leben ist Problemlösen."
– Karl Popper

Was bin ich? Drei Typen von Wissensarbeitern

„Was bin ich?" ist eine Quizshow, die einen Ehrenplatz in der deutschen Fernsehgeschichte innehat und bis zum Jahr 1989 ausgestrahlt wurde.[468] Die Idee der Show ist denkbar einfach: Vier Prominente erraten durch Ja-oder-Nein-Fragen die Berufe ihrer Gäste. Der Moderator Robert Lembke stellte den Kandidaten die berühmte Frage *„Was sind die Spezialitäten Ihres Berufes?"* Die Berufe waren ungewöhnlich oder spezialisiert und reichten von Bienenkorb-Flechter bis zu Kamelhaar-Entknoter.

Auch Sie werden sich jetzt gleich die Frage stellen: Was sind die Spezialitäten meines Berufs als Wissensarbeiter? Denn die Antwort darauf verrät, wie Sie Ihre Zukunft mit ChatGPT gestalten könnten. Jede Art von Wissensarbeit lässt sich als eine Mischung der *3K* beschreiben. Jedes K steht für eine Kategorie von Tätigkeit, mit der jemand überwiegend seine Arbeitszeit verbringt:[469] Der *Content Creator* (dt. kurz: Kreator) produziert Inhalte, der *Communicator* (dt.: Kommunikator) vermittelt Daten, Information und Wissen an andere. Der *Coordinator* (dt.: Koordinator) strukturiert die Arbeit anderer (oft die der Kreatoren und Kommunikatoren). Tabelle 7 zeigt, welche Hauptziele jede Rolle verfolgt, welche Berufe typischerweise davon betroffen sind und mit welchen Problemen sie sich jeweils konfrontiert sehen.

	Kreator	Kommunikator	Koordinator
Hauptziele	Fokus finden, Artefakte erstellen	Probleme sofort lösen, Inhalte erbreiten	andere organisieren, Überblick behalten
Typische Berufe	Schriftsteller, Journalist, Designer, Ingenieur, Programmierer	Werbetexter, Verkäufer, Lehrer, Professoren	Führungskräfte, Produktmanager, Stabschefs
Typische Probleme	permanente Unterbrechungen, fehlendes Wissen, unklare Anforderungen	unzuverlässige Kontakte, Zugang zu Information, Wissen verteilen	viele Anfragen zur selben Zeit, Prioritäten setzen, Entscheidungen unter Zeitdruck treffen

Tabelle 7: Drei Typen von Wissensarbeitern

Diese Kategorisierung bildet später die Grundlage für eine kluge Strategie, seine eigene Arbeitsdomäne in einer Welt mit ChatGPT neu zu bestimmen. Deshalb schauen wir noch einmal genauer hin, wie sich die Rollen voneinander unterscheiden.

1. Kreatoren schätzen den Fokus auf Inhalte. Sie leisten ihre beste Arbeit, wenn sie nicht gestört werden. Schriftsteller, Designer oder Programmierer sind typische Kreatoren. Sie planen ihren Tag sorgfältig, um ihre Zeit effektiv zu nutzen. Dafür legen sie Prioritäten fest, setzen Ziele und erstellen Tätigkeitslisten, um den Überblick zu behalten. Kreatoren schätzen Zeiten, in denen sie sich intensiv auf ihre kreative Aufgaben konzentrieren, ohne abgelenkt zu werden. Die Fortbildung von Kreatoren besteht im Erlernen neuer Themen, die ihr Spezialgebiet betreffen. Dazu gehört das Lesen von Fachliteratur, das Besuchen von Seminaren oder Trainings.
2. Kommunikatoren denken gerne laut nach und diskutieren Dinge. Sie fühlen sich wohl, wenn sie eine Sitzung planen oder die Meinung ihrer Kollegen einholen können und blühen auf, wo Menschen sind und ihre Arbeit unmittelbar gemeinsam gestalten. Kommunikatoren nehmen häufig an Sitzungen teil, um Ideen zu diskutieren, Entscheidungen zu treffen oder den Fortschritt von Projekten zu überwachen. Dafür legen sie Wert auf den Ausbau und die Pflege von Beziehungen mit Kollegen, Kunden und Partnern. Sie profitieren von ihren Fähigkeiten zu kommunizieren, um Netzwerke zu erweitern und den Zusammenhalt in Gruppen zu fördern.
3. Koordinatoren betrachten den Arbeitsplatz aus Flughöhe. Während Kreatoren mit Programmiercode, Marketingtexten oder Designkonzepten herumspielen und Kommunikatoren diskutieren oder präsentieren, treibt Koordinatoren etwas Anderes an. Sie verbessern den Ablauf und die Art und Weise, wie Menschen und Projekte miteinander verbunden sind und harmonieren. Sie verbringen viel Zeit damit, darüber nachzudenken, wie sie diverse Persönlichkeiten in Teams zusammenbringen. Der typische Arbeitstag eines Koordinators ist geprägt vom Organisieren, Planen und Optimieren von Arbeitsabläufen und der Zusammen-

arbeit zwischen Personen in Projekten. Häufig sind Koordinatoren verantwortlich für das Zuweisen von Ressourcen, einschließlich Personal, Budgets und Materialien. Sie treffen Entscheidungen über die Zuteilung und passen sie an. Schließlich sind Koordinatoren hauptverantwortlich dafür, den Fortschritt von Projekten zu überwachen, Daten darüber zu sammeln und Berichte zu erstellen.

Natürlich ist jede Wissensarbeit immer bis zu einem bestimmten Grad die Kombination dieser drei Profile aus Kreation, Kommunikation und Koordination. Selten stoßen wir auf jemanden, der ausschließlich in einer Rolle agiert. Aber die generelle Einteilung hilft, das Wesen von Wissensarbeit besser zu verstehen.

Ein Fingerabdruck für Wissensarbeit

Ein Architekt scheint beispielsweise alle Perspektiven im Blick zu behalten (hohe Werte in allen Kategorien, Tabelle 8), ein Künstler mag im Extremfall ausgefallene Kunstwerke erschaffen, aber er kümmert sich nicht um den Verkauf seines Oeuvre (hoher Wert bei Kreation, niedrige Werte sonst). Dieses Zusammenwürfeln von Anteilen der Tätigkeit, die sich aus den drei Kategorien Kreation, Kommunikation und Koordination speisen, prägt den „Fingerabdruck" einer Wissensarbeit. Verschiedene Berufe zeichnen sich durch unterschiedliche Gewichtungen aus.

Beruf	Kreation	Kommunikation	Koordination
Architekt	8	6	9
Datenanalyst	9	5	9
Projektmanager	3	9	8
Veranstaltungsplaner	5	9	5
Forscher	10	2	7
Marketingexperte	6	8	4
Journalist	8	9	1
Personalverantwortlicher	3	9	6
Software-Entwickler	10	5	2
Übersetzer	7	8	2
Grafikdesigner	9	3	1
Verkäufer	2	10	3
Buchautor	10	4	1
Künstler	10	1	1

Tabelle 8: Verteilung der Rollen Kreation, Kommunikation und Koordination für typische Berufe (1: gar nicht wichtig, 10: sehr wichtig)

Diese Liste spiegelt lediglich eine mögliche Aufteilung wider und hängt davon ab, wie ein Wissensarbeiter sich und seine Tätigkeit selbst interpretiert und sie tatsächlich ausübt. Aber die Aufteilung der eigenen Wissensarbeit in diese drei Rollen ist ein Schlüssel, um die Inhalte eines Arbeitsalltags generell zu verorten.

Machen Sie sich selbst ein Bild von dem, was Ihre Wissensarbeit ausmacht. Bewerten Sie dazu die folgenden Aussagen (Tabelle 9). Auf einer Skala von 1 (gar nicht wichtig) bis 10 (sehr wichtig) beurteilen Sie selbst, wie stark ausgeprägt eine der aufgeführten Tätigkeiten Ihren typischen Arbeitstag prägt.

	Tätigkeit	**Punkte (1-10)**
1	Ich arbeite am besten, wenn ich mich ohne Ablenkungen auf meine Aufgaben konzentrieren kann.	
2	Ich schätze den regelmäßigen Austausch von Ideen und Feedback mit meinen Kollegen.	
3	Das Planen und Organisieren von Arbeitsabläufen und Ressourcen ist für mich von großer Bedeutung.	
4	Ich bevorzuge ein dynamisches und interaktives Arbeitsumfeld, in dem ich mich mit anderen austauschen kann.	
5	Ich lege Wert darauf, meinen Arbeitstag sorgfältig zu planen und Prioritäten zu setzen.	
6	Ich bin oft für das Erstellen und Halten von Präsentationen, Vorträgen oder Schulungen verantwortlich.	
7	Ich verbringe viel Zeit damit, über die Zusammenstellung von Teams und die Zusammenarbeit zwischen Personen nachzudenken.	
8	Mein Arbeitstag beinhaltet häufig das Lesen von Fachliteratur, das Besuchen von Seminaren oder das Durcharbeiten von Trainings.	
9	Ich fungiere oft als Bindeglied zwischen verschiedenen Teams, Abteilungen und Anspruchsgruppen.	

Tabelle 9: Einschätzen der Rollen von Wissensarbeit

Die Summe der Fragen 1, 5 und 8 ergibt den Kreator-Wert. Die Summe aus 2, 4 und 6 den Wert Ihrer Rolle als Kommunikator und die Summe aus 3, 7 und 9 zeigen die Ausprägung als Koordinator. Je höher die Punktzahl in einer der drei Kategorien, desto wichtiger ist diese Rolle im Verhältnis zu den anderen.

Wir haben bis hier untersucht, in welche Tätigkeiten sich Ihre Arbeit als Wissensarbeiter auffächert. Nun gilt es, mit einem Blick auf ChatGPT und andere KI-Systeme zu verstehen, wie sich dieses Arbeitsprofil im besten Fall verändern wird.

Auf dem Weg zum Kombinator

Fassen wir die Gedankengänge der letzten Seiten kurz zusammen: Generalistisches Denken wird immer wichtiger. Kluge Lösungen bleiben irrelevant, solange Probleme nicht verstanden worden sind. Außerdem lässt sich Wissensarbeit in Kreation, Kommunikation und Koordination kategorisieren. Schließlich werden KI-Systeme wie ChatGPT immer mehr Wissensarbeit erledigen.

Dies sind die Zutaten, um den Wandel der Wissensarbeit selbst zu erklären: Es ist absehbar, dass Aufgaben, die bisher von Menschen in ihren Einzelrollen – ob Kreator, Kommunikator oder Koordinator – ausgeübt werden, zukünftig immer öfter durch KI erledigt werden. In Einzelfällen werden die verbleibenden Aufgaben auch nicht mehr ausreichen, um einen vollständigen Arbeitsplatz zu begründen. Aber für alle anderen gibt es einen plausiblen Weg, um genau das zu vermeiden.

Die drei Kategorien von Wissensarbeit lassen sich grafisch in den Dimensionen Spezialisten vs. Generalisten sowie Lösungsexpertise vs. Problemexpertise verorten (Abbildung 19). Auf dieser Schablone sind Kommunikatoren eigentlich Generalisten, die Lösungen verkaufen. Kreatoren dagegen sind Spezialisten, die Lösungen entwickeln. Koordinatoren schließlich sind Spezialisten, die Probleme bewältigen.

Wir erinnern uns: In Zukunft braucht es immer mehr Generalisten, die Probleme verstehen. Genau das begründet das Entstehen einer Rolle, die wir als „Kombinator" bezeichnen können. Dies wird ein Wissensarbeiter sein, der als kreativer Generalist in der Lage ist, viele Probleme zu analysieren. Um das schnell machen zu können und Reibungsverluste zu vermeiden, übernimmt er eine Reihe von Tätigkeiten, die bisher Kreatoren, Kommunikatoren und Koordinatoren vorbehalten waren.

Warum ist das jetzt möglich? Die bisherigen Kategorien haben sich ja genau deshalb herausgebildet, weil sie offensichtlich den Bedarf nach Spezialisierung durch überbordende Komplexität lösten. Aber durch KI entfällt dieser Grund: **Viele Tätigkeiten, die bisher exklusiv durch Kreatoren, Kommunikatoren und Koordinatoren erledigt wurden, werden nun von Maschinen erledigt.** Wir reden hier allerdings nicht von einer Entwicklung, die uns in den nächsten Jahren treffen wird. Tatsächlich ist die Transformation längst im Gang: Ein Kreator lässt sich von ChatGPT Programmcode schreiben,[470] ein Kommunikator erstellt mit ChatGPT eine Folienpräsentation,[471] und ein Koordinator beauftragt ChatGPT, die Agenda für eine Sitzung vorzubereiten – und anschließend ein Protokoll über den Verlauf anzufertigen.[472] Die Journalistin Annie Lowrey prognostizierte bereits zwei Monate nach Veröffentlichung von ChatGPT: *„In den nächsten fünf Jahren ist es wahrscheinlich, dass KI beginnen wird, die Beschäftigungsquote von Akademikern zu senken. Die Technologie schreitet voran und wird fähig sein, Aufgaben auszuführen, die bisher als hoch qualifiziert angesehen wurden."*[473]

Es wird zunehmend schwieriger werden, bei einer Vielzahl von Tätigkeiten genau zu unterscheiden, ob sie von Mensch oder Maschine ausgeführt werden.[474] Damit schrumpfen die Aufgabenfelder von Kreatoren, Kommunikatoren oder Koordinatoren. Sie alle verwandeln sich immer mehr in Kombinatoren. Denn diese sind produktiver als jede der früheren Einzelrollen. **Kombinatoren können ihre Arbeitszeit für Abstimmungen minimieren und konzentrieren sich auf das Wesentliche: Probleme tatsächlich verstehen und das große Ganze im Auge behalten** (Abbildung 19). Ein Großteil der Tätigkeiten, die bisher durch menschliche Spezialisten abgearbeitet werden mussten, erledigt KI für sie. Zahlen untermauern, dass sich das generelle Kompetenzprofil in diese Richtung verändern wird: Während Arbeitnehmer im Jahr 2002 noch 20 Prozent ihrer Arbeitszeit mit der Durchführung grundlegender kognitiver Tätigkeiten verbrachten, werden diese bis zum Jahr 2030 um 14 Prozent sinken. Der Bedarf an höheren kognitiven Kompetenzen dagegen steigt um 9 Prozent, soziale und emotionale Fähigkeiten gar auf 26 Prozent (was vielleicht damit zusammenhängt, dass das wirkliche Verstehen von Problemen oft sehr viel Gesprächsbedarf mit sich bringt).[475]

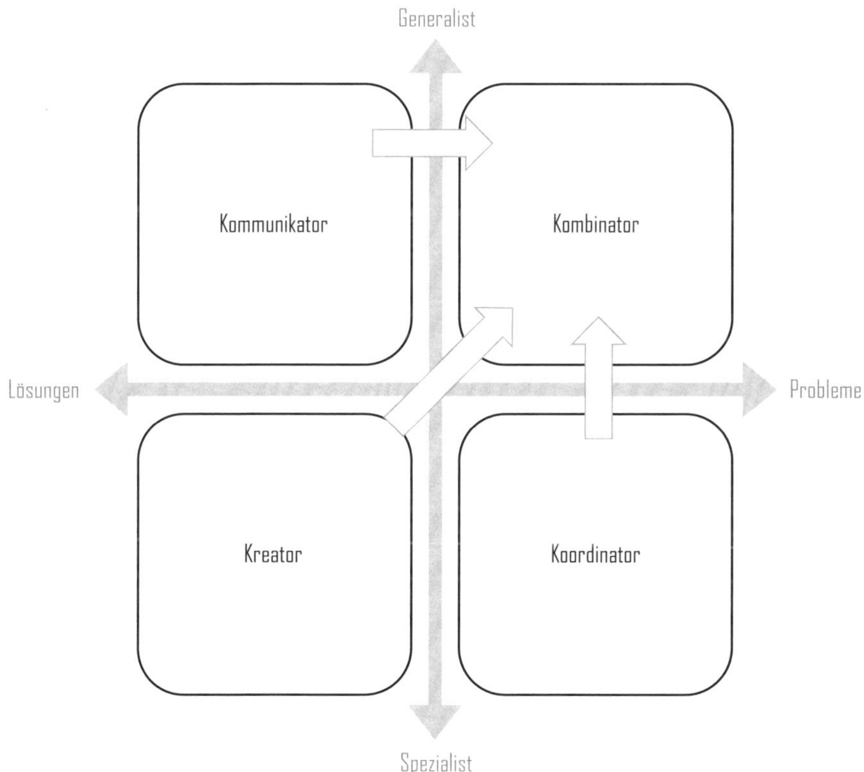

Abbildung 19: Rollen der Wissensarbeit – heute und morgen

Ein Wissensarbeiter, der seine zukünftige Karriere im Blick behält, konzentriert sich darauf, sein Tätigkeitsfeld systematisch in das eines Kombinatoren zu erweitern. Aber wie genau entwickelt man diese neue Rolle? Wie verwandelt sich ein Wissensarbeiter – basierend auf seiner heutigen Rolle – zu einem Kombinator? Sie müssen die bald *automatisierbaren* Tätigkeiten von Kommunikatoren, Kreatoren und Koordinatoren übergeben an ChatGPT oder eine andere KI. Ihre Hauptaufgabe ist das Aufspüren und tiefgreifende Verstehen von Problemen – nicht das Umsetzen der erstbesten Lösung, die sich im Nachhinein als unzureichend herausstellt. **Deshalb sind Kombinatoren keine Lösungsexperten. Sie sind Problemexperten.**

Warum hat sich diese Kategorie von Kombinatoren nicht längst herausgebildet? Die Technik dazu war nicht verfügbar. Erst der seit Kurzem mögliche Grad an Automation von Wissensarbeit schafft die Voraussetzung, dass ein derartiges Tätigkeitsprofil überhaupt entstehen kann. **Deshalb ist ChatGPT der Ausgangspunkt für den Aufstieg eines neuen Leitbilds von Wissensarbeit.** Die Substitution vieler Hilfstätigkeiten macht es Kombinatoren möglich, einerseits Teile der früheren Tätigkeiten von Kreatoren, Kommunikatoren und Koordinatoren an Maschinen zu delegieren und sich andererseits auf komplexe und strategisch wichtige Aspekte ihrer Arbeit zu konzentrieren.

Eine Studie von OpenAI kalkuliert bereits, wie weitgehend die Automation von Wissensarbeit prinzipiell gehen könnte.[476, 477] Die Autoren rechnen hoch, dass circa 80 Prozent aller Arbeitskräfte in den USA in mindestens 10 Prozent ihrer Tätigkeiten allein von ChatGPT betroffen sein könnten. Für 19 Prozent der Arbeitnehmer sehen sie mindestens 50 Prozent der Aufgaben betroffen. Die Studie legt außerdem nahe, dass mit Zugang zu einem Sprachmodell wie ChatGPT etwa 15 Prozent aller Tätigkeiten bei gleichbleibender Qualität schneller erledigt werden könnten. Würde man Sprachmodelle in andere Software-Werkzeuge einbauen, stiege dieser Anteil ihrer Ansicht nach auf 47 bis 56 Prozent aller Tätigkeiten.

Eine Studie von Goldman-Sachs prognostiziert gleichfalls tiefgreifende Veränderungen.[478] Die ChatGPT zugrunde liegende Technologie könnte die Ausgewogenheit der Arbeitsmärkte erheblich stören. Die Analysten schätzen, dass ein Viertel der aktuellen Tätigkeiten durch Maschinen ersetzt werden könnte. Das entspräche einem Äquivalent von weltweit 300 Millionen Vollzeitstellen.

Darum entsteht in Zukunft ein steigender Bedarf an Kombinatoren. **Die Fähigkeit zum Problemlösen könnte die wichtigste Eigenschaft werden, die Arbeitnehmer zukünftig von anderen – und vor allem von Maschinen – abhebt.**[479] Deckt sich das mit den Fakten? Die American Management Association bescheinigte in einer Umfrage bereits im Jahr 2012, dass Arbeitgeber die Fähigkeit, Probleme zu lösen, als zweitwichtigste Fähigkeit für ihre Personalentwicklung betrachten würden.[480] Im Jahr 2017 zählten die durch PricewaterhouseCoopers befragten Chefs großer Unternehmen diese Fähigkeit zu den vier wichtigsten, die sie dringend benötigten.[481] Für eine Umfrage des World Economic Forum im dem Jahr 2023 zählten 44 Prozent aller Befragten das Problemlösen zu den Fähigkeiten, deren Bedarf am Schnellsten steigen werde.[482]

Der Weg in die Rolle eines Kombinators ist nicht gradlinig. Für die meisten Wissensarbeiter wird es ein fließender Übergang werden, in dem sie ihre eigene Position immer besser verstehen müssen, um die neue Rolle aktiv zu gestalten. **Erfolgreich wird nur sein, wer sich die KI zum Assistenten macht.** Das wird der Grundton sein für eine Ära des Wandels und hin zum zukünftigen, persönlichen Erfolg in einer Welt, aus der KI nicht mehr wegzudenken sein wird.

Kapitel kompakt

- Wissensarbeiter lassen sich ein drei Typen einteilen: Kreatoren, Kommunikatoren Koordinatoren. Jede Rolle repräsentiert typische Berufe, verfolgt bestimmte Ziele, und ist mit spezifischen Probleme konfrontiert.
- Für jeden Beruf der Wissensarbeit lässt sich ein Fingerabdruck seiner Tätigkeiten abnehmen. Er hilft, die Präferenzen und Stärken der zugrunde liegenden Tätigkeiten zu identifizieren und zu verstehen.
- Die prototypische Rolle zukünftiger Wissensarbeit ist der Kombinator: Er ist Generalist und Problemexperte. Beide Tätigkeitsmerkmale werden von Unternehmen immer mehr nachgefragt.

KAPITEL 20

Wie man Wissensarbeit mit ChatGPT gestaltet

„Die Analphabeten des 21. Jahrhunderts werden nicht die sein, die nicht lesen und schreiben, sondern die, die nicht lernen, verlernen und neulernen."
– Alvin Toffler

Verstehen, was man tut. Und tun, was man versteht

Für die kürzeste Flugroute zum Mars braucht man sechs Monate. Selbst wenn Astronauten nur kurz auf dem Planeten blieben, wären sie lange unterwegs. Das macht klar, welche Probleme Entwickler, Ingenieure und Astronauten wälzen, bevor eine Crew von drei bis sechs Personen auf eine solche Expedition aufbricht.[483] Denn die müssen sich auf alles vorbereiten, was in dieser Zeit passieren wird – und vor allem könnte. Schnelle Hilfe und Rettung ist ausgeschlossen. Darum verschafft sich die NASA ein detailliertes Bild über den gesamten Ablauf eines derartigen Raumflugs.[484] Ein Bericht identifiziert immerhin 1.125 Aufgaben.[485] Die Autoren erörtern verschiedene Aspekte wie z. B. technische und wissenschaftliche Anforderungen, psychologische und soziale Bedürfnisse der Crew oder Sicherheits- und Überlebensmaßnahmen. Zu den technischen Aufgaben gehören das Warten und Reparieren von Geräten, das Überwachen von Lebenserhaltungssystemen, die Kommunikation mit der Erde sowie das Bauen und der Betrieb von festen Unterkünften und Fahrzeugen. Aber auch psychologische und soziale Aufgaben sind wichtig für das Wohlergehen der Crew. Das umfasst etwa das Umgehen mit Stress, Maßnahmen zur Teambildung, das Gestalten von Freizeit sowie die Pflege von Beziehungen zu Familie und Freunden auf der Erde. Natürlich ist diese Liste aus dem Jahr 2018 vorläufig und wird weiter verfeinert, denn Technologien entwickeln sich, und neue Erkenntnisse über den Mars fließen ein.

Uns interessiert daran, wie man ein komplexes Vorhaben wie eine Marsexpedition überhaupt systematisch dokumentiert. Die NASA nutzt ein überraschend einfaches Format, um eine Vielzahl unterschiedlicher Tätigkeiten zu erklären und zu kategorisieren.[486] Diese Struktur hilft, den Überblick über diese hunderte von Teilzielen zu gewährleisten. Sie schafft Klarheit über den Zweck jeder Aufgabe und stellt sicher, dass Entwickler und Betroffene genau wissen, was zu tun ist. Es sind vier einfache Fragen, die für jede Aufgabe einer Marsexpedition beantwortet werden.

1. Was wird getan? Dieser Teil beschreibt die konkrete Aufgabe oder Aktion, die durchgeführt werden soll. Der Fokus liegt auf dem Ziel und die Ergebnisse werden präzise beschrieben.
2. An was wird es getan? Dieser Teil gibt den Kontext oder das Objekt an, auf das sich die auszuführende Aufgabe bezieht. Das ist ein physisches Objekt (etwa ein Stein), eine Software oder vielleicht auch nur ein Konzept (z. B. ein Rettungsplan), nach dem man agiert. Diese Frage thematisiert also besonders die Abgrenzung zwischen Teilsystemen, die miteinander interagieren – aber trotzdem voneinander getrennt entwickelt und betrieben werden.
3. Wie wird es getan? Hier wird beschrieben, was nötig ist, um die Aufgabe zu erfüllen. Dieser Teil liefert Information, um Entwicklern und Betroffenen ein klares Verständnis der notwendigen Schritte oder eines Verfahren zu vermitteln.
4. Warum wird es getan? Schließlich legt dieser Teil den Zweck oder die Motivation hinter der Aufgabe offen. Die Antwort erklärt, warum die Aufgabe wichtig ist, und welchen Nutzen sie für das Projekt oder das Gesamtziel bringt.

Das Beantworten dieser vier einfachen Fragen macht es möglich, das unendlich komplexe Projekt einer Marsmission derart in Teile zu zerlegen, dass die damit verbundenen Aufgaben einerseits einheitlich beschrieben werden und andererseits keine vergessen wird. Beispiele dafür zeigt Tabelle 10.

Was wird getan?	An was wird es getan?	Wie wird es getan?	Warum wird es getan?
Schaltplatine visuell inspizieren	Schaltplatine	visuell	um Verkohlen oder andere Anzeichen eines elektrischen Kurzschlusses zu erkennen
Seismometer manuell in Felsen einschlagen	Felsen	mit Hammer, während der Astronaut einen Raumanzug trägt	um Sensoren zu platzieren
Ultraschallanzeige betrachten	Handgerät	visuell	um Ergebnis der Ultraschallbildgebungstest zu interpretieren

Tabelle 10: Typische Aufgaben auf einer Marsmission[487]

Es geht aber nicht nur um Aufgaben, die unmittelbar das Missionsziel betreffen. Es wird auch beschrieben, wie die Crew gemeinsam isst, Zahnschmerzen behandelt, oder Schach mit dem Bodenpersonal spielt.[488] Wenn man sich jede Aufgabenbeschreibung anschaut, fällt etwas auf: Jede beginnt mit einem Tätigkeitswort; gefolgt vom einem Objekt, an dem etwas ausgeführt wird; anschließend der Erklärung, wie und unter welchen Bedingungen die Tätigkeit stattfindet. Das Beschreiben der Aufgabe endet in allen Fällen mit der eigentlichen Motivation.

Was kümmert uns die Planung einer Marsmission? Nun, das Vorgehen bietet einen einfachen Rahmen, damit auch Wissensarbeiter ihre Tätigkeit eingehend erklären können. **Was ausreicht, um die Unwägbarkeiten einer Marsmission zu dokumentieren, reicht allemal, über die Arbeit eines einzelnen Wissensarbeiters zu reflektieren.** Dazu gehen Sie wie folgt vor:

1. Identifizieren Sie zuerst die Hauptaufgaben, die in Ihrer Arbeit anfallen. Folgende Leitfragen helfen dabei: Welche Aufgaben tauchen regelmäßig auf? Welche Artefakte entstehen dabei? An welchen Stellen erhalten Sie Information von anderen – oder produzieren selbst Information für Dritte? Wie gehen Sie dafür vor? Wie viel Zeit nimmt das jeweils Anspruch?

2. Beginnen Sie eine Liste und strukturieren Sie jede Tätigkeit anhand der vier zentralen Fragen für die Aufgabenbeschreibung: Was wird getan? An was wird es getan? Wie wird es getan? Warum wird es getan?

3. Erstellen Sie die Tabelle analog zu Tabelle 10, in dem Sie die Aspekte jeder Tätigkeit in den vier Spalten erklären.

Das Beispiel einer Liste für einen typischen Wissensarbeiter könnte etwa wie in Tabelle 11 beginnen. Jede Aufgabe ist beschrieben, alle davon betroffenen Objekte sind aufgeführt, und auch die eigentliche Motivation ist für jede Tätigkeit erklärt.

Was wird getan?	An was wird es getan?	Wie wird es getan?	Warum wird es getan?
E-Mails lesen und schreiben	Digitaler Posteingang	Google Mail bedienen	Information austauschen, Anfragen beantworten, Projekte koordinieren, …
Dokumente erstellen und überarbeiten	Textdateien	Verwenden einer von Winword	Arbeitsfortschritt überprüfen, Inhalte produzieren und ändern
An Besprechungen teilnehmen	Projektgruppen	Persönlich oder über Google Meet	Information austauschen, Entscheidungen treffen, Teamarbeit verbessern
Datenanalyse durchführen	Verkaufszahlen	PowerBI verwenden	Daten visualisieren, Muster erkennen, Entscheidungen vorbereiten

Was wird getan?	An was wird es getan?	Wie wird es getan?	Warum wird es getan?
Schulungen abhalten	Schulungsräume oder -plattform	Präsentationstechniken einsetzen; Fragen beantworten	Vermitteln von Fähigkeiten, Praxistransfer gewährleisten
Finanzbericht erstellen	Verkaufszahlen	SAP ERP Financials verwenden	Strategische Entscheidungsvorlagen bereitstellen

Tabelle 11: Beispielhafte Tätigkeitsbeschreibung eines Wissensarbeiters

Noch einige Hinweise, um einen großen Nutzen aus dieser Übung zu schlagen: Verwenden Sie Tätigkeitswörter, um jede Aufgabe präzise zu beschreiben (z. B. lesen, schreiben, erstellen). Denn sie spiegeln wider, was tatsächlich passiert.

Fügen Sie bei Bedarf weitere Information oder Bedingungen hinzu, die Sie für das Ausführen der Aufgabe als notwendig erachten. Das Vorgehen ist auf jede Wissensarbeit übertragbar, aber jede Wissensarbeit bleibt individuell.

Schließlich machen Sie diese Übung nicht zu einer Fleißarbeit, die Ihnen Arbeitszeit raubt. Statt sich mühsam in Tätigkeiten hineinzudenken, werden Sie einfach Ihr eigener Beobachter. Legen sie die Liste in Sicht- und Greifweite (oder Öffnen Sie eine Datei am Computer) und füllen Sie diese während der typischen Arbeit aus. Stoßen Sie auf eine neue Tätigkeit, dokumentieren Sie diese sofort. Überprüfen Sie die Korrektheit der bisherigen Einträge, aktualisieren Sie Information oder pflegen sie neue ein. Passen Sie die Liste den Veränderungen Ihrer Wissensarbeit an. Fügen Sie neue Erkenntnisse zeitnah ein. Denn oft werden Sie einige Ihrer Tätigkeiten erst dadurch verstehen, dass sie anfangen, genauer darüber zu nachzudenken.

Wollen Sie in diesem Vorgehen sehr schnell Fortschritte erzielen, empfiehlt es sich, die Aufgabe an eine andere Person zu delegieren – etwa an den Bürokollegen, der Ihnen gegenübersitzt. Eine bekannte Maßnahme aus der Personalentwicklung kann auch helfen. Beim *Job Shadowing* (dt.: Arbeitsschatten) würden Sie jemanden bitten, Ihnen zu „folgen", um ein besseres Verständnis über Ihre Tätigkeiten zu erhalten.[489, 490] Die für diesen Zweck angeleitete Person beobachtet Ihre Arbeitsschritte und prüft anschließend die Vollständigkeit der Beschreibung, klärt Unklarheiten oder strukturiert die Resultate. Oft lernen Sie durch eine Außenperspektive sehr viel Neues über Ihre Tätigkeit, das Ihnen sonst entgehen würde – denn Sie nehmen viele Dinge als selbstverständlich an, was für Außenstehende großen Neuigkeitswert hat. Denn für die nächsten Schritte brauchen Sie ein möglichst vollständiges Bild Ihrer Arbeit.

Auf diese Weise sollte eine vermutlich zweistellige Anzahl von Aufgaben entstehen, je nachdem, wie lange Sie sich dieser Übung hingeben und die Ergebnisse aufbereiten. Als Faustregel sollten Sie die Aufgaben mindestens so lange erfassen, bis die meisten Beschreibungen mehrmals vorgekommen sind. Das kann in einem Extrem lediglich ein Tag dauern, typischerweise dauert es aber eher Tage oder Wochen – in Ausnahmefällen auch Monate.

Aber der Aufwand lohnt sich aus mehreren Gründen. Sie verschaffen sich einen Überblick, welche Aufgaben Sie täglich *tatsächlich* erledigen (das sind manchmal überraschend andere als in ihrem Stellenprofil aufgeführt). Außerdem erfassen Sie zum ersten Mal, *auf welche Weise* Sie diese Aufgaben erledigen. Denn erst diese Information hilft, ihr bisheriges Tätigkeitsprofil neu zu interpretieren. Die Fleißarbeit hilft aber nicht nur Ihnen selbst, sondern verbessert auch die Kommunikation mit Kollegen und Vorgesetzten, weil Ihnen die vielfältigen Aspekte von Wissensarbeit klarer werden.

Denn als Nächstes werden Sie jede dieser Aufgaben unter dem Aspekt betrachten, ob oder wie ChatGPT oder ein anderes KI-System sie jetzt oder in absehbarer Zukunft vereinfachen oder vollständig abnehmen könnte. Der letzte Abschnitt in diesem Buch zeigt, wie das geht.

Wer hat das Sagen?

Wenn man sich in die Geschichte der Mensch-Maschine-Interaktion einliest, ist das eine Erzählung, die eine immer wiederkehrende Spannung dokumentiert. Es stellt sich heraus, dass sich das Verhältnis zwischen Mensch und Maschine im Laufe der Jahrhunderte radikal gewandelt hat. Einfache Werkzeuge, die unsere Vorfahren herstellten, haben sich gemausert zu hochentwickelten KI-Maschinen, die heute das Arbeitsleben bestimmen. Richten wir also ein Augenmerk auf das feine Gleichgewicht, das zwischen Mensch und Maschine austariert werden muss, wenn beide zusammenarbeiten sollen.

Die zweite Hälfte des 20. Jahrhunderts markiert einen ersten großen Schritt in Richtung für ein Verständnis der tatsächlichen Komplexität der Interaktion zwischen Mensch und Maschine. Der zunehmende Luftverkehr in der Mitte des 20. Jahrhunderts zwang zu einem ausgeklügelten Kontrollsystem, um den Flugverkehr zu organisieren. Dabei mussten Menschen und Maschinen eng miteinander kooperieren.[491] Vor diesem Hintergrund formulierte der Psychologe Paul Fitts im Jahr 1951 eine Reihe von Prinzipien, die den menschlichen Faktor beim Bedienen von Maschinen zu erklären versuchten.[492] Bekannt als *Fitts' Liste* schlagen diese Prinzipien vor, dass die Effizienz eines Systems aus Mensch und Maschine am besten sei, wenn es auf einem tiefen Verständnis für die Fähigkeiten aber auch Begrenzungen menschlicher Kognition fußt. Fitts unternahm den ersten systematischen Versuch zu erklären, dass Maschinen die menschliche Fähigkeiten *ergänzen* sollten – nicht ersetzen. Das Akronym *HABA-MABA* (*Humans Are Better At, Machines Are Better At)* brachte sein Prinzip auf den Punkt: Man solle Aufgaben derart aufteilen, dass Mensch und Maschine jeweils das erledigten, was sie am besten könnten. Menschen etwa seien kreativ, könnten kritisch denken und scheuten sich auch nicht vor schwierigen Entscheidungen. Maschinen trumpften auf, wenn es um Geschwindigkeit, Genauigkeit und das Verarbeiten von Daten gehe. Im Laufe der Jahre entwickelten sich weitere Ideen, wie man diese Aufteilung genau beschreiben könnte, aber die Idee von Fitts blieb im Kern erhalten.[493]

Je komplexer die Maschinen wurden, desto offensichtlicher wurde das Problem. Ein prägnantes Beispiel dafür entstand, als die Ära der Raumfahrt begann. Schon in den ersten Jahren der NASA Anfang der 1960er-Jahre wurde eine schwierige Gemengelage deutlich: Während der Mercury- und Gemini-Missionen stritten sich Ingenieure und Astronauten ständig über die Frage, wie viel Kontrolle ein Mensch während eines Raumflugs ausüben solle oder dürfe.[494] Die Ingenieure plädierten für maximale Automation, die Astronauten kämpften für maximale Autonomie. Die Mondlandungen von Apollo lieferten dann einen beeindruckenden Beleg dafür, warum dieser Streit wichtig war und wie ausgewogen die Aufgaben zwischen Raumfähren und Astronauten aufgeteilt waren. Trotz der damals fortschrittlichsten Technologie waren es die Astronauten, die für die kritischen Entscheidungen der Mondmissionen verantwortlich zeichneten. **Keine einzige der sechs Apollo-Mondfähren landete vollautomatisch, sondern teilweise nur dank des beherzten Eingreifens ihrer gut geschulten Astronauten.**

Wie bekommt man dieses komplizierte Wechselspiel zwischen Mensch und Maschine in den Griff? Im Jahr 1985 schlägt der Ingenieur Earl Price ein Modell für das Zuordnen von Funktionen zwischen Mensch und Maschine vor.[495] Es beschreibt einen systematischen Ansatz, um jede Art von Aufgabe sinnvoll zwischen Menschen und Maschinen aufzuteilen (Abbildung 20).[496] Die Price-Matrix stellt jede Tätigkeit entlang zweier Achsen dar: Die X-Achse beschreibt das Ausmaß menschlicher Fähigkeiten (von ungenügend bis hervorragend), um eine bestimmte Tätigkeit zu erledigen, die Y-Achse dasselbe für Maschinen.

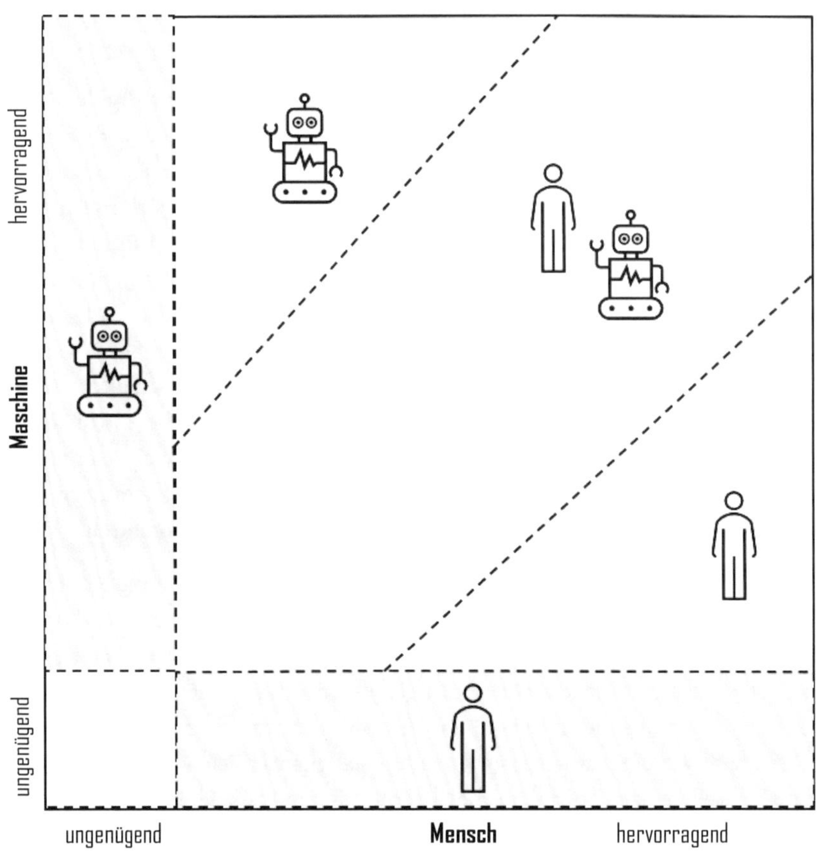

Abbildung 20: Aufteilen von Tätigkeiten zwischen Mensch und Maschine[497]

Nun wird klar, warum es einer peniblen Beschreibung der Aufgaben bedarf, die zu einem vollständigen Tätigkeitsprofil für einen Wissensarbeiter führt: **Erst das Verstehen jeder einzelnen Aufgabe liefert uns Information, um diese zwischen Mensch und Maschine aufteilen zu können.** Denn wir erinnern uns: Es geht nicht um die Automation einer Aufgabe, sondern im idealen Fall lediglich um das Abschaffen von Tätigkeiten, die von Maschinen schneller, einfacher und genauer erledigt werden könnten. Es geht um die Augmentation des Tätigkeitsprofils des Wissensarbeiters.

Sie können jetzt die Ergebnisse der in Kapitel 19 durchgeführten Aufgabenanalyse in die Matrix übertragen. Dabei gelten folgende Regeln: Aufgaben, die nur sehr gut von Wissensarbeitern erledigt werden können, fallen in den Bereich unten rechts. Aufgaben, die nur sehr gut von ChatGPT erledigt werden können in den Bereich oben links. Aufgaben, die tendenziell von Wissensarbeitern abgearbeitet werden könnten, finden ihren Platz rechts mittig. Aufgaben, die eher von ChatGPT erledigt werden könnten, liegen oben mittig.

Für den Mittelteil gilt eine besondere Regel: Hier finden sich Aufgaben wieder, die nicht nach den Kriterien eingeordnet werden, die durch die X- und Y-Achse vorgegeben sind. Es könnten etwa Kriterien sein, die eine Zuordnung in Bezug auf Budget, Zeit, Kosten oder Motivation durchführen.

Wenn Sie die Aufgabenliste in diese Matrix übertragen, werden Sie noch auf einen weiteren Umstand stoßen: Manchmal wird eine einzelne Aufgabe sowohl menschliche Expertise benötigen als auch maschinelle Intelligenz. Was machen Sie dann? Es ist denkbar einfach: Zerlegen Sie diese Aufgabe noch einmal in Teilaufgaben und beantworten Sie für jeden Teil dieselben vier Fragen wie erläutert. Danach lassen sich auch diese neu geschnittenen Aufgaben in der Matrix verorten.

Arbeitsminister Hubertus Heil prognostiziert, dass im Jahr 2035 kein einziger Arbeitsplatz mehr ohne KI auskommen wird.[498] Deshalb gewinnen in einer durchdigitalisierten Welt systematische Vorgehensweisen zum plausiblen Aufteilen von Aufgaben zwischen Mensch und Maschine rasant an Bedeutung. Wenn Sie heute beginnen, sich über die Neuorganisation ihrer Arbeit klar zu werden, gestalten Sie diesen Prozess aktiv mit. Sie können ihre Erwartungen und Wünsche einbringen, Vorlieben äußern, Interessen genau beschreiben. Wenn Sie selbst diese Aufteilung vornehmen und aktiv für ihr neues, präferiertes Tätigkeitsprofil eintreten, werden andere diese Dinge für Sie entscheiden – auch solche, die sie lieber vermieden hätten.

Der preußische General Carl von Clausewitz entwickelte in seiner Militärtheorie einen zentralen Gedanken: *„Der Krieg ist die Fortsetzung der Politik mit anderen Mitteln.“*[499] Er argumentierte, der Krieg sei ein Bestandteil der politischen Strategie. Aber er könne nicht als völlig isoliertes Phänomen betrachtet werden. Clausewitz' Ansatz betont die enge Verbindung zwischen Krieg und Politik, und er schrieb, die politischen Ziele eines Landes sollten die Leitlinie bilden, wenn man militärische Operationen durchführt.

Sinngemäß können wir heute feststellen: *„ChatGPT ist die Fortsetzung der Wissensarbeit mit anderen Mitteln.“* **ChatGPT ist nicht das Ende der Wissensarbeit, sondern lediglich der nächste Evolutionsschritt**, in dem menschliches Denken und Entscheiden immer mehr mit Technologie verwoben wird. ChatGPT und KI können menschliches Denken ergänzen oder verbessern – vollständig ersetzen werden sie es nicht. **Prompten wird nach Lesen, Schreiben und Rechnen einfach eine neue Kulturtechnik, die wir uns werden aneignen müssen.**[500] Aber zutiefst menschliche Attribute wie die Fähigkeit zu Empathie, ausufernde Kreativität oder der unbedingte Wille, ein Ziel erreichen zu wollen, bleiben davon unberührt.

Dieses Buch bleibt eine Momentaufnahme in einer Zeit, in der ein wichtiger, technischer Durchbruch der Computergeschichte zum ersten Mal unmittelbar und in kürzester Zeit in die Geschicke vieler Menschen eingreift. Ich hoffe, meine Gedanken tragen dazu bei, diese Zeitenwende der Wissensarbeit besser zu verstehen.

Die Erfindung des Buchdrucks im 15. Jahrhundert eröffnete der Menschheit den Kosmos des Wissens durch das gedruckte Wort. Die Kulturtechnik des Lesens zeigte den Weg in die Aufklärung. Aber statt zuerst die Schriften des Galileo Galilei zu studieren, griffen die Menschen zum Hexenhammer und verbrannten Zehntausende auf Scheiterhaufen. Sobald wir dank ChatGPT und seiner Nachfolger die Kulturtechnik des Prompt Engineering gemeistert haben, werden wir wieder entscheiden, was wir mit unserer neu erlangten Fähigkeit als Erstes anfangen wollen. Die Geschichte lehrt Düsteres, aber ich bleibe Optimist. Denn uns bleibt immer eine Wahl.

Kapitel kompakt

- Die Planung und Vorbereitung von Marsmissionen zwingen zur genauen Analyse aller geplanten und ungeplanten Aufgaben, um Unwägbarkeiten zu antizipieren. Die Dokumentation dieser Aufgaben zeigt uns, wie man auch Wissensarbeit durch eine systematische Analyse angesichts von ChatGPT besser verstehen kann und sich darauf vorbereitet.
- Die Evolution der Mensch-Maschine-Interaktion war ein ständiger Versuch, Aufgaben so zuzuordnen, dass die ausgewogene Aufteilung zwischen Mensch und Maschine die größte Effizienz ergab. Das muss nicht erratisch passieren, sondern lässt sich mit der Price-Matrix systematisch planen und durchführen.

DANKSAGUNG

Mein tiefster Dank gilt den Erfindern von Denkmaschinen. Ich richte ihn an alle, die zum Funktionieren von ChatGPT und anderen Chatbots dieser Art bereits beigetragen haben und zukünftig beitragen werden. Denn ChatGPT ist eine intellektuelle Muse. Sie begleitete meine Schreibarbeit durch dieses Buch in vielfacher Hinsicht. Ohne die unglaublichen Ideen derjenigen, die die zugrunde liegenden Technologien von ChatGPT zur Reife bringen, hätte ich meinem Anspruch an dieses Buch nicht gerecht werden können.

Ab jetzt prägen Werkzeuge wie ChatGPT meine eigene Wissensarbeit als unerschöpfliche Quelle für Reflektion, Ideensuche, Inspiration – und die schnöde Korrektur von Sprach-, Ausdrucks- und Grammatikfehlern.

Meine aufrichtige Wertschätzung bringe ich all den Menschen gegenüber zum Ausdruck, die sich mit Hingabe und Leidenschaft dem Studium und dem Verständnis der Wissensarbeit verschrieben haben. Denn alle meine Überlegungen haben ihren Ursprung immer in den Ideen anderer. Ich denke lediglich weiter. Ihre unermüdliche Arbeit zum besseren Verständnis von Wissensarbeit bilden das Fundament, auf dem dieses Buch entstand.

Danke allen, die auf die eine oder andere Weise – ob gewollt oder ungewollt – durch ihre Kommentare, Hinweise und Einlassungen diese Arbeit bereichert haben, namentlich meinem Lektor Dennis Brunotte.

Ich bin zutiefst dankbar für die Gelegenheit, diese Reise unternommen zu haben, um mein aktuelles Verständnis für das Phänomen ChatGPT mit Ihnen, lieber Leser, zu teilen. ChatGPT hat die Büchse der Pandora geöffnet. Zurück bleibt meine Hoffnung, dass wir diese Umwälzung zum Guten der Menschen nutzen.

ANHANG

Die Geschichte von ChatGPT

Dezember 2015	OpenAI wird als gemeinnützige Organisation gegründet. Es ist als Forschungseinrichtung geplant, die das Wohl aller über ihr Eigeninteresse stellt.[501]
Juni 2018	Die erste Version von ChatGPT – GPT-1 – wird veröffentlicht.[502]
Februar 2019	GPT-2 ist verfügbar.[503]
Januar 2021	OpenAI veröffentlicht DALL E, einen Bildgenerator, der Bilder aus Texteingaben erstellt.[504]
Juni 2022	GPT-3 ist verfügbar.[505]
30. November 2022	ChatGPT (basierend auf GPT-3.5) ist kostenlos zugänglich.[506]
Dezember 2022	ChatGPT verbreitet sich in wenigen Tagen. Innerhalb einer Woche registrieren sich eine Mio. Benutzer.[507]
Januar 2023	ChatGPT erreicht nach zwei Monaten 100 Mio. Benutzer.[508]
Februar 2023	Für ChatGPT registrieren sich 154 Mio. Benutzer. OpenAI verzeichnet monatlich 1 Mrd. Zugriffe.[509] Eine Abonnement wird angekündigt.[510]
März 2023	GPT-4 wird veröffentlicht.[511] OpenAI kündigt Erweiterungen für eine Vielzahl von Diensten an.[512]
April 2023	ChatGPT verzeichnet 1,8 Mrd. Zugriffe im Monat.
Mai 2023	Für ChatGPT sind mehr als 70 Funktionserweiterungen verfügbar.[513]
Juli 2023	OpenAI macht Code Interpreter verfügbar, eine Funktion, die die Fähigkeiten von ChatGPT dramatisch ausweitet.[514]
August 2023	200 Millionen Benutzer arbeiten jeden Monat mit ChatGPT.[515] OpenAI erwirtschaftet einen Umsatz von 80 Mio. US-Dollar im Monat.[516] Jeder vierte Angestellte in den USA nutzt ChatGPT.[517]

Tabelle 12: Meilensteine von ChatGPT bis August 2023

Wie redet man mit ChatGPT? Tipps und Kniffe zum Prompt Engineering

Das Schreiben von „Prompts" bestimmt den Dialog mit ChatGPT. So lauten die Eingaben bei ChatGPT, die eine Reaktion auslösen und eine Antwort provozieren. Die Qualität dieser Antworten hängt jedoch ab von der Präzision der eingegebenen Texte.

Das Ziel des Prompt Engineering ist das Finden von Eingaben, die gewünschte und hochwertige Antworten liefern. Einige Tipps helfen, die Qualität der Ergebnisse durch einen Dialog mit ChatGPT zu steigern:

1. Halten Sie es einfach! Vermeiden Sie komplexe und verworrene Prompts, die schwer zu verstehen sind. Sie könnten unerwartete oder ungenaue Antworten liefern. Konzentrieren Sie sich auf klare und prägnante Aufforderungen.
2. Seien Sie so spezifisch wie möglich! Aus mehrdeutigen Fragen entstehen mehrdeutige Antworten. Je präziser ein Prompt geschrieben ist, desto besser.
3. Testen und verbessern Sie! Wenn das Ergebnis nicht zufriedenstellend ist, sollten Sie einzelne Elemente der ursprünglichen Texteingabe anpassen und die Ergebnisse vergleichen. ChatGPT erlaubt, die Eingabe direkt zu verfeinern. Auf diese Weise kommen Sie schrittweise dem gewünschten Ergebnis näher.
4. Verwenden Sie Beispiele! Oft ist es hilfreich, Beispiele für die Art von Resultaten bereitzustellen, die Sie von ChatGPT erwarten. Das gibt ChatGPT eine klare Vorstellung davon, was Sie möchten, und liefert bessere Antworten.
5. Verwenden Sie einheitliche Begriffe! Eine konsistente Terminologie und einheitliche Formulierungen stellen sicher, dass ChatGPT Ihre Anforderungen korrekt versteht. Vermeiden Sie für dieselbe Aufgabe unterschiedliche Begriffe oder Formulierungen.
6. Verwenden Sie Variablen! Variablen machen es einfacher, die Varianten komplexer Sachverhalte auszudrücken (z. B. GESCHLECHT = Mann oder Frau). Je komplexer ein Problem, desto hilfreicher sind Variablen, die Sie im Dialog mit ChatGPT verwenden.
7. Kontrollieren Sie das Ergebnis! ChatGPT behauptet manchmal Unsinn. Überprüfen Sie das Ergebnis sorgfältig. So stellen Sie sicher, dass es Ihren Erwartungen entspricht. ChatGPT liefert in Einzelfällen unerwartete oder ungewollte Ergebnisse, insbesondere wenn es mit unvollständigen, fehlerhaften oder widersprüchlichen Daten gefüttert wird.

Das Schreiben von Prompts wird eine Schlüsselfähigkeit werden, um zukünftig mit KI-Systemen zu interagieren. Je eher Sie das können, desto mehr werden Sie von ChatGPT profitieren.

Fingerabdruck der Wissensarbeit

Welche Art von Wissensarbeit verrichten Sie? Sind Sie Kreator, Kommunikator oder Koordinator? Der folgende Fragebogen ermittelt, was den Kern ihrer Wissensarbeit auszeichnet. Sie erhalten einen „Fingerabdruck“ über das relative Verhältnis der verschiedenen Tätigkeiten in Ihrer Arbeit.

Geben Sie für jede Aussage an, inwieweit Sie zustimmen oder nicht zustimmen, indem Sie die Zahl auswählen, die Ihre Meinung am besten widerspiegelt, auf einer Skala von 1 bis 5, wobei 1 (stimme nicht zu) und 5 (stimme zu) bedeutet.

	Frage	Bewertung				
1	Ich bin am produktivsten, wenn ich lange, ununterbrochen arbeiten kann.	1	2	3	4	5
2	Ich arbeite gerne mit Kollegen zusammen und blühe auf, wenn die Probleme sich gerade türmen.					
3	Ich bin gut darin, das große Ganze zu sehen und verschiedene Projekte und Systeme zu organisieren.					
4	Ich schätze Kommunikation und finde es leicht, laut zu denken und Ideen mit anderen zu besprechen.					
5	Ich arbeite gerne allein und ziehe es vor, Dinge selbst herauszufinden.					
6	Ich arbeite oft an kreativen Aufgaben wie Schreiben, Designen oder Programmieren.					
7	Ich spreche gerne mit Menschen und baue Beziehungen auf.					
8	Ich übernehme oft die Rolle eines Projektleiters oder Teamleiters.					
9	Ich bin gut darin, Feedback zu geben und Überarbeitungen durchzuarbeiten.					
10	Ich finde es aufregend, effiziente Lösungen für komplexe Probleme zu finden.					
11	Ich bin mit Widersprüchlichkeit vertraut und genieße es, verschiedene Ideen und Möglichkeiten zu erkunden.					
12	Ich plane und organisiere gerne Veranstaltungen oder Projekte.					
13	Ich habe kein Problem damit, in Sitzungen oder Präsentationen Fragen zu stellen und mich einzubringen.					
14	Ich denke gerne laut und diskutiere meine Gedanken mit Kollegen, um zu einer Lösung zu kommen.					
15	Ich verliere selten den Überblick über alle Projekte, an denen ich beteiligt bin.					

Tabelle 13: Fragebogen zur Kategorien von Wissensarbeit

Um Ihren Schwerpunkt von Wissensarbeit zu erkennen, addieren Sie die Skalenwerte Ihrer Antworten für die jeweils einer Rolle zugewiesenen Antworten.

Für Kreator: Frage 1, Frage 5, Frage 6, Frage 9, Frage 11 (min. 5, max. 25)

Für Kommunikator: Frage 2, Frage 4, Frage 7, Frage 10, Frage 13 (min. 5, max. 25)

Für Koordinator: Frage 3, Frage 8, Frage 12, Frage 14, Frage 15 (min. 5, max. 25)

Je höher Ihre Punktzahl in einer der drei Kategorien, desto eher spiegelt das ihre Rolle als Wissensarbeiter wider. Beachten Sie aber, dass dieser Fragebogen nur ein Anhaltspunkt ist, um Ihre Art von Wissensarbeit zu verstehen. Noch besser erfassen sie Wissensarbeit, wenn Sie ein Protokoll Ihres Tätigkeitsprofils anfertigen.

Tätigkeitsprofil der Wissensarbeit

Um die Tätigkeiten der eigenen, aktuellen Wissensarbeit systematisch zu erfassen, gehen Sie wie folgt vor:

Reservieren Sie einen Zeitraum in Ihrem Kalender (mindestens einen Tag lang, meist mehrere Tage oder eine Woche, in Einzelfällen vielleicht sogar Wochen). Die Zeit sollte so bemessen sein, dass mit großer Wahrscheinlichkeit mindestens 80 Prozent aller Tätigkeiten, mit denen Sie sich regelmäßig beschäftigen, mehrmals auftauchen.

Dann legen Sie ein Blatt Papier auf den Schreibtisch und beginnen mit Ihrer üblichen Arbeit. Aber immer dann, wenn eine Tätigkeit auftaucht, die noch nicht dokumentiert ist, beschreiben Sie diese in einer Tabelle. Die enthält vier Spalten.

1. Was wird gemacht? Definieren Sie klar die Aufgabe, die Sie gerade ausführen. Als Wissensarbeiter in der Schadensabwicklung einer Versicherungsgesellschaft könnte eine oft wiederkehrende Aufgabe lauten: *„Versicherungsanspruch überprüfen und bewerten.“*

2. In Bezug auf was wird es gemacht? Identifizieren Sie als Nächstes das Objekt (=Artefakt) oder das Subjekt (=Person) der Aufgabe. In der Schadensabwicklung werden Sie Ihre Aufgaben an bestimmten Dokumenten ausführen wie zum Beispiel: *„Überprüfen von Police und Unfallbericht im Zusammenhang mit einem Versicherungsanspruch.“*

3. Wie wird es gemacht? Beschreiben Sie die Methode oder den Prozess, wie sie die Aufgabe genau ausführen. In der Schadensabwicklung könnte das sein: *„Verwenden der Software zur Schadensbewertung, um die Gültigkeit des Anspruchs zu bewerten.“*

4. Warum wird es gemacht? Erklären Sie sich den Zweck oder den Grund für die Ausführung der Aufgabe. In der Schadensabwicklung etwa: *„um eine faire und genaue Schadensregulierung zu gewährleisten und die Kundenzufriedenheit zu erhalten.“*

Ist der Eintrag einmal gemacht, überprüfen Sie bei nächster Gelegenheit, ob die Aufgabe identisch ist. Wenn die Aufgabe wieder auftaucht, machen Sie einen Vermerk (Strichliste). Wenn sie von einer bereits aufgeführten abweicht, erstellen Sie einen neuen Eintrag. Die Aufgabenanalyse ist ein Prozess, der sich ständig wiederholt, korrigiert und verbessert. Sie müssen Beschreibungen möglicherweise überarbeiten und verfeinern, um dadurch mehr Verständnis für ihre Aufgaben zu erlangen.

Wenn das Zeitintervall abgelaufen ist, und Sie mit Disziplin und Muße drangeblieben sind, liegt vor Ihen eine Liste aller Tätigkeiten, die ihre Art von Wissensarbeit sehr umfänglich beschreiben. Das sollte im besten Fall eine niedrige zweistellige Anzahl an Tätigkeiten umfassen. Denn sind die Beschreibungen zu allgemein, haben die Beschreibungen keine Aussagekraft. Sind sie zu kleinteilig, verirren Sie sich in Details.

Diese Liste ist die Voraussetzung, um anschließend eine mögliche Auf- und Einteilung der Aufgaben dieser Tätigkeitenliste zwischen Mensch und Maschine zu entwickeln (Kapitel 20).

Quellenverzeichnis

1 https://www.youtube.com/watch?v=kwZOdQErQVI
2 https://mobilesyrup.com/2018/04/27/google-assistant-siri-alexa-compare/
3 https://www.forbes.com/sites/kevinmurnane/2018/05/03/dumb-and-dumber-comparing-alexa-siri-cortana-and-the-google-assistant/
4 https://blog.ted.com/openai-cofounder-greg-brockman-demos-unreleased-chatgpt-plug-ins-live-at-ted2023/
5 https://www.nytimes.com/2023/08/16/technology/google-ai-life-advice.html
6 https://www.youtube.com/watch?v=Smwrw4sNCxE
7 https://www.visualcapitalist.com/internet-browser-market-share/
8 https://money.cnn.com/1998/11/24/technology/aol/
9 https://www.visualcapitalist.com/internet-browser-market-share/
10 https://openai.com/about
11 https://www.similarweb.com/blog/insights/chatgpt-1-billion/
12 https://wordfinder.yourdictionary.com/blog/how-chatgpt-is-catching-on-in-america/
13 https://fortune.com/longform/chatgpt-openai-sam-altman-microsoft/
14 https://medium.com/@ryancrosbie/the-story-of-visicalc-9c9322350210
15 https://www.bbc.com/news/business-47802280
16 https://de.wikipedia.org/wiki/Unsichtbare_Hand
17 https://www.ventanaresearch.com/press-release/2008/08/25/organizations-can-improve-productivity-through-effective-spreadsheet-management-according-to-new-ventana-research-study
18 (Pea, 1985)
19 https://thehistoryofcomputing.net/visicalc-excel-and-the-rise-of-the-spreadsheet
20 (Blume, 2020)
21 (McCarthy, Minsky, Rochester, & Shannon, 2006)
22 (McCulloch & Pitts, 1943)
23 https://wordfinder.yourdictionary.com/blog/how-chatgpt-is-catching-on-in-america/ https://en.wikipedia.org/wiki/Expert_system#:~:text=The%20first%20expert%20systems%20were,engine%20and%20the%20knowledge%20base.
24 (Vaswani, et al., 2017)
25 https://de.wikipedia.org/wiki/DARPA_Grand_Challenge
26 https://entrepreneurshandbook.co/i-met-the-programmer-who-invented-tagging-heres-what-he-taught-me-about-entrepreneurship-467dd6128ae3
27 https://de.wikipedia.org/wiki/Jean-Fran%C3%A7ois_Clervoy
28 https://www.spaceanswers.com/space-exploration/what-g-force-do-astronauts-experience-during-a-rocket-launch/
29 https://blog.google/products/maps/google-maps-101-ai-power-new-features-io-2021/

30 https://techcrunch.com/2023/02/27/meta-says-it-is-experimenting-with-ai-powered-chat-on-whatsapp-and-messenger/?guccounter=1&guce_referrer=aHRocHM6Ly93d-3cuZ29vZ2xlLmNvbS8&guce_referrer_sig=AQAAANuVzxPTNzeeHjbuYLxQlVAz-2fcOFUNSGTqyQUyDqnIP2f9uuf521eh4CeIC34xDKq4xodh4TZ95jCB5CmoqboY1vld-o2tvrD9T-y_M91esQzb9t121pgRDhidtXe4PHJsauXmE8stSbzv7dtpTZIS3vjgiJIVY8vWs-b40cTaXQV
31 https://www.amazon.science/the-history-of-amazons-recommendation-algorithm
32 https://www.gartner.com/smarterwithgartner/gartner-predicts-a-virtual-world-of-exponential-change
33 https://www.youtube.com/watch?v=f6p4Dac_Ei4
34 https://www.forbes.com/sites/ellenhuet/2014/05/28/googles-new-self-driving-car-has-no-steering-wheel-no-brakes-and-a-face-designed-to-be-friendly/
35 https://www.technologyreview.com/2020/08/22/1007539/gpt3-openai-language-generator-artificial-intelligence-ai-opinion/
36 (MacLuhan, 1964, 1994)
37 https://de.wikipedia.org/wiki/Tesla_Cybertruck
38 https://www.youtube.com/watch?v=bipoo_gvLFw
39 https://www.youtube.com/watch?v=Ka_khhOd8YI
40 https://www.theguardian.com/commentisfree/2020/sep/08/robot-wrote-this-article-gpt-3
41 https://www.theguardian.com/commentisfree/2020/sep/08/robot-wrote-this-article-gpt-3
42 (Hatcher & Goddard, 2005)
43 https://jerryjenkins.com/how-to-start-a-book/
44 https://www.ool.co.uk/blog/blank-page-syndrome-and-how-to-beat-it/
45 (Gash, 2016)
46 https://eliteauthors.com/blog/what-does-a-book-editor-really-do/
47 https://www.scribbr.com/ai-tools/chatgpt-vs-human-editor/
48 https://www.sueddeutsche.de/projekte/artikel/wirtschaft/chat-gpt-praktikant-redaktion-e824699/
49 https://reutersinstitute.politics.ox.ac.uk/news/chatgpt-threat-or-opportunity-journalism-five-ai-experts-weigh
50 https://www.ebay-kleinanzeigen.de/s-anzeige/unsere-neue-fibel-teil-1/2341999923-77-414
51 https://internationalstoryteller.com/chatgpt-fairy-tale-ai/
52 (Stephenson, 1995, 2000)
53 https://www.zdf.de/nachrichten/panorama/chatgpt-kuenstliche-intelligenz-schummelei-abitur-hamburg-100.html
54 (De Philllips, Berliner, & Cribbin, 1960)
55 https://www.sueddeutsche.de/wissen/zum-tod-von-stephen-hawking-in-meinem-kopf-bin-ich-frei-1.3905397
56 https://kukuvaya.org/de/blogs/some-thoughts/10-quotes-on-education-by-great-greek-philosophers-and-teachers
57 https://openai.com/customer-stories/khan-academy
58 https://marginalrevolution.com/marginalrevolution/2023/04/khan-academy-joins-with-ai.html
59 https://www.khanacademy.org/khan-labs
60 https://www.youtube.com/watch?v=-nmT7ChcNas
61 https://de.duolingo.com/
62 https://blog.duolingo.com/duolingo-max/
63 https://www.theatlantic.com/ideas/archive/2023/08/ai-chatgpt-college-essay-plagiarism/674928/
64 https://www.bundestag.de/gg
65 https://www.brak.de/presse/zahlen-und-statistiken/statistiken/
66 https://www.lto.de/recht/nachrichten/n/anzahl-gesetze-rechtsverordnungen-deutschland-antwort-der-bundesregierung/

67 (Danziger, Levav, & Liora, 2011)
68 (Kahneman & Schmidt, 2016)
69 https://arstechnica.com/tech-policy/2023/05/lawyer-cited-6-fake-cases-made-up-by-chatgpt-judge-calls-it-unprecedented/
70 https://www.cbsnews.com/news/texas-judge-bans-chatgpt-court-filing/
71 https://nymag.com/intelligencer/article/ai-artificial-intelligence-chatbots-emily-m-bender.html
72 https://www.youtube.com/watch?v=Sqa8Zo2XWc4
73 https://www.bbc.com/news/uk-england-york-north-yorkshire-65126772
74 https://www.theargus.co.uk/news/23342620.motorist-uses-ai-challenge-gatwick-airport-fine/
75 https://www.reuters.com/legal/lawsuit-pits-class-action-firm-against-robot-lawyer-donotpay-2023-03-09/
76 (Felten, Raj, & Seamans, 2023, S. 15)
77 https://de.wikipedia.org/wiki/Commedia_dell%E2%80%99arte
78 https://www.techrepublic.com/article/ibm-watson-the-inside-story-of-how-the-jeopardy-winning-supercomputer-was-born-and-what-it-wants-to-do-next/
79 https://www.mskcc.org/news-releases/mskcc-ibm-collaborate-applying-watson-technology-help-oncologists
80 https://www.doccheck.com/de/detail/articles/100-krebstherapie-watson-hat-versagt
81 https://www.advisory.com/daily-briefing/2021/07/21/ibm-watson
82 https://www.rsna.org/news/2023/march/ai-identifies-normal-abnormal-xrays#:~:text=An%20AI%20tool%20can%20accurately,workload%20experienced%20by%20radiologists%20globally.
83 https://www.forbes.com/sites/forbestechcouncil/2022/01/25/how-ai-could-predict-medical-conditions-and-revive-the-healthcare-system/
84 (Schulte, 2016)
85 (Schulte, 2016)
86 (Elwyn, et al., 2012)
87 (Lu, et al., 2022)
88 https://www.youtube.com/watch?v=kwZOdQErQVI
89 (Ayers, Poliak, & Dredze, 2023)
90 https://de.wikipedia.org/wiki/Daguerreotypie
91 (Baudelaire, 1859, 1955)
92 https://www.kunstforum.de/artikel/ende-der-malerei-und-malerei-nach-dem-ende-der-malerei/
93 https://www.suedkurier.de/ueberregional/kultur/Wie-Fotos-die-Malerei-veraendert-haben;art10399,10122815
94 https://de.wikipedia.org/wiki/Man_Ray
95 https://de.wikipedia.org/wiki/Chuck_Close
96 https://www.midjourney.com/home/?callbackUrl=%2Fapp%2F
97 https://stablediffusionweb.com/
98 https://www.theguardian.com/technology/2023/mar/18/chatgpt-said-i-did-not-exist-how-artists-and-writers-are-fighting-back-against-ai
99 https://www.swr.de/swr2/literatur/chatgpt-ein-quantensprung-in-der-ki-technik-100.html
100 https://www.swr.de/swr2/literatur/chatgpt-ein-quantensprung-in-der-ki-technik-100.html
101 https://de.wikipedia.org/wiki/Losgr%C3%B6%C3%9Fe
102 https://www.sify.com/digital-transformation/the-unreal-tomorrow-of-cinema/
103 (Proust, 1992)
104 (Joyce & Goyert, 2014)
105 (Orwell, 1948, 2001)
106 https://de.wikipedia.org/wiki/Simonetta_Vespucci
107 https://de.wikipedia.org/wiki/Laura_de_Noves

108 https://de.wikipedia.org/wiki/Isabella_d%E2%80%99Este
109 https://t3n.de/news/open-ai-sprach-ki-gpt3-kann-gedichte-reime-schreiben-1517539/
110 https://www.makeuseof.com/chatgpt-how-to-master-storytelling/
111 https://www.audiocipher.com/post/chatgpt-music
112 https://www.artplacer.com/prompts-and-ideas-how-can-artists-use-chatgpt-and-ai-technology-to-promote-their-work/
113 https://tilburgsciencehub.com/tutorials/more-tutorials/chatgpt-article/chat-gpt-research/
114 https://foundersfoundation.de/content-library/chatgpt-startups/
115 https://www.tidio.com/blog/ai-test/
116 https://www.geo.de/geolino/redewendungen/1623-rtkl-redewendung-die-buechse-der-pandora-oeffnen
117 https://group.mercedes-benz.com/unternehmen/tradition/geschichte/1886-1920.html#:~:text=Das%20im%20Jahr%201886%20entstandene,das%20erste%20Automobil%20der%20Welt.
118 https://www.deutschlandfunk.de/bertha-benz-autofahrt-vor-130-jahren-106-kilometer-100.html#:~:text=Bertha%20Benz%20ist%20heil%20angekommen,eine%20Strecke%20von%20106%20Kilometern.
119 http://www.bertha-benz.de/index.php?sub=3&inhalt=strecke&col=g
120 https://www.livemint.com/ai/artificial-intelligence/google-ceo-sundar-pichai-claims-ai-will-be-the-biggest-technological-shift-says-bigger-than-internet-11694053190344.html
121 https://www.forbes.com/sites/bernardmarr/2023/03/03/the-top-10-limitations-of-chatgpt/
122 https://www.gartner.com/smarterwithgartner/gartner-predicts-a-virtual-world-of-exponential-change
123 https://www.userlike.com/de/blog/kunden-chatbots-studie
124 https://www.lemonde.fr/en/economy/article/2023/05/03/world-economic-forum-estimates-14-million-net-job-losses-worldwide-by-2027_6025227_19.html
125 https://www.theatlantic.com/technology/archive/2023/05/ai-chatgpt-productivity-work/674090/
126 https://futurism.com/the-byte/researchers-gpt-4-accuracy
127 https://en.wikipedia.org/wiki/The_Formation_World_Tour
128 https://de.wikipedia.org/wiki/Lemonade
129 https://www.thesun.co.uk/tvandshowbiz/1419439/beyonce-demands-1000-of-meat-for-entourage-hours-before-gig-in-manchester/
130 https://www.deutschlandfunkkultur.de/kommentar-chatbot-chatgpt-100.html
131 https://medium.com/@tristwolff/a-new-paradigm-shift-how-the-rise-of-chatgpt-is-revolutionizing-the-way-we-interact-with-machines-f28730649f4a
132 (Browne & Keeley, 2014)
133 https://en.wikipedia.org/wiki/Apple_Newton
134 https://www.youtube.com/watch?v=agzItTz35QQ
135 https://openai.com/blog/chatgpt
136 https://de.wikipedia.org/wiki/Die_drei_W%C3%BCnsche#:~:text=Gott%20erz%C3%A4hlt%20die%20Geschichte%20vom,Der%20Reiche%20sieht%20zu.
137 https://towardsdatascience.com/what-are-the-data-centric-ai-concepts-behind-gpt-models-a590071bb727
138 https://analyticsindiamag.com/behind-chatgpts-wisdom-300-bn-words-570-gb-data/
139 https://v12marketing.com/marketing/chatgpt-a-swiss-army-knife-for-marketing-campaigns/
140 https://techwiser.com/what-is-chatgpt-and-how-to-use-it-to-generate-text/
141 https://seo.ai/blog/how-many-languages-does-chatgpt-support#:~:text=ChatGPT%20knows%20at%20least%2095,our%20full%20list%20further%20down.
142 https://botpress.com/blog/list-of-languages-supported-by-chatgpt#:~:text=Currently%2C%20it%20supports%20more%20than,%2C%20Arabic%2C%20and%20many%20more.

143 https://chandanrajpurohit.in/2023/01/29/chatgpt-explaining-quantum-computing-in-simple-terms/
144 https://www.washingtonpost.com/books/2023/02/13/ai-in-poetry/
145 https://medium.com/@twothirdsmath/chatgpt-writes-a-rap-4913683b19c8
146 https://www.linkedin.com/pulse/experiment-lets-write-fairy-tale-book-artificial-few-nora-bereczki/
147 https://www.tinatex.eu/blog/kleine-geschichte-der-naehmaschine-teil-1/#:~:text=Es%20war%20der%20Engl%C3%A4nder%20Thomas,konnte%20ausschlie%C3%9Flich%20einen%20Kettenstich%20n%C3%A4hen.
148 https://rydercarroll.medium.com/the-imagination-economy-90d04c6057a0
149 https://aicontentfy.com/en/blog/chatgpt-and-gaming-industry-transforming-interaction
150 https://www.forbes.com/sites/gabrielasilva/2021/07/27/thinkers-and-innovators-rita-j-king-on-how-the-imagination-age-is-necessary-for-humans-to-thrive/
151 https://www.imdb.com/title/tt3230854/
152 https://dancedric.com/blog/its-not-a-bug-its-a-feature-explained-what-does-it-mean/
153 https://www.theatlantic.com/technology/archive/2022/12/chatgpt-openai-artificial-intelligence-writing-ethics/672386/
154 https://www.cbsnews.com/news/chatgpt-large-language-model-bias-60-minutes-2023-03-05/
155 https://twitter.com/sama/status/1599668808285028353
156 https://peopleofcolorintech.com/articles/chatgpts-performance-reviews-are-sexist-and-racist-finds-textio-founder/
157 https://www.technologyreview.com/2023/02/21/1068893/how-openai-is-trying-to-make-chatgpt-safer-and-less-biased/
158 https://community.openai.com/t/knowledge-cutoff-date-of-september-2021/66215
159 https://www.heise.de/news/ChatGPT-API-Hack-Mehr-als-80-weitere-Plugins-stehen-parat-8178500.html?view=print
160 https://artificialcorner.com/i-tried-84-chatgpt-plugins-these-are-the-best-3b3be6b1cb7b
161 (Wittgenstein & Schulte, 1999)
162 (Newell, Shaw, & Simon, 1958)
163 (Kurzweil, 2006)
164 (Good, 1965)
165 (Good, 1965)
166 https://approachableai.com/how-to-jailbreak-chatgpt/
167 https://www.theguardian.com/technology/2023/mar/17/openai-sam-altman-artificial-intelligence-warning-gpt4
168 (Orlikowski, 1992)
169 https://www.chatgptguide.ai/2023/06/16/how-chatgpt-will-destabilize-white-collar-work/
170 https://www.onthisday.com/date/1928/september/3
171 https://www.deutschlandfunk.de/entdeckung-des-penicillins-ein-zufall-100.html
172 (Fleming, On the Antibacterial Action of Cultures of a Penicillium, with Special Reference to their Use in the Isolation of B. influenzæ, 1929)
173 (Fleming, 1944)
174 https://www.sciencemuseum.org.uk/objects-and-stories/how-was-penicillin-developed#:~:text=In%201928%20Dr%20Alexander%20Fleming,chemical%20that%20could%20kill%20bacteria.
175 https://yonderconsulting.com/incremental-breakthrough-radical-innovation/
176 https://en.wikipedia.org/wiki/History_of_Microsoft_Word
177 (Weizenbaum, 1966)
178 https://de.wikipedia.org/wiki/Siri_(Software)#:~:text=Siri%20wurde%20am%204.%20Oktober,andere%20Ausgaben%20f%C3%BCr%20den%20Nutzer.
179 https://www.businessinsider.com/why-siri-sucks-2018-5

180 https://techcrunch.com/2013/01/24/amazon-gets-into-voice-recognition-buys-ivona-soft-
ware-to-compete-against-apples-siri/?guccounter=1&guce_referrer=aHRocHM6Ly9l-
bi53aWtpcGVkaWEub3JnLw&guce_referrer_sig=AQAAAIvsImtIeqTt-O7tBttoYI-
TUuFd2PpTd5_Ixk1xMfVN3j5UqtIjEJMWwJz_Bt2-TV–mNa3IryormLzJo3GoUL-
Pe_gNtWHix6NiCMJzubLAcS_02a72CnQToM5cS8_Lg4ACQ5KMDAgkVIKycC34wG-
b5MvZKyTagtH_UyLcEErVwZ

181 https://www.amazon.de/b?ie=UTF8&node=10068460031

182 https://martechseries.com/analytics/85-people-familiar-amazons-echo-indicating-ama-
zons-dominance-rapidly-growing-digital-voice-assistant-industry-according-new-data/

183 https://www.washingtonpost.com/graphics/2018/business/alexa-does-not-understand-
your-accent/

184 https://www.businessinsider.com/amazon-alexa-business-failure-10-bn-losses-
2022-11#:~:text=Amazon's%20Alexa%20was%20Jeff%20Bezos,how%20to%20make%20
them%20profitable.

185 https://www.bmuv.de/media/atomkraftwerke-in-deutschland-abschaltung-der-
noch-betriebenen-reaktoren-gemaess-atomgesetz-atg#:~:text=Daten%20zum%20
Bild&text=Am%2015.,(AKW)%20gem%C3%A4%C3%9F%20Atomgesetz%20abgeschaltet.

186 https://de.wikipedia.org/wiki/Liste_der_Kernkraftwerke_in_Europa#:~:text=70%20
Kernkraftwerke%20in%2016%20L%C3%A4ndern,Reaktorbl%C3%B6cke%20in%2014%20
L%C3%A4ndern%20stillgelegt.

187 (Granovetter, 1978)

188 https://www.bpb.de/themen/parteien/parteien-in-deutschland/gruene/42151/etappen-der-
parteigeschichte-der-gruenen/

189 https://de.wikipedia.org/wiki/Reaktorunfall_im_Kernkraftwerk_Three_Mile_Island

190 https://de.wikipedia.org/wiki/Nuklearkatastrophe_von_Tschernobyl

191 https://de.wikipedia.org/wiki/Nuklearkatastrophe_von_Fukushima

192 https://www.makeuseof.com/how-chatgpt-became-fastest-growing-app/

193 https://www.mckinsey.com/capabilities/mckinsey-digital/our-insights/what-every-ceo-
should-know-about-generative-ai

194 https://explodingtopics.com/blog/chatgpt-users#age

195 https://www.makeuseof.com/how-chatgpt-became-fastest-growing-app/

196 https://www.makeuseof.com/how-chatgpt-became-fastest-growing-app/

197 https://openai.com/research/gpt-4

198 https://de.wikipedia.org/wiki/2001:_Odyssee_im_Weltraum

199 https://de.wikipedia.org/wiki/Star_Trek

200 (Weizenbaum, 1966)

201 https://blog.lingoda.com/en/how-many-people-speak-english/#:~:text=About%201.35%20
billion%20people%20on,spoken%20language%20in%20the%20world.

202 https://seo.ai/blog/how-many-languages-does-chatgpt-support

203 https://en.wikipedia.org/wiki/List_of_languages_by_number_of_native_speakers

204 https://www.ethnologue.com/

205 https://analyticsindiamag.com/behind-chatgpts-wisdom-300-bn-words-570-gb-data/

206 (Eloundou, Manning, Mishkin, & Rock, 2023)

207 https://medium.com/lets-eat-labs-blog/creating-a-chatgpt-api-swiss-army-knife-
2b9850773725

208 https://www.heise.de/select/tr/2018/12/1542608836558902

209 https://thehistoryofcomputing.net/visicalc-excel-and-the-rise-of-the-spreadsheet

210 (Merchant, 2017)

211 https://www.intel.com/content/www/us/en/history/virtual-vault/articles/end-user-marke-
ting-intel-inside.html

212 https://www.fastcompany.com/90862246/chatgpt-is-the-new-intel-inside

213 (Devine Jr., 1983)

214 https://www.arbeit-und-arbeitsrecht.de/news/bmas-unterstuetzt-anwendung-kuenstlicher-intelligenz.html
215 (Johanson, 2004)
216 https://medium.com/analytics-vidhya/a-brief-history-of-neural-networks-c234639a43f1#:~:text=The%20history%20of%20artificial%20neurons,units%20could%20replicate%20logical%20functions.
217 https://www.statista.com/statistics/871513/worldwide-data-created/
218 https://www.lesswrong.com/posts/wDL6wiqg3c6WFisHq/gpt-as-an-intelligence-forklift
219 (Bainbridge, 1983)
220 (Price, Maisano, & Van Cott, 1982)
221 (Price, Maisano, & Van Cott, 1982, p. 66)
222 (Dougherty & Wilson, 2018)
223 https://zkm.de/de/werk/stochastische-texte
224 https://de.wikipedia.org/wiki/Zuse_Z3
225 (Kafka, 1905)
226 https://zkm.de/de/person/theo-lutz
227 https://platform.openai.com/docs/models
228 (Kant, 1781, 1998)
229 (Kant, 1785)
230 (Kant, Kritik der reinen Vernunft, 1781, 1998)
231 https://www.deutschlandfunk.de/philosophie-in-der-digitalen-welt-digikant-oder-vier-fragen-102.html#:~:text=Man%20muss%20vier%20Fragen%20stellen,Was%20ist%20der%20Mensch%3F
232 https://www.statista.com/statistics/871513/worldwide-data-created/
233 https://de.wikipedia.org/wiki/There_are_known_knowns
234 (Naisbitt, 1982)
235 (Gross, 1994)
236 (Schwartz, 2005)
237 (Iyengar & Lepper, 2000)
238 (Knight, 1921), (Taleb N. N., 2008), (Taleb N. N., 2018)
239 https://www.coursera.org/learn/prompt-engineering/supplement/eSp6O/format-of-the-question-refinement-pattern
240 https://www.designcouncil.org.uk/our-resources/the-double-diamond/
241 https://farah-jazi.medium.com/our-life-after-chatgpt-88fc02ba17ff..
242 https://sloanreview.mit.edu/article/four-ways-jobs-will-respond-to-automation/
243 https://sloanreview.mit.edu/wp-content/uploads/2018/08/latham-s1-1.jpg
244 https://sloanreview.mit.edu/article/four-ways-jobs-will-respond-to-automation/
245 (Benedikt, Charles, Brockington, & Dahlin, 2022)
246 https://de.wikipedia.org/wiki/Mimikry
247 (Bender, Gebru, McMillan-Major, & Shmitchell, 2021)
248 https://nymag.com/intelligencer/article/ai-artificial-intelligence-chatbots-emily-m-bender.html
249 https://www.imdb.com/title/tt2543164/
250 https://de.wikipedia.org/wiki/Sapir-Whorf-Hypothese
251 https://de.wikipedia.org/wiki/Gr%C3%BCn_und_Blau_in_verschiedenen_Sprachen
252 (Ross & Sheng Ma, 2006)
253 https://www.wondriumdaily.com/challenges-in-sapir-whorf-hypothesis/
254 (Chomsky & Ronat, 1998)
255 https://www.tagesspiegel.de/kultur/chatgpt-die-dummheit-kunstlicher-intelligenz-9520103.html
256 https://www.telepolis.de/features/Automatisierte-Kommunikation-7520683.html?view=print
257 (Luhmann, 1998)

258 (Morris, 1938)
259 https://mcescher.com/
260 https://de.wikipedia.org/wiki/Penrose-Dreieck
261 https://de.wikibrief.org/wiki/Comparative_illusion
262 https://mixedidioms.co.uk/context/escher-sentences/
263 https://www.pcspezialist.de/blog/2023/03/15/ki-halluzinationen/
264 https://en.wikipedia.org/wiki/Hallucination_(artificial_intelligence)
265 (Millikan, 1999)
266 https://worldwide.espacenet.com/patent/search?q=pn%3DUS223898
267 https://www.smithsonianmag.com/smithsonianmag/new-tech-brings-life-voice-thomas-edisons-dolls-180955186/
268 https://www.nps.gov/edis/learn/photosmultimedia/hear-edison-talking-doll-sound-recordings.htm
269 https://www.youtube.com/watch?v=5hyI_dM5cGo
270 https://ccrma.stanford.edu/~jos/sasp/Voder.html
271 (McCarthy, Minsky, Rochester, & Shannon, 2006)
272 (Searle, 1980)
273 https://de.wikipedia.org/wiki/Chinesische_Schrift#:~:text=Insgesamt%20gibt%20es%20%C3%BCber%20100.000,3000%20bis%205000%20Zeichen%20ausreichend.
274 https://ottawa.ctvnews.ca/can-you-tell-the-difference-between-a-human-and-chatgpt-1.6226831
275 https://towardsdatascience.com/how-chatgpt-works-the-models-behind-the-bot-1ce5fca96286
276 (Firth, 1957, 1968)
277 https://improwiki.com/de/wiki/improtheater/ein-wort-geschichte
278 https://www.dramatrunk.com/theatre-game-one-word-at-a-time
279 (Christiansen & Chater, 2022)
280 (Mosteller & Wallace, 1964)
281 https://de.wikipedia.org/wiki/Federalist_Papers#cite_note-8
282 https://de.wikipedia.org/wiki/H%C3%B6hlengleichnis
283 https://www.theatlantic.com/technology/archive/2022/12/chatgpt-openai-artificial-intelligence-writing-ethics/672386/
284 https://www.axios.com/2023/02/13/chatgpt-ai-eliza-believe-human
285 https://platform.openai.com/tokenizer
286 https://en.wikipedia.org/wiki/Word_embedding
287 https://medium.com/@hari4om/word-embedding-d816f643140
288 https://www.nextplatform.com/2022/12/01/counting-the-cost-of-training-large-language-models/
289 https://www.linkedin.com/posts/vsingh3_what-does-it-cost-to-run-chatgpt-and-llms-activity-7021868609773686784-hZaN/?originalSubdomain=hr
290 https://towardsdatascience.com/language-model-scaling-laws-and-gpt-3-5cdc034e67bb
291 https://fortune.com/longform/chatgpt-openai-sam-altman-microsoft/
292 https://news.ycombinator.com/item?id=35603756
293 https://en.wikipedia.org/w/index.php?title=Large_language_model&action=edit§ion=9
294 https://www.teufelsberg-berlin.de/
295 https://de.wikipedia.org/wiki/Wannseekonferenz
296 https://www.spiegel.de/geschichte/us-soldat-jeffrey-harper-der-mann-vom-checkpoint-charlie-a-1293904.html
297 https://fernwehmotive.de/abhoerstation-teufelsberg-berlin/
298 https://www.berghain.berlin/de/
299 https://www.berliner-zeitung.de/panorama/snax-party-diskriminierung-im-berghain-ich-bin-dem-tuersteher-nicht-fetisch-genug-li.338028

300 https://www.dkriesel.com/blog/2013/0802_xerox-workcentres_are_switching_written_numbers_when_scanning
301 https://de.wikipedia.org/wiki/JBIG2#:~:text=JBIG2%20ist%20ein%20Verfahren%20zur,als%20ISO%2FIEC%2014492%20ver%C3%B6ffentlicht.
302 https://ai.plainenglish.io/chatgpt-is-a-kind-of-compression-algorithm-61738883ecod
303 (Löser, Tresp, Hoffart, & Morik, 2023)
304 https://bernardmarr.com/chatgpt-what-are-hallucinations-and-why-are-they-a-problem-for-ai-systems/?paged1119=3#:~:text=Hallucination%20in%20AI%20refers%20to,understanding%2C%20or%20training%20data%20limitations.
305 https://www.mckinsey.com/capabilities/mckinsey-digital/our-insights/what-every-ceo-should-know-about-generative-ai
306 https://aws.amazon.com/de/what-is/overfitting/
307 https://www.theverge.com/2017/9/29/16383048/elon-musk-spacex-rocket-transport-earth-travel
308 https://www.pbs.org/treasuresoftheworld/mona_lisa/mlevel_1/mtimeline.html#:~:text=Leonardo%20begins%20painting%20the%20Mona,Vinci's%20biographer%2C%20Giorgio%20Vasari.)
309 https://de.wikipedia.org/wiki/Venedig#:~:text=Nach%20franz%C3%B6sischer%20und%20%C3%B6sterreichischer%20Herrschaft,der%20Orte%20in%20der%20Lagune.
310 https://de.wikipedia.org/wiki/Wiener_Kongress
311 https://gist.github.com/cedrickchee/054956f6277430ae5a973c61e4a93073
312 https://de.wikipedia.org/wiki/There_are_known_knowns
313 https://www.zeit.de/digital/2023-01/chatgpt-fake-news-desinformation-newsguard
314 https://mark-riedl.medium.com/a-very-gentle-introduction-to-large-language-models-without-the-hype-5f67941fa59e
315 https://de.wikipedia.org/wiki/Per_Anhalter_durch_die_Galaxis
316 https://www.heise.de/hintergrund/KI-Warum-wir-grosse-Sprachmodelle-nicht-wie-Menschen-behandeln-sollten-9292351.html?view=print
317 (Saffran, Aslin, & Newport, 1996)
318 https://www.wonderbaby.org/articles/stages-of-language-development
319 https://www.idra.org/resource-center/brain-development-and-mastery-of-language-in-the-early-childhood-years/
320 https://itt-leipzig.de/wortschatztests/
321 https://www.morgenpost.de/berlin-aktuell/article105069930/Wie-gross-ist-der-Wortschatz-der-Deutschen.html#:~:text=%E2%80%9EErwachsene%20Menschen%20haben%20im%20Schnitt,sie%20demnach%20rund%2050.000%20Vokabeln.
322 http://gwb.uni-trier.de/de/
323 https://de.wikipedia.org/wiki/Goethe-W%C3%B6rterbuch
324 https://www.makeuseof.com/write-effective-chatgpt-prompts-for-ai-answers/
325 (Cattell, 1971)
326 https://de.wikipedia.org/wiki/Inselbegabung#:~:text=Inselbegabung%20(auch%20Savant%2DSyndrom%20(%5B,Behinderung%20oder%20eine%20Entwicklungsst%C3%B6rung%20aufweisen.
327 (Lazer, et al., 2018)
328 (Thibodeau & Boroditsky, 2011)
329 (Morgan, 2006)
330 https://de.wikipedia.org/wiki/Ich_bin_so_wild_nach_deinem_Erdbeermund
331 https://de.wikipedia.org/wiki/Opium_des_Volkes#:~:text=Religion%20als%20%E2%80%9Edas%20Opium%20des,Zur%20Kritik%20der%20Hegelschen%20Rechtsphilosophie.
332 https://de.wikipedia.org/wiki/Gott_w%C3%BCrfelt_nicht
333 (Mitchell, 2021)
334 (Moravec, 1988)

335 (Spearman, 1904)
336 https://en.wikipedia.org/wiki/Wechsler_Adult_Intelligence_Scale
337 https://www.scientificamerican.com/article/i-gave-chatgpt-an-iq-test-heres-what-i-discovered/
338 https://www.scientificamerican.com/article/i-gave-chatgpt-an-iq-test-heres-what-i-discovered/
339 (Boring, 1923)
340 https://bgr.com/tech/chatgpt-took-an-iq-test-and-its-score-was-sky-high/
341 (Nagel, 1974)
342 https://de.wikipedia.org/wiki/Qualia
343 (Kaszniak, 2001)
344 https://www.heise.de/hintergrund/Anzeichen-von-Bewusstsein-bei-ChatGPT-und-Co-9295425.html?view=print
345 https://www.heise.de/hintergrund/Anzeichen-von-Bewusstsein-bei-ChatGPT-und-Co-9295425.html?view=print
346 https://theconversation.com/it-takes-a-body-to-understand-the-world-why-chatgpt-and-other-language-ais-dont-know-what-theyre-saying-201280
347 https://newatlas.com/robotics/openai-figure-ai-robotics/
348 https://thehumaneleague.org/article/animal-rights
349 https://www.spiceworks.com/tech/artificial-intelligence/articles/types-of-ai/
350 https://www.heise.de/news/Zahlen-bitte-Scheinbares-Antlitz-in-3X1-5-Quadratkilometern-Das-Marsgesicht-9231316.html?wt_mc=rss.red.ho.ho.atom.beitrag.beitrag
351 https://de.wikipedia.org/wiki/Pareidolie
352 https://de.wikipedia.org/wiki/Anthropomorphismus#:~:text=Anthropomorphismus%20(griechisch%20%E1%BC%84%CE%BD%CE%B8%CF%81%CF%89%CF%80%CE%BF%CF%82%20%C3%A1nthropos%20%E2%80%9AMensch,Naturgewalten%20und%20%C3%84hnlichem%20(Vermenschlichung).
353 https://www.engadget.com/hitting-the-books-digital-mindset-paul-leonardi-tsedal-neeley-harvard-business-review-press-140058242.html?guccounter=1&guce_referrer=aHR0cHM6Ly93d3cuZ29vZ2xlLmNvbS8&guce_referrer_sig=AQAAAGADmtKaXeiEjN0GXMLkJ1FoHxk1gQV-Ig1qSUoaW7v3uEXBANwUBz_DA1uzk8kQwV4uXAb8q7tra-ORlBa9BN_s4eO3t5OWhaJ5uzRMtSmp-OSEj8FQ8mZG1fnMC9DbiEloXRQNJ-vUOYc-TuEdCJz__4hRIendo_DgcVTD5Uv8kb
354 https://www.zukunftsinstitut.de/artikel/die-anthropomorphismus-falle/
355 https://www.makeuseof.com/typewriter-effect-css/
356 (Dick, 1968)
357 https://www.spiegel.de/panorama/dummes-zeug-a-dec95 1c4-0002-0001-0000-000013499548
358 https://technext24.com/2023/08/14/chatgpt-costs-700000-daily-openai/#:~:text=News-,ChatGPT%20costs%20%24700%2C000%20to%20run%20daily%2C%20OpenAI,go%20bankrupt%20in%202024%2D%20report&text=OpenAI%20spends%20approximately%20%24700%2C000%20daily,doesn't%20become%20profitable%20soon.
359 https://www.globalvillagespace.com/tech/sam-altman-llm-size-wont-matter-moving-forward/
360 https://albertoromgar.medium.com/ultra-large-ai-models-are-over-c7b5fc007d0a
361 https://de.wikipedia.org/wiki/Multimodalit%C3%A4t
362 https://www.youtube.com/watch?v=OPX03yOtnZY
363 https://www.heise.de/hintergrund/Artificial-Imagination-Art-that-no-human-eye-has-seen-before-about-The-Crow-7252721.html
364 https://www.youtube.com/watch?v=pK7AGfBtw1Q
365 https://trystcafe.com/blog/the-birth-and-quickie-rise-to-fame-of-the-smoothie/#:~:text=The%20smoothie%20was%20popularized%20in,from%20predominantly%20from%20fresh%20fruit.

366 https://www.handelsblatt.com/meinung/kolumnen/kolumne-kreative-zerstoerung-ki-sprachmodelle-es-droht-textinzest/29034260.html
367 https://join-ada.podigee.io/page/2
368 https://ada-magazin.com/de/ki-sprachmodelle-es-droht-textinzest
369 https://www.theatlantic.com/technology/archive/2023/03/ai-chatgpt-writing-language-models/673318/
370 https://www.theatlantic.com/technology/archive/2023/01/artificial-intelligence-ai-chatgpt-dall-e-2-learning/672754/?utm_source=feed
371 (Villalobos, et al., 2022)
372 (Chen, Zaharia, & Zou, 2023)
373 (Drucker P. F., 2006)
374 (Toffler, 1984)
375 https://blog.hnf.de/hundert-jahre-addiator/
376 https://de.wikipedia.org/wiki/Tandy_TRS-80_Model_1
377 https://binarium.de/tandy_trs-80_color_computer
378 https://www.linkedin.com/feed/update/urn:li:activity:7024766451513204736/
379 https://singularityhub.com/2023/03/22/ai-wont-kill-our-jobs-it-will-kill-our-job-descriptions-and-leave-us-better-off/
380 (Markert, Neumann, & Amlinger, 2017, S. 1)
381 (Markert, Neumann, & Amlinger, 2017, S. i)
382 (Koppl, Devereaux, Herriot, & Kauffman, 2018)
383 (Schwahn, Mai, & Braig, 2018)
384 https://www.bpb.de/kurz-knapp/zahlen-und-fakten/soziale-situation-in-deutschland/61698/erwerbstaetige-nach-wirtschaftssektoren/
385 https://www.investopedia.com/articles/wealth-management/120215/blue-collar-vs-white-collar-different-social-classes.asp
386 https://www.truelook.com/resources/blog/is-the-line-between-blue-collar-and-white-collar-work-blurring-in-construction
387 https://usawc.libanswers.com/faq/84869
388 https://thedaily.case.edu/whos-liable-in-a-self-driving-car-crash/
389 https://www.science.nus.edu.sg/blog/2022/11/07/the-half-life-of-knowledge/
390 (Arbesman, 2013)
391 https://github.blog/2022-09-07-research-quantifying-github-copilots-impact-on-developer-productivity-and-happiness/
392 (Noy & Zhang, 2023)
393 (Brynjolfsson, Li, & Raymond, 2023)
394 https://www.mckinsey.com/mgi/forward-thinking/forward-thinking-on-the-brave-new-world-of-generative-ai-with-ethan-mollick#/
395 https://medium.com/@TheJasperWhisperer/about
396 (Yates & Van Maanen, 2000)
397 (Yates F. A., 2014)
398 https://www.soutron.com/the-history-of-archives/
399 https://www.ardalpha.de/wissen/geschichte/historische-persoenlichkeiten/samuel-morse-morseapparat-telegrafie-erfindung-100.html
400 https://smithsonianeducation.org/scitech/carbons/typewriters.html#:~:text=Technology%20and%20the%20Invention%20of%20the%20Typewriter&text=1868%2C%20American%20inventor%20Christopher%20Latham,modern%20idea%20of%20the%20typewriter.
401 https://www.dictionary.com/e/is-this-goodbye-to-the-typewriter-learn-the-love-story-that-helped-create-the-typewriter/
402 https://www.spiegel.de/fotostrecke/geschichte-der-schreibmaschine-fotostrecke-147093.html
403 https://worldcrunch.com/culture-society/annals-of-technophobia-when-mark-twain-met-the-typewriter

404 https://de.wikibrief.org/wiki/Technophobia
405 https://www.swr.de/wissen/1000-antworten/quertz-woher-kommt-die-tastaturbelegung-von-schreibmaschinen-100.html https://www.swr.de/wissen/1000-antworten/quertz-woher-kommt-die-tastaturbelegung-von-schreibmaschinen-100.html
406 https://www.hannover.de/Wirtschaft-Wissenschaft/Wissenschaft/Initiative-Wissenschaft-Hannover/Leibniz-in-Hannover/Leibniz%27-Nachlass/Leibniz-Rechenmaschine
407 (Yates & Van Maanen, 2000), (Yates J. , 2006)
408 https://ourworldindata.org/technology-long-run
409 (Morozov, 2013)
410 (Rittel & Webber, 1973)
411 https://en.wikipedia.org/wiki/Liquid_democracy#:~:text=This%20democratic%20system%20utilizes%20elements,behalf%20%C3%A0%20la%20representative%20democracy.
412 https://www.piratenpartei.de/
413 https://www.thestar.com/news/city_hall/2017/10/17/google-firm-wins-competition-to-build-high-tech-quayside-neighbourhood-in-toronto.html
414 https://www.theguardian.com/cities/2019/jun/06/toronto-smart-city-google-project-privacy-concerns
415 https://www.emergingtechbrew.com/stories/2022/09/21/how-miscommunication-derailed-sidewalk-s-usd1-3-billion-city-of-the-future
416 https://de.wikipedia.org/wiki/Predictive_Policing
417 (Lum & Isaac, 2016)
418 (O'Neill, 2016)
419 (Mohler, et al., 2015)
420 (Kruglanski & Fishman, 2009)
421 https://de.wikipedia.org/wiki/Flache_Erde
422 https://de.wikipedia.org/wiki/Kognitive_Verzerrung
423 https://thedecisionlab.com/biases/confirmation-bias
424 (Wason, 1960)
425 https://de.wikipedia.org/wiki/Challenger_(Raumf%C3%A4hre)
426 https://history.nasa.gov/rogersrep/v2appf.htm
427 (Trehan, 2016)
428 (Ariely, Gockel, & Zybak, 2015)
429 (Esterson, Cassidy, & Sime, 2019)
430 (Chevallier A. , 2016) (Chevallier & Enders, 2022)
431 https://m.focus.de/finanzen/news/so-sichern-sie-ihre-karriere-arbeit_id_2508803.html
432 https://www.heise.de/news/Moratorium-fuer-grosse-KI-Modelle-ChatGPT-Co-koennen-Leben-retten-8456050.html?wt_mc=rss.red.ho.ho.atom.beitrag.beitrag
433 (Epstein, 2020)
434 https://singularityhub.com/2023/03/22/ai-wont-kill-our-jobs-it-will-kill-our-job-descriptions-and-leave-us-better-off/
435 (Guest, 1991)
436 (Roeck, 2018)
437 https://programm.ard.de/TV/Programm/Sender/?sendung=2872412120467660
438 https://www.spektrum.de/news/mikroskopie-pionier-die-geheimen-tricks-des-antoni-van-leeuwenhoek/1883926
439 https://www.aps.org/publications/apsnews/201807/history.cfm
440 https://de.wikipedia.org/wiki/Thomas_Newcomen
441 https://www.medienwerkstatt-online.de/lws_wissen/vorlagen/showcard.php?id=15515&edit=0
442 https://de.wikipedia.org/wiki/Zuse_Z3
443 https://blog.hubspot.de/marketing/geschichte-des-internets#:~:text=Das%20World%20Wide%20Web%20wurde,ist%20es%20f%C3%BCr%20jeden%20nutzbar.
444 (Arbesman, 2013)

445 (Penn & Scattergood, 1985)
446 (Wolff & Borzikowsky)
447 https://www.idc.com/promo/enterprise-storage-systems
448 (Voogt & Roblin, 2012)
449 (van Laar, van Deursen, van Dijk, & de Haan, 2017)
450 (PricewaterhouseCoopers, 2017)
451 https://www.weforum.org/agenda/2016/01/the-10-skills-you-need-to-thrive-in-the-fourth-industrial-revolution/
452 https://www.weforum.org/agenda/2016/01/the-10-skills-you-need-to-thrive-in-the-fourth-industrial-revolution/
453 https://twitter.com/karpathy/status/1617979122625712128
454 https://www.searchenginejournal.com/code-interpreter-chatgpt-plus/490980/
455 https://www.gesetze-im-internet.de/gg/GG.pdf
456 https://k-digital.at/kuenstliche-intelligenz-im-content-marketing-wohin-geht-die-reise/
457 https://www.promptingguide.ai/techniques/fewshot
458 (Burning Glass Technology, 2017)
459 https://medium.com/illumination/the-number-one-skill-that-will-actually-make-you-mo-ney-with-ai-9217134ccdca
460 https://www.inc.com/jessica-stillman/why-learning-to-write-well-is-still-important-in-age-of-ai.html?utm_source=newsletters&utm_medium=email&utm_campaign=new-sletter%20-%20inc.%20-%20top%20tech%20-%20automated%20copy.newsletter%20-%20inc%20-%20top%20tech%204-11-23&leadid=62062944&mkt_tok=njewluxfrso4nziaaagldd_aa-an3fa33yoqsmsmxt2is_pejxkxce3krkrfjnrbgvv1kwsluz1wssrtvqrc38gdh8xsrqorgy84fo-vetghnttjukiph1lbho-mrpq
461 https://fs.blog/why-write/?utm_source=Firstround.com+Library&utm_cam-paign=d5b7430879-sidharth_kakkar&utm_medium=email&utm_term=0_d9bb43e05b-d5b7430879-79950379
462 https://www.theatlantic.com/technology/archive/2023/02/openai-text-models-google-search-engine-bard-chatbot-chatgpt-prompt-writing/672991/?utm_source=feed
463 (Lauer, 2020)
464 https://www.inc.com/jessica-stillman/why-learning-to-write-well-is-still-important-in-age-of-ai.html?utm_source=newsletters&utm_medium=email&utm_campaign=new-sletter%20-%20inc.%20-%20top%20tech%20-%20automated%20copy.newsletter%20-%20inc%20-%20top%20tech%204-11-23&leadid=62062944&mkt_tok=njewluxfrso4nziaaagldd_aa-an3fa33yoqsmsmxt2is_pejxkxce3krkrfjnrbgvv1kwsluz1wssrtvqrc38gdh8xsrqorgy84fo-vetghnttjukiph1lbho-mrpq
465 (Naisbitt, 1982)
466 (Duke, 2018)
467 https://de.wikipedia.org/wiki/Spiel_mit_vollst%C3%A4ndiger_Information
468 https://de.wikipedia.org/wiki/Was_bin_ich%3F
469 https://blog.dropbox.com/topics/work-culture/types-of-knowledge-workers
470 https://www.zdnet.com/article/how-to-use-chatgpt-to-write-code/
471 https://www.tomkytran.com/how-to-create-a-persuasive-presentation-with-chatgpt/
472 https://tactiq.io/learn/4-ways-you-can-use-chatgpt-for-your-next-meeting
473 https://www.theatlantic.com/ideas/archive/2023/01/chatgpt-ai-economy-automation-jobs/672767/
474 https://gurwinder.substack.com/p/why-you-are-probably-an-npc
475 https://www.fastcompany.com/40577234/report-demand-for-these-skills-will-rise-dramati-cally-by-2030?partner=feedburner&utm_source=feedburner&utm_medium=feed&utm_campaign=Feed%253 A+fastcompany%252Fheadlines+(Fast+Company)
476 (Eloundou, Manning, Mishkin, & Rock, 2023)
477 https://medium.com/@neonforge/openai-research-paper-the-future-of-work-how-80-of-jobs-could-be-impacted-by-artificial-ebdad7b254d3

478 https://www.key4biz.it/wp-content/uploads/2023/03/Global-Economics-Analyst_-The-Potentially-Large-Effects-of-Artificial-Intelligence-on-Economic-Growth-Briggs_Kodnani.pdf
479 https://www.weforum.org/agenda/2016/01/the-10-skills-you-need-to-thrive-in-the-fourth-industrial-revolution/
480 (American Management Association, 2012)
481 (PricewaterhouseCoopers, 2017, S. 11)
482 (World Economic Forum, 2023)
483 (Salotti, Heidman, & Shur, 2014)
484 (Drake, 2009)
485 (Stuster, Adolf, Byrne, & Greene, 2018)
486 (Stuster, Adolf, Byrne, & Greene, 2018)
487 (Stuster, Adolf, Byrne, & Greene, 2018)
488 (Stuster, Adolf, Byrne, & Greene, 2018)
489 (OECD, 2020)
490 https://www.lesswrong.com/posts/gp9pmgSX3BXnhv8pJ/i-hired-5-people-to-sit-behind-me-and-make-me-productive-for
491 (de Winter & Dodou, 2011)
492 (Fitts, Paul M., 1951)
493 (Roth, Sushereba, Militello, Diiulio, & Ernst, 2019)
494 (Mindell, 2011)
495 (Price, Maisano, & Van Cott, 1982)
496 (Price, Maisano, & Van Cott, 1982)
497 (Price, Maisano, & Van Cott, 1982)
498 https://www.forschung-und-lehre.de/management/ki-ab-2035-in-jedem-job-in-deutschland-5883
499 (Clausewitz, 2008)
500 https://www.wiwo.de/my/technologie/digitale-welt/lesen-schreiben-rechnen-prompten-ki-prompten-wird-zur-kulturtechnik/29218780.html
501 https://openai.com/blog/introducing-openai
502 https://www.tooltester.com/en/blog/chatgpt-statistics/
503 https://en.wikipedia.org/wiki/GPT-2
504 https://openai.com/dall-e-2
505 https://en.wikipedia.org/wiki/GPT-3
506 https://openai.com/research/gpt-2-6-month-follow-up
507 https://twitter.com/sama/status/1599668808285028353
508 https://www.theguardian.com/technology/2023/feb/02/chatgpt-100-million-users-open-ai-fastest-growing-app
509 https://edition.cnn.com/2023/03/16/tech/gpt-4-use-cases/index.html
510 https://openai.com/blog/chatgpt-plus
511 https://t3n.de/news/gpt4-chatgpt-openai-1541454/
512 https://openai.com/blog/chatgpt-plugins
513 https://www.cmswire.com/digital-experience/chatgpt-plus-users-gear-up-for-unprecedented-access-to-70-plug-ins-this-week/
514 https://www.searchenginejournal.com/code-interpreter-chatgpt-plus/490980/#close
515 https://www.wsj.com/articles/microsoft-and-openai-forge-awkward-partnership-as-techs-new-power-couple-3092de51
516 https://www.fastcompany.com/90946849/openai-chatgpt-reportedly-nears-1-billion-annual-sales?partner=rss&utm_source=rss&utm_medium=feed&utm_campaign=rss+fastcompany&utm_content=rss
517 https://www.n-tv.de/wirtschaft/Bereits-jeder-vierte-US-Angestellte-nutzt-ChatGPT-article24319992.html

Stichwortverzeichnis